Mehr Klarheit mit Visualisierung im Business

Holger Nils Pohl

Mehr Klarheit mit Visualisierung im Business

36 Tools zum einfachen Visualisieren und Lösen komplexer Aufgaben

Bibliografische Information der Deutschen Nationalbibliothek
Die Deutsche Nationalbibliothek verzeichnet diese Publikation in der Deutschen Nationalbibliografie; detaillierte bibliografische Daten sind im Internet über http://dnb.d-nb.de abrufbar.

Bei der Herstellung des Werkes haben wir uns zukunftsbewusst für umweltverträgliche und wiederverwertbare Materialien entschieden.
Der Inhalt ist auf elementar chlorfreiem Papier gedruckt.

ISBN 978-3-7475-0673-8
1. Auflage 2023

www.mitp.de
E-Mail: mitp-verlag@sigloch.de
Telefon: +49 7953 / 7189 - 079
Telefax: +49 7953 / 7189 - 082

Lektorat: Sabine Schulz
Sprachkorrektorat: Nicole Winkel
Layout und Design: Holger Nils Pohl
Illustrationen: Benjamin Dammeier, Holger Nils Pohl
Druck: ADverts in Riga, Lettland

Für Miriam, die mir – einem gestrandeten Alien auf dem falschen Planeten – geholfen hat, zu überleben und zu wachsen, und mich nie aufgegeben hat.

INHALTS-VERZEICHNIS

Vorwort

Alex Osterwalder und Yves Pigneur

Als Yves und ich Holger zum ersten Mal trafen, war das bei einer unserer Masterclasses in Berlin vor vielen, vielen Jahren. Damals haben wir Holger engagiert, um die Veranstaltung visuell festzuhalten. Schon damals war es beeindruckend, wie gut Holger den Sinn unserer Inhalte einfing. Seitdem hat er seine Kunst visueller Notizen zu einer perfekten strategischen Moderation weiterentwickelt. Creating Clarity fängt seine neuesten Überlegungen auf brillante Weise ein.

Yves und ich sind beide begeistert von diesem Buch. Es beleuchtet das breite Anwendungsfeld von visuellen Werkzeugen. Wenn sie richtig eingesetzt werden, helfen sie, die Welt besser zu verstehen. Sie fördern die Kreativität und erhöhen das gemeinsame Verständnis um das Zehnfache. Kurz gesagt, visuelle Werkzeuge sind ein starkes Mittel, um rundum mehr Klarheit zu schaffen. Leider werden visuelle Werkzeuge immer noch zu wenig genutzt und falsch verstanden. Wenn sie eingesetzt werden, dann oft nur zu Kommunikationszwecken. Creating Clarity hilft dabei, diese Lücke zu schließen und zeigt, was visuelle Werkzeuge alles können.

Der Grund, warum Yves und ich große Fans von visuellen Werkzeugen sind, ist, dass wir die Macht dieser Werkzeuge immer wieder aus erster Hand erleben. Wir wenden sie in unseren Bereichen von Strategie, Innovation und Unternehmertum an.

Schauen wir uns an, wie visuelle Werkzeuge den Weg von der Idee zum Unternehmen erleichtern. Wenn du anfängst, besteht deine erste Herausforderung darin, den Kontext zu verstehen, in dem du arbeitest. Was gibt es Besseres, als den Kontext auf einer großen Wand mit Klebezetteln zu skizzieren? Welche Trends, Wettbewerbskräfte und Kundenveränderungen gibt es? Dann musst du deinen Kunden genau verstehen. Was gibt es Besseres, als deine Erkenntnisse aus den Kundeninterviews in einem Kundenprofil festzuhalten? Das schafft sofort ein gemeinsames Kundenverständnis in deinem Team.

Sobald du dieses erste Verständnis hast, ist es an der Zeit, deine Geschäftsidee zu gestalten, zu testen und anzupassen. Das ist ohne die Hilfe von visuellen Werkzeugen wie dem Business Model Canvas und dem Value Proposition Canvas schwierig. Das ist der Grund, warum Millionen von Menschen auf der ganzen Welt diese Werkzeuge nutzen, sei es in der Wirtschaft, bei missionsgetriebenen Projekten oder sogar in der Regierung.

Schließlich musst du deine Geschäftsidee klar und präzise kommunizieren. So kannst du dein Team überzeugen, Investoren begeistern und die Unterstützung der Geschäftsführung gewinnen. Je besser du visuelle Präsentationstechniken beherrschst, desto erfolgreicher wirst du. Je mehr Klarheit du schaffst, desto leichter wirst du deine Ziele erreichen. Wer braucht schon eine weitere langweilige PowerPoint-Präsentation?

Creating Clarity geht aber weit über diese Art von Geschäftskontext hinaus. Das Buch hilft uns, visuelle Werkzeuge in einem viel breiteren Kontext anzuwenden. Du wirst feststellen, dass Holger ein großartiger Pädagoge ist. Er zeigt uns, wie wir die Inhalte des Buches in einer Vielzahl von Situationen anwenden können. Das haben wir bei unseren Innovations-Bootcamps aus erster Hand erfahren. Holger hat seine Techniken gekonnt vermittelt und die Teilnehmer haben sie sofort erfolgreich angewendet. Entdecke den Charme von Holgers »Klarheit«-Techniken und lerne, wie du sie im Handumdrehen beherrschen kannst.

Lonay 2022, Alex Osterwalder & Yves Pigneur

Einführung

Dieses Buch ist für dich, wenn ...

... du mit zu vielen Meetings zu kämpfen hast, in denen geredet und geredet und geredet wird, anstatt etwas zu erledigen.

... du eine systematische Herangehensweise brauchst, um die komplexen Herausforderungen zu lösen, denen du dich Tag für Tag stellen musst – sowohl im Privatleben als auch im Beruf.

… du mit visuellen Mitteln einen echten Mehrwert für dich, dein Unternehmen oder deine Kunden schaffen willst.

… du deine Ideen so kommunizieren willst, dass die Menschen dir nicht nur zuhören, sondern auch zu Unterstützern deiner Ideen werden.

Wie du dieses Buch lesen kannst

Dieses Buch spiegelt die Realität wider (manchmal mehr, als ich es mir gewünscht hätte) und deshalb gibt es keinen richtigen oder falschen Weg, es zu lesen.

Ich habe es so geschrieben, dass man es bequem von Anfang bis Ende lesen kann. Aber ich habe es auch als Nachschlagewerk konzipiert, sodass du hin- und herspringen kannst. Mach dir Notizen, wenn du willst. Falte die Ränder, damit bestimmte Seiten hervorstechen. Mach, was du willst – es ist dein Buch und ich möchte, dass du es auch so behandelst.

Neben dem Buch findest du **alle in diesem Buch erwähnten Tools auch online unter: www.holgernilspohl.com/claritytools**

Auf der Website, sowie auch hier im Buch, wirst du die englischen Originaltitel der Tools finden. Da sie feststehende Begriffe sind, habe ich sie nicht übersetzt, um eine Wiedererkennbarkeit zu gewährleisten.

Ich habe das Buch in vier große Teile gegliedert (was allerdings nichts über ihre Länge aussagt):

I: Der Kontext
II: Das Clarity Framework
III: Visuelle Werkzeugbibliothek
IV: Visualisieren (nennen wir es Zeichnen, um ehrlich zu sein)

In Teil I und Teil II des Buches habe ich einige bewährte visuelle Werkzeuge erwähnt. Da die meisten von ihnen aber nicht zu einer bestimmten Phase deines Projekts gehören, habe ich sie in Teil III in einer *Visuellen Werkzeugbibliothek* *(ab S. 224)* zusammengefasst. Wenn du mehr über ein Werkzeug erfahren möchtest, findest du jedes Mal, wenn ich ein Werkzeug erwähne, einen Link zu der entsprechenden Seite in der Bibliothek, z. B. zur *World Map* *(S. 270)*. Spring einfach in die Bibliothek, schau dir das Werkzeug an und komm dann zu der Seite zurück, die du gerade gelesen hast. Es ist ein ständiges Hin und Her, wie der Tanz des Lebens.

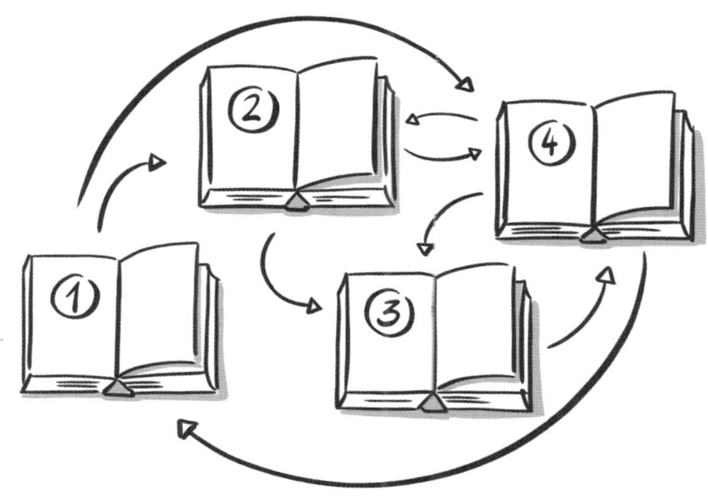

Bist Du das?

Ich bin davon überzeugt, dass dir konkrete Fallbeispiele dabei helfen, dein Verständnis zu schärfen und die Erkenntnisse, die du aus diesem Buch gewinnst, zu vertiefen. Deshalb habe ich die besten Beispiele aus meinem Erfahrungsschatz der letzten zehn Jahre, in denen ich mit Hunderten von Kunden gearbeitet habe, herausgegriffen.
Da die Arbeit mit meinen Kunden aber vertraulich ist, habe ich fiktive Szenarien geschrieben, die auf den üblichsten Situationen mit meinen Kunden basieren. Diese Beispiele sind nah genug dran, um real und nützlich zu sein, aber weit genug weg, um nichts zu enthüllen. Wir werden im Laufe des Buches zehn Menschen treffen. Vielleicht bist du einer von ihnen?

Carl *(S. 104)* ist ein selbstständiger Berater, der seine Kunden auf ihrem Weg zur agilen Transformation begleitet.
Eve *(S. 124)* ist wir alle – sie arbeitet daran, ihr Leben zum Besseren zu verändern.
Chiro *(S. 138)* ist der CEO eines großen internationalen Unternehmens.
Melony *(S. 150)* ist Mitarbeiterin einer NGO und versucht, Gutes in der Welt zu tun.
Pedro *(S. 168)* ist ein Podcaster und Autor mit einer florierenden Online-Community.
Cory *(S. 174)* ist Angestellte eines Unternehmens und hat eine Führungsrolle inne.
Dave *(S. 192)* ist ein Vater, der die Basketballmannschaft seines Sohnes trainiert.
Turner *(S. 214)* ist ein Unternehmer mit großen Ambitionen, der sein eigenes Unternehmen leitet.
Lotta *(S. 218)* ist Moderatorin und hilft ihren Kunden in Workshops und Meetings.
Alex *(S. 324)* ist ein führender Vordenker und Keynote-Speaker, der visuelle Werkzeuge nutzt und entwickelt.

CARL,
SELBSTSTÄNDIGER
BERATER
EVE,
WIR ALLE
CHIRO,
CEO
MELONY,
NGO
ANGESTELLTE
PEDRO,
PODCASTER

CORY,
ANGESTELLTE EINES
UNTERNEHMENS
DAVE,
VATER
TURNER,
UNTERNEHMER
LOTTA,
MODERATORIN
ALEX,
VORDENKER

Teil I
DER KONTEXT

VORHERSAGEN SIND SCHWIERIG, VOR ALLEM, WENN ES UM DIE ZUKUNFT GEHT.

NIELS BOHR

Klarheit ist *der* Erfolgsfaktor

Egal ob im Beruf oder im privaten Leben

Ich habe meine ganze Karriere darauf ausgerichtet, Klarheit für mich, meine Mitarbeiter und meine Kunden zu schaffen. Es fällt mir leicht, jedes Thema zu verstehen, das mir vorgesetzt wird, und ich nutze meine Fähigkeit zu zeichnen ausgiebig. Ich habe mich lange gefragt, warum ich Muster so schnell erkenne, aber vor kurzem habe ich herausgefunden, warum ... Bei mir wurde ein hochfunktionaler Autismus diagnostiziert: Asperger-Syndrom. Verdammt! Dadurch ist mir einiges klargeworden ...
Das Asperger-Syndrom ist eine Autismus-Spektrum-Störung, die sich oft in Schwierigkeiten mit sozialen Interaktionen, speziellen Fokus-Interessen, Überempfindlichkeiten und Schwierigkeiten mit nonverbalen Fähigkeiten äußert. Sie ist aber auch mit einer bemerkenswerten Konzentrationsfähigkeit und Ausdauer sowie mit der Fähigkeit verbunden, Muster zu erkennen und auf Details zu achten.
Mein Sehen und Erkennen von Mustern, das Analysieren komplexer Zusammenhänge, das Verstehen und Erfassen jedes Themas in Sekundenschnelle – all das ist das Ergebnis meiner neurodivergenten Persönlichkeit. Das zeigt sich zweifellos auch in meinem speziellen Interessengebieten: Kreativität und Kunst.

Als ich alle menschlichen Interaktionen mithilfe meines logischen Gehirns verstehen musste und Schritt für Schritt lernte, was funktioniert und was nicht, erkannte ich das Bedürfnis nach Klarheit in allem, was wir tun, sogar noch stärker als alle anderen, denke ich. Und da ich diese Fähigkeit bewusst entwickeln musste, fühle ich mich verpflichtet, meine Erkenntnisse mit dir zu teilen.

In diesem Buch geht es aber nicht um mich, sondern um dich! Du sollst von meinen Erkenntnissen aus den letzten Jahren profitieren. Wann immer ich mit meinen Kunden arbeite, egal in welcher Form oder Größe oder Branche, ist Klarheit das eine Element, das entweder fehlt oder zum Erfolg führt. Das gilt nicht nur für Menschen mit Neurodivergenz wie mich, sondern noch viel mehr für alle neurotypischen Menschen da draußen.

Das Bedürfnis nach Klarheit gilt für die zwischenmenschliche Interaktion, das Lösen komplexer Herausforderungen oder die Planung der täglichen nächsten Schritte. Ich habe gelernt, dass einfache, visuelle und klare Dinge dich sehr weit bringen können.
Du steckst mit einem Problem fest? Bring deine Gedanken zu Papier und gewinne Klarheit über deine Blockade. Fühlst du dich von Kollegen missverstanden? Nimm ein visuelles Werkzeug zur Hand, um dich auf deine nächsten Ziele auszurichten. Du weißt nicht, wo du anfangen sollst? Nimm dir ein paar Haftnotizen und arbeite dich Stück für Stück durch die Komplexität. Du hast keine gute Methode, um andere von deiner Idee zu überzeugen? Erfinde eine visuelle Geschichte, die die Aufmerksamkeit aller fesselt.

Ich fand, ein Buch wäre der beste Weg, um meine Erkenntnisse mit dir zu teilen. Es ist auf ... ähm ... Klarheit und umsetzbare Ratschläge ausgerichtet. Dieses Buch solltest du in deiner Nähe aufbewahren und oft lesen oder durchblättern – wie ein Arbeitsbuch – um Klarheit in deinem Arbeits- und Lebensalltag zu schaffen.

Apropos »umsetzbar«: Der erste Schritt, um Klarheit zu schaffen, ist die richtige Denkweise und der richtige Rahmen für jede Situation, in der wir uns befinden. Wir müssen die Dinge in den richtigen Kontext stellen. Schauen wir uns also als Nächstes das Clarity Framework an, das uns hilft, von nun an immer die richtige Einstellung zu haben.

Das Clarity Framework

Ein Grundgerüst für alle deine Projekte

Klarheit beginnt in unserem Kopf. Und um uns auf die richtige Art zu Denken (und damit auf den richtigen Arbeitsmodus) einzustellen, ist es hilfreich, einen Rahmen zu haben. Ein solcher Rahmen wird zur zweiten Natur, wenn wir ihn im Laufe der Zeit immer wieder benutzen, und sorgt dafür, dass wir bei Bedarf leicht umdenken können. Mir ist aufgefallen, dass es ein typisches Muster gibt, das jedes Mal auftritt, wenn du an einer Herausforderung arbeitest, egal ob es sich um ein Problemlösungsprojekt, einen Geschäftsmodell-Innovationsprozess, einen Design-Thinking-Sprint, einen bevorstehenden Workshop oder einen Podcast handelt, den du produzierst.

Du beginnst immer damit, zu verstehen, was ist oder sein soll. Wenn du das herausgefunden hast, entwickelst du entweder eine Lösung und Ideen oder bereitest Material und Inhalte vor. Wenn du das getan hast, teilst du es mit jemandem anderen. Ich meine, für die meisten von uns ergibt es keinen Sinn, etwas zu erschaffen, das niemand anderes sehen wird, oder?

Ich nenne es das **Clarity Framework.** Es enthält diese einfachen drei Phasen: *Verstehen, Erschaffen und Teilen (im englischen Original: Understand, Create und Share).*

Und es ist mit Absicht einfach.

Denn nur wenn es einfach ist, kannst du es nutzen, um komplexe Herausforderungen zu lösen. Wenn es einfach ist, wirst du es an deinen Arbeitsprozess anpassen und es selbst anwenden. Und genau darum geht es in diesem Buch. Ich möchte dir helfen, deine Arbeit zu verändern. Indem ich dir ein einfaches, aber wirkungsvolles Grundgerüst an die Hand gebe, wird dein Erfolg wahrscheinlicher. Es wird dir helfen, in jeder Phase die richtige Denkweise zu haben.

JEDE PHASE ERFORDERT EINE ANDERE DENKWEISE. DU HANDELST ANDERS, UM ZU VERSTEHEN, ZU ERSCHAFFEN ODER ZU TEILEN. WENN DU DEINE DENKWEISE GENAU KENNST, WIRST DU MEHR KLARHEIT SCHAFFEN.

Das Framework in Aktion

Einen neuen Service für deine Kunden entwerfen

Um es greifbarer zu machen, nehmen wir an, dass du eine neue Dienstleistung für deine Kunden entwickeln möchtest. Zuerst willst du die Bedürfnisse deiner Kunden verstehen, d.h. die zu erledigenden Aufgaben, ihre Probleme und ihre Wünsche. Und es wäre hilfreich, wenn du dir ein Bild davon machen würdest, was du mit deinem neuen Service erreichen willst. Und nicht zuletzt musst du wissen, wie du Erfolg definierst, nachdem dein Dienst live ist.

Zweitens: Nach der Phase des Verstehens beginnst du mit der Phase des Erschaffens. Das ist die Zeit, um Ideen zu entwickeln, mit verschiedenen Lösungen zu spielen und kreativ zu werden. Aber das ist nicht alles. Du musst deine Bemühungen fokussieren und einen Prototyp deines neuen Dienstes erstellen, mittels dessen man ihn erleben oder verstehen kann.

Drittens und letztens nutzt du den Prototyp deiner Dienstleistungsidee, um ihn mit Kollegen, Partnern oder sogar ersten Kunden zu teilen. In der Phase des Teilens ist es genauso wichtig, das Gelernte festzuhalten.

Schließlich fängst du mit deinen neuen Erkenntnissen über das Thema wieder von vorne an. Runde für Runde kommst du einer Lösung näher, die für dich und deine Kunden funktioniert.

Noch mehr Anwendungsmöglichkeiten

Workshops und Meetings abhalten

Für dieses Beispiel gehe ich einfach mal davon aus, dass du mit Menschen arbeitest (oder zumindest von Zeit zu Zeit mit ihnen zusammentreffen musst). Ich nehme das Beispiel eines Meetings oder Workshops bei der Arbeit.

Zuerst musst du das Ziel des Treffens verstehen. Außerdem musst du wissen, wer die Teilnehmer sein werden, wie der Zeitrahmen aussieht, welche Art von Raum du nutzen willst und welche Fragen in dem Workshop unbedingt beantwortet werden müssen.

Erst wenn du in der Phase des Verstehens alles geklärt hast, gehst du zum Erschaffen über. In dieser Phase bereitest du das gesamte Arbeitsmaterial vor, entwirfst den Zeitplan und den Ablauf des Workshops und erstellst die Folien. Auch das Entwerfen der Übungen gehört zu dieser Phase. Wenn das alles erledigt ist, gehst du gut vorbereitet in den Workshop.

Während des Workshops selbst befindest du dich in der Phase des Teilens. Und lustigerweise habe ich festgestellt, dass die besten Workshops ganz natürlich dem Clarity Framework folgen. Du hilfst den Leuten, ein neues Konzept oder eine neue Technik zu verstehen; sie kreieren etwas, das darauf basiert, und geben es weiter. So wiederholt sich der Kreislauf während des Workshops mehrmals. Probier es selbst mal aus. Wenn du einen Workshop nach diesen Grundsätzen gestaltest, wird er besser werden! Mit *Lotta (S. 218)* werden wir mehr über dieses Konzept erfahren.

IM RICHTIGEN **MINDSET** ZU SEIN, IST DER ERSTE SCHRITT ZUR **KLARHEIT.**

Kapitel 1

VISUELLE WERKZEUGE

Mehr als nur Denkweise und Grundgerüst

Frage dich immer »Worum geht es?« und konzentriere dich dann auf die Antworten, die mit Verstehen, Erschaffen und Teilen zu tun haben. So kannst du dein Denken auf das Ziel ausrichten, das du anstrebst, und du kannst dich besser fokussieren und engagieren.

Konzentration ist das, was wir heutzutage schmerzlich vermissen, nicht wahr? Mit all den Ablenkungen und der schnelllebigen Welt, in der wir leben, wird es von Tag zu Tag schwieriger, sich zu konzentrieren. Ich glaube, wenn du dich auf die richtige Denkweise einstellst, wird dir das helfen, etwas von der fehlenden Konzentration zurückzugewinnen. Natürlich wird es dir nicht direkt helfen, die Anforderungen der Außenwelt zu bewältigen, die dich vielleicht bedrängen, aber wer weiß?

Die beste Denkweise wird jedoch scheitern, wenn du deine Gedanken nicht greifbar und sichtbar für dich oder die Menschen, mit denen du arbeitest, machen kannst. So kannst du ein gemeinsames Verständnis für die Herausforderung oder deine Ideen schaffen. Und über das Verständnis hinaus schaffst du eine gemeinsame Basis, eine Ausrichtung und Engagement. Ich behaupte, dass du all das nicht nur mit gesundem Menschenverstand, sondern vor allem mit visuellen Mitteln erreichen kannst. Ich habe aus erster Hand erfahren, wie viele großartige, leistungsstarke Teams sich durch endlose Diskussionsrunden quälen, bis sie schließlich ein visuelles Werkzeug in die Hand nehmen und plötzlich Fortschritte und gute Ergebnisse erzielen.

Schauen wir uns einige typische Situationen an, in denen du dich heute wiederfinden könntest, und wie du sie verbessern könntest.

Strategisch arbeiten

Vermeide bla, bla, bla

OHNE VISUELLE WERKZEUGE

BLA, BLA, BLA
KEIN ABGLEICH
VIELE KONFLIKTE
LANGSAM

MIT VISUELLEN WERKZEUGEN

VISUELLE, HANDFESTE ARBEIT
HOHER ABGLEICH
GEMEINSAMES VERSTÄNDNIS
SCHNELL

OHNE VISUELLE WERKZEUGE

VIEL TEXT
MISSVERSTÄNDISSE
ANGST UND UNSICHERHEIT
STILLSTAND

MIT VISUELLEN WERKZEUGEN

VISUELLE GESCHICHTE
GETEILTES VERSTÄNDNIS
SICHERHEIT UND KLARHEIT
FORTSCHRITT

Eine Herausforderung einschätzen

Das große Ganze verstehen

OHNE VISUELLE WERKZEUGE

FRAGMENTIERTES VERSTÄNDNIS
KOMPLEX
ZEITAUFWENDIG
UNVOLLSTÄNDIG

MIT VISUELLEN WERKZEUGEN

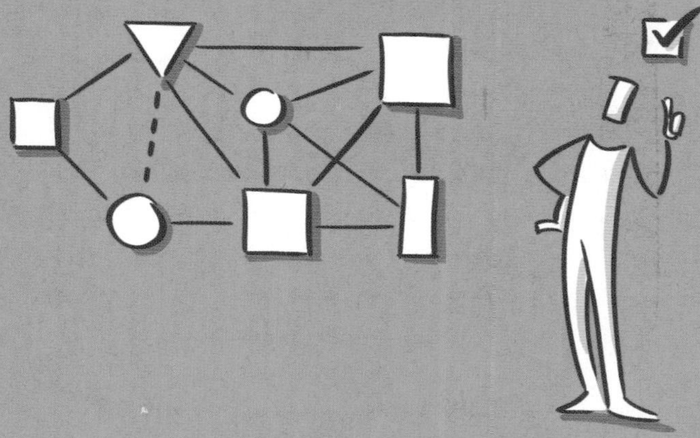

ÜBERBLICK
VERSTÄNDLICH
ERGEBNISORIENTIERT
GESAMTBILD

Neue Ideen entwickeln

Eine inspirierende Sitzung haben

OHNE VISUELLE WERKZEUGE

LANGWEILIG

SCHWER ZU VERSTEHEN

ÜBERALL UND NIRGENDS

CHAOTISCH

MIT VISUELLEN WERKZEUGEN

INSPIRIEREND
GREIFBAR
FOKUSSIERT
STRUKTURIERT

Über die Zukunft sprechen

Dich selbst und andere motivieren

OHNE VISUELLE WERKZEUGE

UNKLAR WO ANFANGEN
SCHWER VORSTELLBAR
UNFOKUSSIERT
ENTMUTIGEND

MIT VISUELLEN WERKZEUGEN

KONKRETE SCHRITTE
KLARES BILD
LASER-FOKUSSIERT
MOTIVIEREND

Ein klarer Weg

Klarheit führt zu Gewissheit

Visuelle Werkzeuge helfen dir in vielen Situationen, aber der größte Vorteil ist, dass sie dir helfen, auf Kurs zu bleiben und deine Vision im Auge zu behalten, so wie du einen einen Weg auf einer Sternenkarte einzeichnen würdest.

Das ist einer der wichtigsten Werte, die uns visuelle Werkzeuge bieten: die Fähigkeit, zu sehen und zu verstehen, wo wir gerade sind, wo wir in Zukunft hinwollen und wie wir dorthin kommen. Wenn du dieses Trio für dich oder andere visualisierst, wird das einen großen Unterschied in deiner Arbeit machen. Wir unterschätzen oft die Kraft der Gewissheit und der Zuversicht, die sich aus dem Wissen um unseren zukünftigen Weg ergibt.

Zu wissen, wo wir sind, wo wir hinwollen und wie wir dorthin kommen, ist der Schlüssel zu jeder Art von Team-, Kooperations- oder Co-Design-Arbeit. Visuelle Werkzeuge helfen dir, ein gemeinsames Verständnis, eine Ausrichtung und ein erhöhtes Engagement zu schaffen, das dich durch die gesamte Reise deines Projekts tragen wird.

Deshalb sage ich, dass die Beherrschung der visuellen Werkzeuge und des Clarity Frameworks eine ergänzende Fähigkeit ist, die deine Praxis aufwertet, egal, woran du gerade arbeitest.

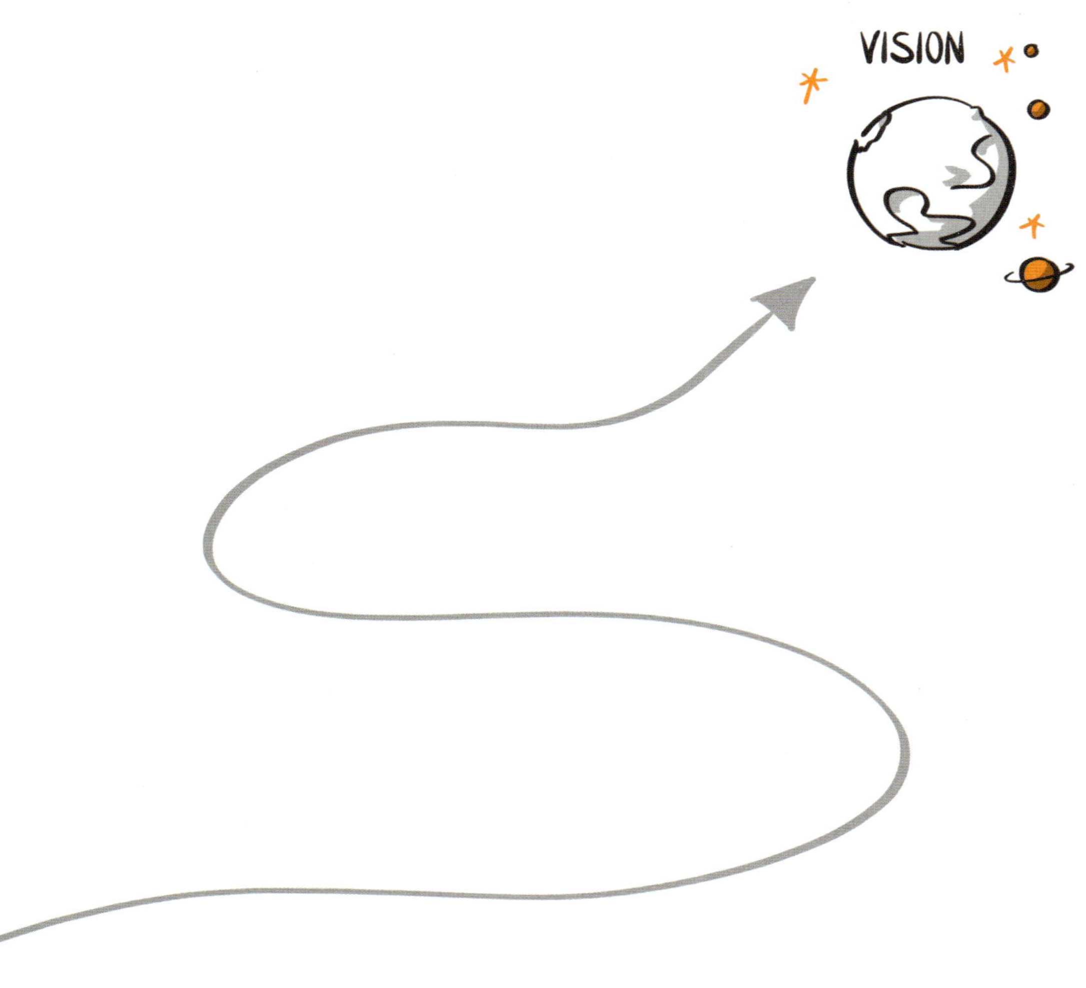
VISION

Komplementäre Fähigkeiten

Visuelle Werkzeuge werden deine Praxis aufwerten

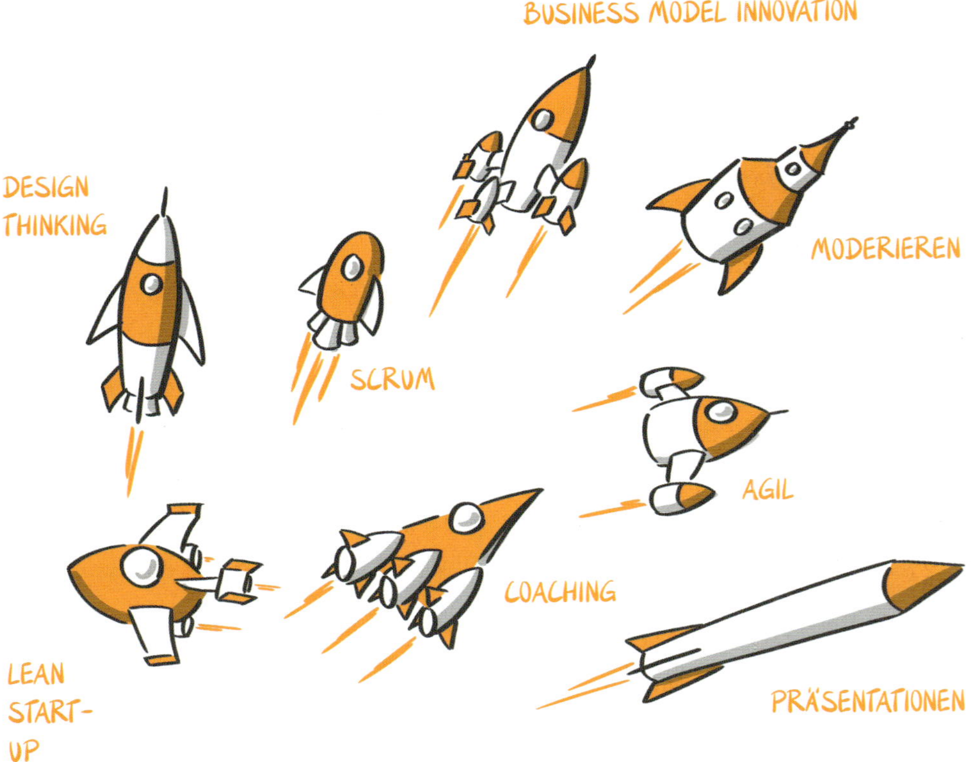

Um den wirklichen Wert von visuellen Werkzeugen zu verstehen, stell dir alle deine verschiedenen Prozesse und Projekte als Raumschiffe vor. Es gibt alle möglichen Arten von Raumschiffen, jede für einen anderen Zweck (Visionen, Ziele und Aufgaben) mit den entsprechenden Merkmalen (Methoden und Prozesse), die sie zum Erfolg führen. Stell dir den Business-Model-Innovation-Raumkreuzer mit seinen drei Triebwerken vor, der dich zum Mars bringen soll, im Vergleich zu der kleinen und wendigen Scrum-Kapsel, die dir hilft, Dinge im Asteroidenfeld zu erledigen.

Diese Raumschiffe haben mehrere Dinge gemeinsam: Sie haben alle eine Besatzung (dich und dein Team), sie nutzen Technologie (Verfahren und Rahmenbedingungen) und sie setzen Raketentreibstoff als Antrieb ein (Ideen und Input aus dem Team).

Visuelle Werkzeuge verbessern die Kommunikation zwischen deinem Team (wie verbesserte Kommunikationsmittel). Sie erleichtern die Nutzung von Prozessen und Rahmenwerken (wie eine verbesserte Benutzeroberfläche für Technologie). Und visuelle Werkzeuge machen es einfacher und schneller, Ideen zu entwickeln und Input zu sammeln (wie hochoktaniger Raketentreibstoff).

Das, was ich dir in diesem Buch erzähle, ist also nicht einfach nur »die nächste neue Methode«, sondern es gibt dir den Supercharger für alles, was du mit derjenigen Methode machst, die du gerade schon praktizierst.

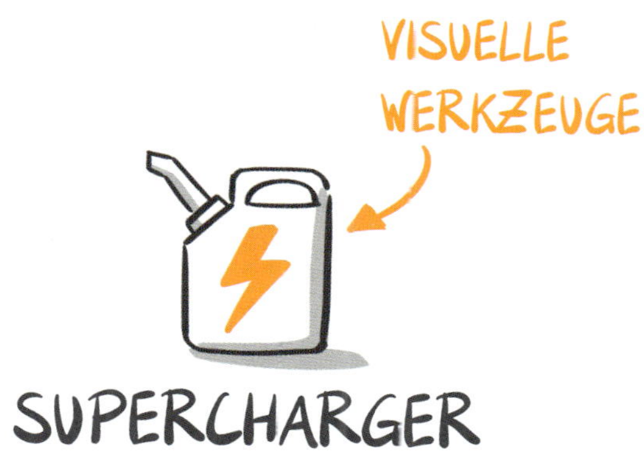

Du bist in guter Gesellschaft!

Große visuelle Denker

Es gibt so viele einflussreiche Menschen, die visuelle Werkzeuge nutzen oder nutzten, dass es schwer war, sich für ein paar wenige zu entscheiden, die ich dir vorstellen will. Aber hier sind einige, von denen du vielleicht schon gehört hast:

Leonardo da Vinci sagte über sich selbst, dass er in seinen Skizzen Dinge entdeckte, von denen er nicht wusste, dass er sie wusste.
Charles Darwin gab an, dass er konzeptionelle Skizzen benutzte, um seine Evolutionstheorie zu entwickeln. Und er war auch ein Aspie (liebevolle Kurzform für Betroffene mit Asperger-Syndrom), wie es scheint.
Sigmund Freud, der Vater der Psychoanalyse, stützte sich auf Skizzen, um seine Theorien über den menschlichen Geist, um die Psychoanalyse und die Psychopathologie zu verfeinern.
Zaha Hadid war eine weltberühmte Architektin, Designerin und visuelle Denkerin, die sich bei ihren Gesprächen stark auf Skizzen stützte. Auch wenn ihre Skizzen grob waren, führten sie immer zu mehr Klarheit.

Lass uns das Erbe der großen Denker ehren, die ihre Zukunft (unsere Gegenwart) gestaltet haben, indem wir selbst zu Baumeistern der Welt für die kommenden Generationen werden. Alles ist möglich mit der Kraft der visuellen Werkzeuge.

L. DA VINCI
C. DARWIN
S. FREUD
Z. HADID

Bilder sind schneller

Nah an der Wissenschaft

Es gibt einige gute Argumente dafür, mehr visuelle Werkzeuge in deiner Arbeit und deinem Leben einzusetzen. Ich möchte dir einige zeigen, die über die Standardaussage »Ein Bild sagt mehr als tausend Worte« hinausgehen.

»Eine viereckige Form mit leicht abgerundeten Kanten und einer einfarbigen, dunkelgrauen Füllung.«

WIR BRAUCHEN EINEN SEKUNDENBRUCHTEIL, UM DIESES BILD ZU LESEN.

WIR BRAUCHEN 6 SEKUNDEN, UM DIESEN TEXT ZU LESEN.

Studien haben gezeigt, dass wir nur einen Sekundenbruchteil brauchen, um ein Bild zu lesen und zu verstehen. Im Vergleich dazu brauchen wir im Durchschnitt 6 Sekunden, um 25 Wörter zu lesen.

Wir könnten jetzt argumentieren, dass Bilder schneller wahrgenommen werden. Aber nicht nur das – der Text, der das Quadrat oben beschreibt, ist im Vergleich zum Bild sogar schlechter. Es wären mehr Worte nötig, um den Grad der Abrundung der Ecken, den genauen Farbton des Graus und die Größe des Quadrats zu beschreiben.

Außerdem kann ein Bild durch eine Beschreibung, die es begleitet, noch stärker werden. Dies trägt zur Klarheit in unserer Kommunikation und zum Verständnis bei, indem wir die Stärken von Bild und Text nutzen.

Wir könnten zum Beispiel unser Quadrat in einen definierten Parameter umwandeln.

»Das ist die Marktgröße, mit der wir arbeiten können.«

Und wenn wir nur ein bisschen mehr hinzufügen, können wir die Informationen selbst komplexer machen, ohne das Bild zu sehr zu verkomplizieren. Wenn wir zum Beispiel unseren Marktanteil innerhalb der Marktgröße anzeigen wollen.

»Das weiße Viereck stellt unseren Anteil am Gesamtmarkt dar.«

Bilder verwenden einen anderen Kanal

Einen Film in unserem Kopf erstellen

Wie wir jetzt gesehen haben, kommt die eigentliche Kraft aus der Kombination von Bildern und Text. Eben nicht nur aus dem geschriebenen Text, sondern auch vom gesprochenen Wort.
Die Forschung hat gezeigt, dass geschriebener Text und das gesprochene Wort durch dieselben Nervenbahnen in unserem Gehirn interpretiert werden. Das bedeutet, dass wir uns nicht auf das Lesen konzentrieren können, wenn wir etwas hören (und umgekehrt). Das ist etwas, das du wahrscheinlich auch schon ab und zu erlebt hast. Ich kann das definitiv nachvollziehen – wenn ich lese, kann ich buchstäblich nichts anderem zuhören. Das ist unmöglich.

Aber wir verarbeiten visuelle Informationen über andere Nervenbahnen als die, die wir für geschriebene und gesprochene Wörter verwenden. Das bedeutet, dass sie sich nicht gegenseitig beeinträchtigen. Wenn du also ein Bild zeigst, können die Leute trotzdem zuhören, was du sagst. Noch besser ist, dass sie dir sogar gerne zuhören, während sie sich ein Bild ansehen. Es ist, als ob sie eine Art Dokumentarfilm sehen würden. Wir sind daran gewohnt und können währenddessen tatsächlich eine Menge verstehen.

VERSCHIEDENE KANÄLE SIND DAHINGEGEN BEREICHERND.

Fokus

Die eine Sache, die deine Projekte ankurbeln wird

Beide Faktoren – die schnellere Wahrnehmung und die Verwendung eines anderen Kanals als Worte – führen zu einem weiteren enormen Vorteil visueller Werkzeuge. Sie helfen dir und deinen Mitarbeitern, die Konzentration zu erhöhen.

Konzentration ist das, was uns bei der Arbeit oft fehlt – entweder werden wir durch die Medien, unsere eigenen Gedanken oder die Anfragen anderer abgelenkt. Und dieses Symptom macht sich auch in unseren Meetings und Workshops bemerkbar, nicht wahr?

Das passiert immer wieder. Du beginnst ein Treffen mit bestimmten Zielen und die ersten paar Minuten verlaufen wie geplant. Du kommst voran, aber dann meldet sich jemand mit einem Anliegen zu Wort. Jemand anderes fängt an, dagegen zu argumentieren, während eine dritte Person ebenfalls um das Thema herumschwafelt. Dann nutzt ein Vierter das Chaos, um ein politisches Thema anzusprechen, über das er gerne bei jeder Gelegenheit spricht.

Ein Streit jagt den nächsten, die Zeit vergeht ... und das Treffen endet ohne nennenswerte Ergebnisse. Kommt dir das bekannt vor? Mit visuellen Hilfsmitteln kannst du das vermeiden – du musst sie nur richtig einsetzen. Der Einsatz visueller Hilfsmittel sollte Teil deiner DNA sein – nicht nur in deinem Kopf ...

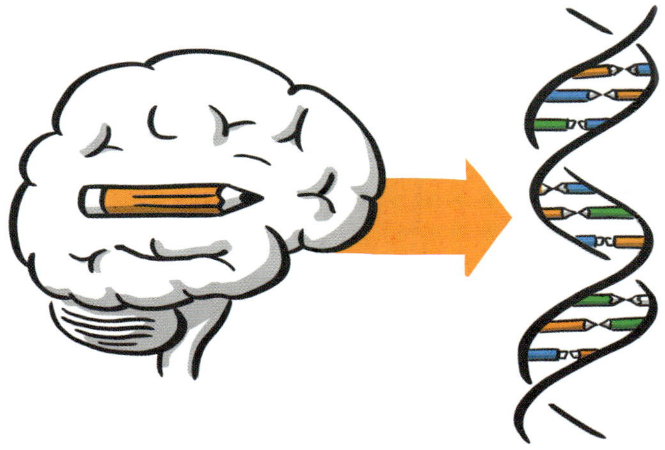

UND LASSEN DICH MIT EINEM LEEREN GEFÜHL ZURÜCK.

Definition von visuellen Werkzeugen

Wovon ich spreche, wenn ich über visuelle Werkzeuge spreche

Um zu verstehen, wie man visuelle Werkzeuge einsetzt, müssen wir uns darüber klar werden, was wir meinen, wenn wir von »visuellen Werkzeugen« sprechen. Es gibt so viele Arten von visuellen Werkzeugen, dass es hilfreich ist, die verschiedenen Kategorien klar zu verstehen. Immerhin ist Klarheit das Thema des Buches, nicht wahr? Nach meinem Verständnis gibt es fünf Kategorien von visuellen Werkzeugen:

1. Visuelle Techniken
2. Visuelle Präsentationstechniken
3. Visuelle Vorlagen
4. Visuelle Analysewerkzeuge
5. Visuelle Erkundungstools

Sie erscheinen in Form von physischen oder virtuellen Postern, Leinwänden, Vorlagen, Strukturen, Mustern und sogar Techniken wie Zeichnen und Schreiben.
Auf den nächsten Seiten werden wir die fünf Kategorien gemeinsam erkunden und ich zeige dir, wie du bestimmte Werkzeuge auf dem Clarity Framework abbilden kannst, um zu entscheiden, welche Art von visuellem Werkzeug für die Situation, in der du dich gerade befindest, hilfreich sein könnte.

DIE WELT HAT SCHON **ALLE WERKZEUGE**, ABER IHR FEHLT DER **RAHMEN**, **WANN UND WIE** SIE EINZUSETZEN SIND.

Kapitel 2

KATEGORIEN VISUELLER WERKZEUGE

Alle Werkzeuge, die du benutzt, können abgebildet werden

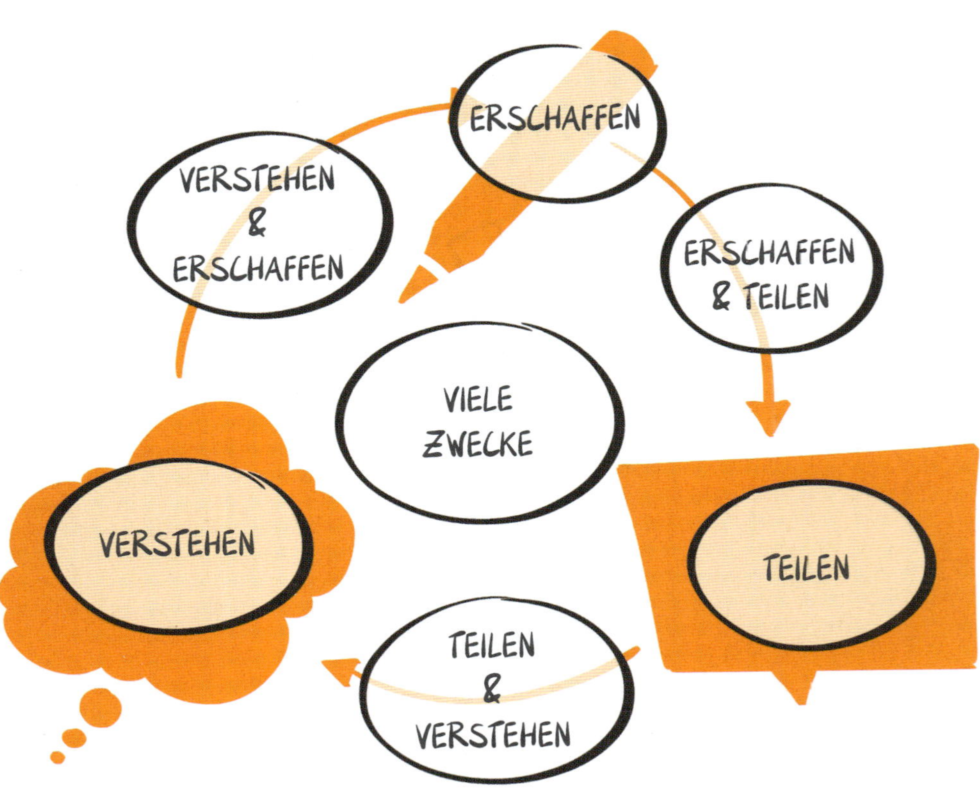

Bevor wir uns die einzelnen Arten von visuellen Werkzeugen genauer ansehen, möchte ich mit dir einen zweiten Blick auf das Clarity Framework werfen. Es gibt sieben »Orte«, an denen du ein visuelles Werkzeug einsetzen kannst. Oder sagen wir besser »Phasen«, in denen dir ein bestimmtes visuelles Werkzeug am besten helfen kann. Wenn es sich zum Beispiel um ein Werkzeug handelt, dessen Hauptzweck darin besteht, dir bei der Analyse einer Situation oder beim Sammeln von Informationen zu helfen, wird es dir am besten in der Phase des Verstehens helfen. Die gleiche Logik gilt für Erschaffen und Teilen.

Wenn ich in diesem Zusammenhang von »Hauptzweck« spreche, meine ich damit, dass das Werkzeug für diesen Zweck bestimmt ist. Wenn du ein *Visual Poster (S. 254)* für eine Präsentation nimmst, ist der Hauptzweck dieses visuellen Werkzeugs das Teilen. Du kannst einen weiteren hilfreichen Indikator hinzufügen, indem du dich fragst: »In welcher Phase schafft es den größten Nutzen?«

Diesem Faden folgend, kann es Werkzeuge geben, die in zwei Phasen helfen, aber nicht so sehr in der dritten Phase. Diese Werkzeuge befinden sich an den Schnittpunkten der Phasen des Frameworks.

Und schließlich haben wir noch einige visuelle Werkzeuge, die genau in die Mitte des Clarity Frameworks passen, da sie dir in allen drei Phasen des Verstehens, Erschaffens und Teilens gleichermaßen dienen können. Schauen wir uns auf den folgenden Seiten die verschiedenen Arten von visuellen Hilfsmitteln an und präzisieren das.

Visuelle Techniken

Auch bekannt als unterstützende Werkzeuge

Mit visuellen Techniken meine ich die visuellen Werkzeuge, die in ihrer Form und ihrem Aussehen weniger festgelegt sind als die anderen Werkzeuge. Sie sind die Grundlage für visuelles Arbeiten und dienen oft auch als Hilfsmittel bei der Arbeit mit den anderen Werkzeugen. Ich nenne diese Kategorie meine »Bucket List«. Und es ist ein schöner Eimer!

Visuelle Techniken unterstützen alle anderen visuellen Werkzeuge. Wir sprechen hier über die unbekannten Stars der Klarheit: *Haftnotizen (S. 86)* und *Zeichnen (S. 316)*. Ja, ich habe es gesagt. Zeichnen! Aber keine Sorge, du wirst es schnell genug lernen (nur 10.000 Stunden, jetzt im Angebot für nur 8.000 Übungsstunden). Und du kennst natürlich Haftnotizen – viele Menschen haben eine Liebes- und Hassbeziehung zu ihnen, aber ich habe mehr Zuneigung als Abneigung. Neben den oben genannten Techniken gibt es noch Dinge wie *Book Cover (S. 236)*, *Alignment Cards (S. 246)* und *Affinity Mapping (S. 232)*.

Diese Techniken unterstützen die Arbeit mit den anderen visuellen Werkzeugen und die Methoden, die du anwendest – egal, ob es sich um Design Thinking, Business Model Innovation, Scrum, Lean-Startup oder andere Methoden handelt. Sie können deine Professionalität auf die nächste Stufe heben.

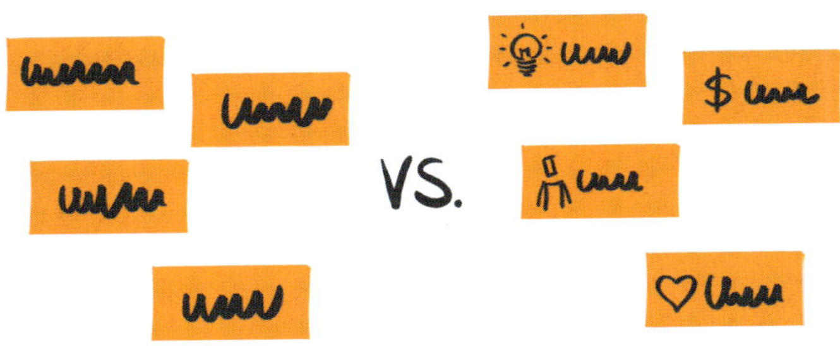

Durch ihre unterstützende Funktion können visuelle Techniken in allen drei Phasen einen Mehrwert schaffen: Verstehen, Erschaffen und Teilen. Allerdings eignen sich nicht alle von ihnen für alle drei Phasen. Wir können alles mit Zeichnungen und Haftnotizen machen. Sie gehören also in die Mitte. Ein Book Cover ist mehr oder weniger nur für die Phasen des Erschaffens und Teilens nützlich, denn du nutzt diese Technik, um Erkenntnisse, Ideen oder eine Geschichte mit anderen zu teilen. Sie hilft dir, deine Ideen zu schärfen und zu vertiefen.

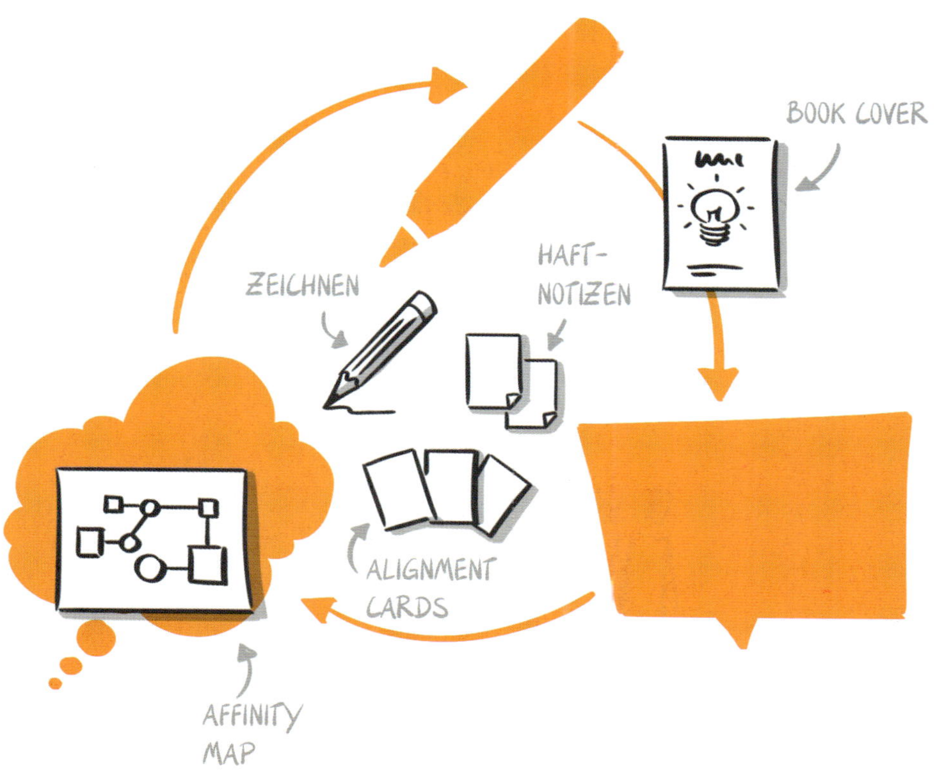

Visuelle Präsentationstechniken

Präsentiere, bewirb oder teile auf die bestmögliche Weise

Den visuellen Techniken sehr nahe kommen die visuellen Präsentationstechniken. Mit letzteren meine ich die visuellen Werkzeuge, die wir verwenden, um unser Wissen, unsere Ergebnisse oder unsere Ideen mit anderen zu teilen. Du verwendest sie eher selten als direkte Vorlagen, die du in Workshops ausfüllst. Stattdessen bereitest du sie normalerweise vor, indem du sie vor der Sitzung ausfüllst, und dann so benutzt, wie sie sind.

Beispiele für visuelle Präsentationstechniken sind die *Pencil Preparation (S. 260), Transparent Sticky Notes (S. 256)* oder die berüchtigten *Visual Posters (S. 254).*

Wir vergessen oft, wie wichtig es ist, unseren Ideen und Lösungen eine Form zu geben, die andere leicht verstehen können oder die wir langfristig als Gedächtnisstütze nutzen können. Visuelle Präsentationstechniken dienen dir dazu, deine Zuhörer von etwas zu überzeugen, ihnen zu zeigen, was du siehst, sie zum Handeln aufzufordern oder dir zu folgen.

Damit kannst du eine große Hürde in der Kommunikation vieler Organisationen überwinden: Überkomplexe, wortreiche, unsinnige Folien, gepaart mit viel Bla, Bla, Bla. Genau das musst du vermeiden, wenn du Klarheit schaffen willst. Wenn du auf die richtige Weise, mit den richtigen visuellen Präsentationstechniken und zum richtigen Zeitpunkt teilst, wird sich deine Arbeit zum Besseren wenden.

All diese Techniken haben gemeinsam, dass sie etwas mehr Zeit in Anspruch nehmen als ein normales Foliendeck (was Du nie mehr benutzen solltest, bitte!). Aber wie du am Beispiel von *Cory (S. 174)*, einer Angestellten, die ihr Projekt vor dem Vorstand ihres Unternehmens vorstellt, sehen wirst, wird die Vorbereitungszeit zu besseren Ergebnissen in deinen Sitzungen führen. Du wirst mehr Engagement erleben, tiefergehendes Feedback erhalten und herausforderndere Fragen gestellt bekommen. Und das alles ist gut für die Verbesserung deines Projekts.

Visuelle Vorlagen

So einfach wie eine Skizze auf einer Serviette

Als Nächstes folgen die visuellen Vorlagen. Sie sind die einfachste Version eines visuellen Werkzeugs. Per Definition ist eine Vorlage ein Medium mit einem vordefinierten Seitenlayout, das bearbeitet werden kann, um einen endgültigen Endzustand zu erreichen. In unserem Fall bedeutet das, dass sie mit unseren eigenen Inhalten gefüllt werden kann. Wenn du ein bisschen Erfahrung mit ihrer Verwendung hast, kannst du sie sogar spontan erstellen oder zeichnen, da sie normalerweise nicht allzu komplex sind.

Beispiele für visuelle Vorlagen sind *Speedboat (S. 284)*, *World Map (S. 270)*, *Visual Rapid Prototyping (S. 290)* und *Storyflow (S. 288)*. In vielen Fällen beantwortet eine visuelle Vorlage eine sehr enge und spezifische Frage, z. B. »Was hält uns hier zurück?« oder: »Was könnte uns helfen, dieses Projekt in Gang zu bringen?«.
Für die letzte Frage verwende ich oft die *Space Rocket (S. 286)* – sie ermöglicht es mir, mich auf die sogenannten Enabler und Problemlöser zu konzentrieren und lenkt uns von den Nörglern ab, die sich auf die möglichen Hindernisse des Projekts konzentrieren. Mithilfe dieser visuellen Vorlage können wir unsere Gedanken und Ideen strukturierter formulieren.

ENABLER FÜR
DEIN PROJEKT

Visuelle Vorlagen kannst Du überall auf dem Clarity Framework zu finden, da du sie zur Beantwortung aller möglichen Fragen und zur Erfüllung von verschiedenen Aufgaben verwenden kannst. Du kannst sie nutzen, um etwas zu verstehen, oder du hast eine Vorlage, die dir hilft, neue Ideen und Lösungen zu entwickeln. Genauso wichtig ist, dass es eine Vielzahl von Vorlagen gibt, die dir beim Erzählen von Geschichten helfen, wenn du deine Erkenntnisse weitergeben willst. Je nachdem, was du tun willst, hast du also für jede Phase eine visuelle Vorlage.

Und wenn du die passende Vorlage nicht findest, kannst du sogar eine neue Vorlage für deine Bedürfnisse entwerfen.

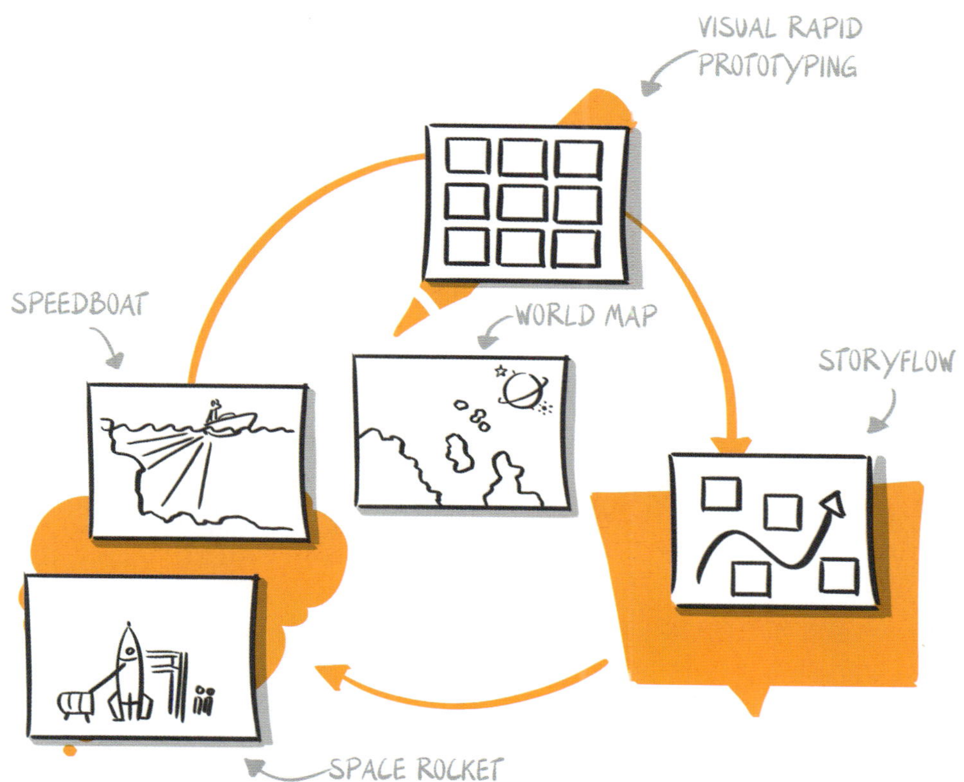

Visuelle Analysewerkzeuge

Eingeschränkt, aber fokussiert

Visuelle Analysewerkzeuge konzentrieren sich auf Verstehen und Teilen. Sie dienen dazu, eine Situation zu verstehen oder Erkenntnisse darüber zu teilen. Sie helfen dabei, Klarheit über das Problem zu gewinnen, die Ausrichtung zu verbessern und Prozesse zu verstehen. Typische visuelle Analysewerkzeuge sind die *Business Model Portfolio Map (S. 302), die Industry Shifts Map (S. 298)* und jede *2x2-Matrix (S. 302).*

Es liegt in der Natur dieser Werkzeuge, dass sie manchmal fast so komplex sind wie ein visuelles Erkundungswerkzeug, aber ihr Anwendungsbereich ist viel enger gefasst. Die 2x2-Matrix zum Beispiel verwende ich oft, um Prioritäten zu setzen. Das hilft mir, besser zu verstehen, worauf ich mich später in der Phase des Erschaffens konzentrieren muss.

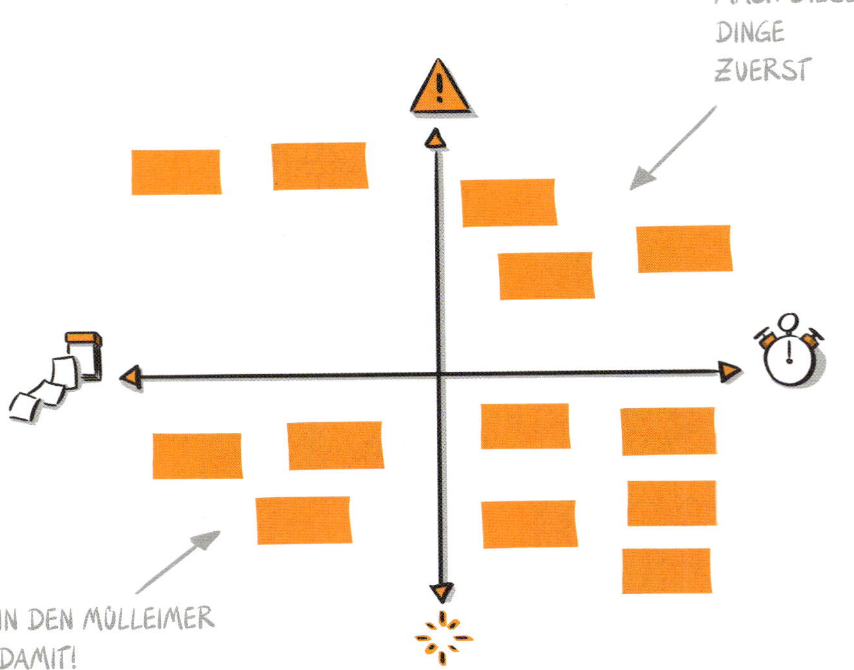

Wann immer ich den Drang verspüre, mir Klarheit über die Frage »Was soll ich als Nächstes tun?« zu verschaffen, zeichne ich diese 2x2-Matrix auf ein Blatt Papier. Ich schreibe alle meine Aufgaben und Projekte auf Haftnotizen und beginne, sie anhand der folgenden Dimensionen in die 2x2-Matrix zu sortieren: ›dringend‹ versus ›nicht dringend‹ und ›wichtig‹ versus ›nicht wichtig‹. Diese Aktivität hilft mir, die Dinge zu identifizieren, die wichtig sind UND dringend erledigt werden müssen. Oh, und wenn es immer noch zu viele Dinge zu tun gibt? Nun, ich sehe ganz klar, dass ich an meiner Fähigkeit, »Nein« zu sagen, arbeiten muss! Um ehrlich zu sein, ist das eine Sache, die ich noch viel öfter tun müsste.

Du siehst, dass visuelle Analysewerkzeuge dir viel Klarheit verschaffen, aber sie helfen dir nicht, Dinge zu erschaffen. Deshalb ordnen wir sie auf der unteren Achse des Clarity Frameworks ein.

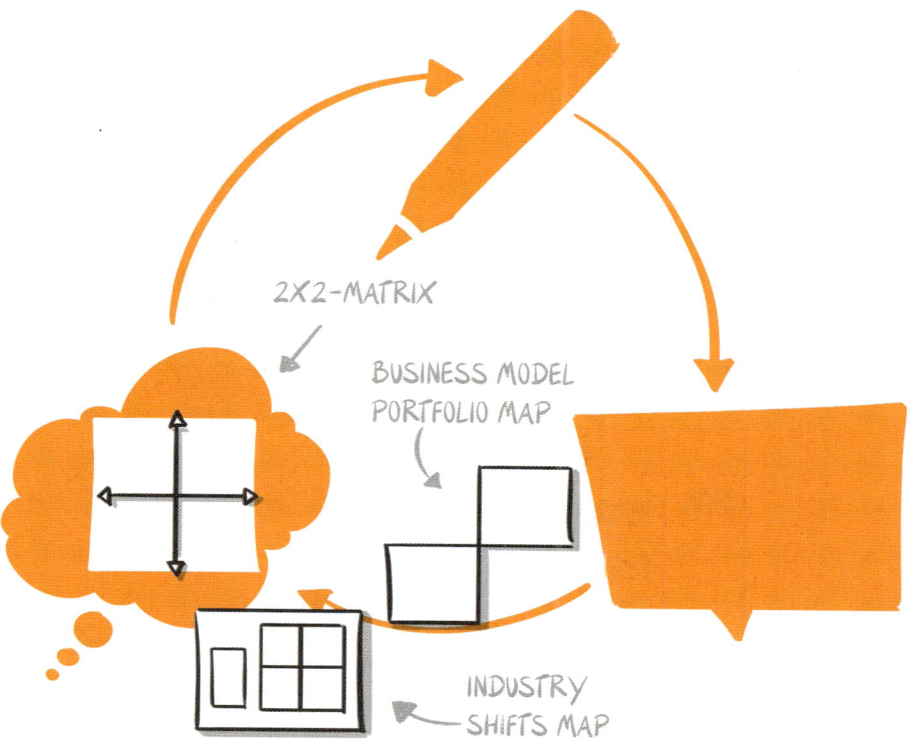

Visuelle Erkundungswerkzeuge

Die, die über sie alle herrschen

Visuelle Erkundungswerkzeuge sind die komplexesten visuellen Werkzeuge, nicht in ihrem Aussehen, sondern in ihrer Anwendung. Der Hauptzweck dieser Werkzeuge ist es, alles zu tun … Jedes von ihnen kann dir helfen, ein Problem zu verstehen, Lösungen für das Problem zu entwickeln und deine Ideen mit deinen Stakeholdern zu teilen. Beispiele für visuelle Erkundungswerkzeuge sind: *der Business Model Canvas (S. 306), der Value Proposition Canvas (S. 300), die Culture Map (S. 312), der Strategic Innovation Canvas (S. 308)* und andere Strategiekarten.

Visuelle Erkundungswerkzeuge erscheinen auf den ersten Blick oft sehr einfach. Der Business Model Canvas von Alex Osterwalder und Yves Pigneur zum Beispiel ist eine Leinwand mit neun Bausteinen, die streng geordnet sind, ohne viel Schnickschnack auf der grafischen Seite.
Manche denken, dass der Business Model Canvas einfach zu handhaben ist, aber das ist er nicht, wenn du ernsthaft damit arbeiten und das Wachstum deines Unternehmens vorantreiben willst. Du könntest die neun Bausteine als Checkliste sehen, aber in Wirklichkeit sind sie alle miteinander verbunden. Sie stellen die Geschichte deines Geschäftsmodells dar und sind nicht nur einzelne Kästchen auf einem Blatt Papier. Das ist ein Merkmal der visuellen Erkundungswerkzeuge. Sie mögen einfach erscheinen, aber unter ihrer Oberfläche sind sie komplex. Manchmal sind sie so komplex, dass es Monate und Jahre dauert, bis du sie beherrschst.

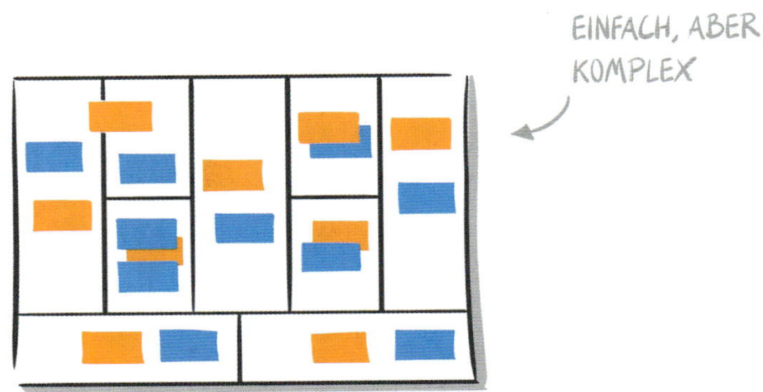

Wir sollten uns daran erinnern, dass wir es mit komplexen Themen und Herausforderungen zu tun haben. Hier gibt es kein Schwarz und Weiß. Die von mir vorgeschlagene Einteilung der visuellen Werkzeuge ist eher ein Leitfaden, der dir hilft, auf dem richtigen Weg zu bleiben, als ein strenges Regelwerk. Normalerweise kannst du ein Erkundungswerkzeug auch daran erkennen, dass es für alle drei Phasen geeignet ist: Verstehen, Erschaffen und Teilen. Aber jedes dieser Werkzeuge kann in Bezug auf das Thema, das es behandelt, sehr eng gefasst sein. Der Business Model Canvas konzentriert sich zum Beispiel nur darauf, wie du Wert für dein Unternehmen schaffst. Nicht mehr und nicht weniger. Und der Zweck der Culture Map ist es, die Frage zu beantworten, wie ihr in eurem Unternehmen zusammenarbeiten wollt. Bedenke, dass es nicht einfach ist, ein neues Erkundungswerkzeug zu entwickeln. Es ist ein ziemlicher Aufwand, die verschiedenen Bausteine eines solchen visuellen Erkundungswerkzeugs zu erforschen, zu entwerfen und immer wieder zu überarbeiten.

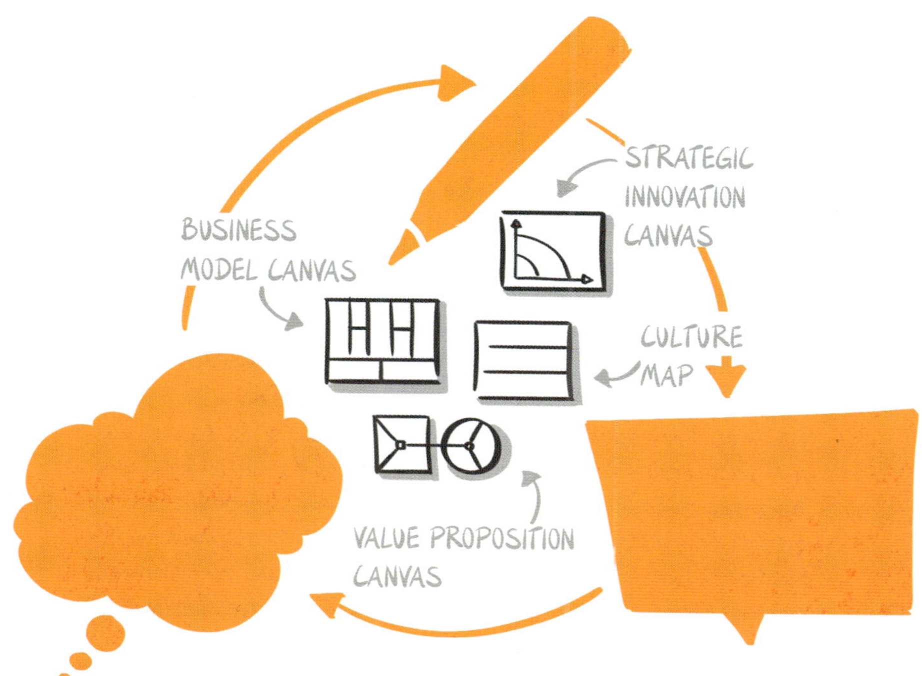

Visuelle Sequenzen

Nutze die wahre Macht der visuellen Werkzeuge

Um ehrlich zu sein, wäre ich froh, wenn du aus diesem Buch nur eine einzige wichtige Erkenntnis mitnähmst: Die richtige Einstellung gibt dir die Energie, die du brauchst, um deinen mentalen Widerstand zu überwinden, ein visuelles Werkzeug in die Hand zu nehmen und damit zu beginnen, Klarheit für dein Leben und dein Geschäft zu schaffen.

Trotzdem möchte ich dir jetzt noch das zweitwichtigste Konzept vorstellen. Und das ist die Idee, verschiedene visuelle Werkzeuge miteinander zu verknüpfen.

Die meisten visuellen Werkzeuge dienen einer ganz bestimmten Aufgabe – das Leid deiner Kunden zu verstehen, dir eine wünschenswerte Zukunft vorzustellen, ein Geschäftsmodell zu entwerfen oder eine Idee zu präsentieren – und deshalb ist es unwahrscheinlich, dass du nur ein einziges Werkzeug zur Bearbeitung deiner Aufgabe verwenden wirst. Stell dir vor, dass visuelle Werkzeuge wie menschliche Mitarbeiter mit all ihren unterschiedlichen Fähigkeiten sind.

Nur in einem starken Team kannst du das Fachwissen eines jeden Teammitglieds nutzen und bessere Ergebnisse erzielen.

Das wäre dein nächster Schritt, um Klarheit zu schaffen. Es wird deine Hauptaufgabe sein, die richtigen Werkzeuge für die anstehenden Aufgaben zu finden. Um die Denkweise von visuellen Sequenzen zu entwickeln, habe ich die *Beispiele (S. 14)* und die *Visuelle Werkzeugbibliothek (S. 224)* entworfen, um dir Beispiele für Sequenzen zu zeigen. Lass uns sehen, was ich meine, indem wir einige meiner Lieblingssequenzen anschauen.

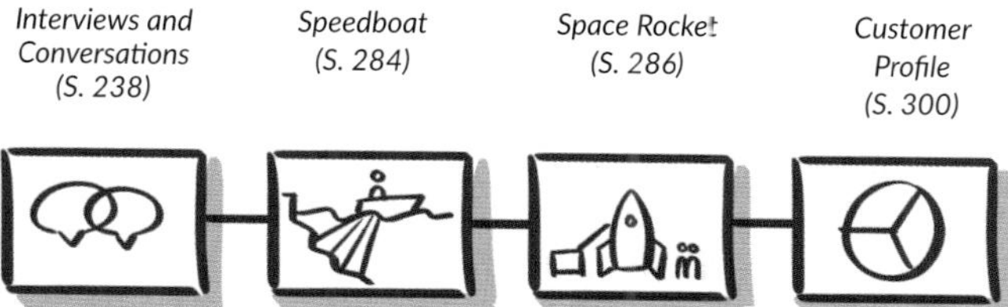

Wenn ich etwas über meine Kunden oder die Teilnehmer eines Workshops erfahren möchte, nutze ich diese Sequenz, um so viel wie möglich zu lernen. Die ersten drei Werkzeuge helfen mir dabei, die benötigten Informationen zu sammeln, und das letzte dient mir als Kunden-Dashboard.

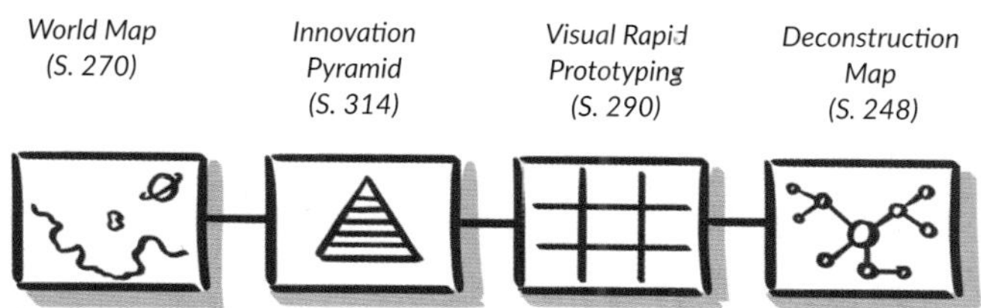

Das ist eine weitere großartige Sequenz, um Ideen zu entwickeln und ein bisschen konkreter über die Zukunft nachzudenken. Sie beginnt mit dem großen Ganzen und formuliert das Ziel. Dann geht es weiter mit zwei Werkzeugen zur Ideenfindung, bevor sie mit einer Karte abschließt, die dir hilft, die Zusammenhänge zu erkennen.

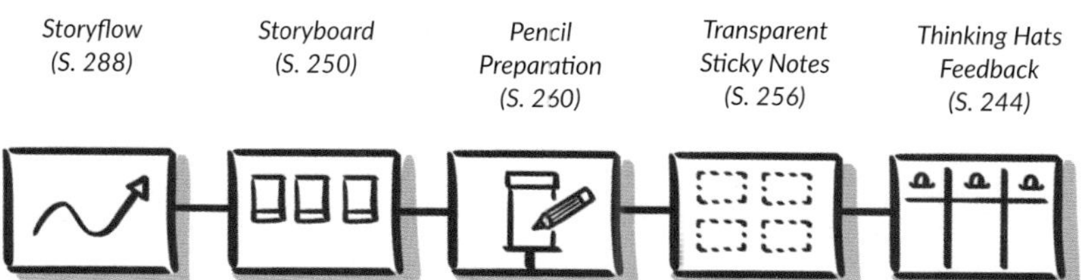

Wenn du deine Geschichte erzählen willst, mag ich diese Sequenz besonders, weil sie Raum für intensive Gespräche und tolles Feedback schafft.

EINFACHHEIT KAM NICHT DADURCH, KOMPLEXITÄT ZU IGNORIEREN, SONDERN SIE ANZUGEHEN!

STEVE JOBS

Einfach vs. kompliziert vs. komplex

Wir leben in einer komplexen Welt

Ich bin gelernter Tischler. Wusstest du das? Nein? Mit meinem Aspie-Gehirn bin ich der perfekte ... ähm ... Perfektionist für Details bei hochwertigen Möbeln. Wie dem auch sei ...
Wenn du mich bitten würdest, einen 2m x 3m großen Esstisch aus Eichenholz zu bauen, und du mir ein Bild von dem Design bringen würdest, das du dir wünschst, wäre das eine einfache Aufgabe. Ich wüsste, was ich tun müsste, wie lange ich dafür bräuchte und wie viel es kosten würde. Das ist eine Herausforderung im einfachen Bereich.

Jetzt stell dir vor, du kommst zu mir mit der Idee eines Esstisches, an dem fünf bis zehn Personen Platz haben. Er soll aus Holz sein, aber du weißt nicht, welche Sorte und du hast keine Ahnung vom gewünschten Design. Diese Anfrage ist komplizierter als die erste, weil es einige Unbekannte im Spiel gibt. Trotzdem wüsste ich ziemlich genau, welche Fragen ich stellen muss, um zum Ziel zu kommen, aber nicht, wie lange ich dafür brauchen oder wie viel es kosten würde.

Und stell dir vor, du brauchst nicht nur einen Tisch, sondern auch ein Haus, in dem er steht. Du hast keine Ahnung, woraus der Tisch bestehen soll, geschweige denn, aus welchem Material das Haus zusammengesetzt werden soll. Und die Entwürfe für beides sind für dich unklar. DAS ist komplex für mich.
Das ist so, als hätte man mehrere Beteiligte an einem Projekt, die unterschiedliche Interessen, Aufgaben, Wünsche und Befürchtungen haben. Und das alles in einer unbekannten Umgebung, die sich von Tag zu Tag schnell verändert.

Wir befinden uns heute mit unserem Leben, unseren Projekten und Unternehmen die ganze Zeit in dem komplexen Bereich. Die Probleme sind komplex, und ich würde sogar sagen, dass viele von ihnen »wicked« sind.

Laut Wikipedia ist ein »Wicked Problem« »ein Problem, das aufgrund von unvollständigen, widersprüchlichen und sich ändernden Anforderungen, die oft schwer zu erkennen sind, schwer oder gar nicht zu lösen ist«.

Wir müssen akzeptieren, dass es keine richtige oder falsche Antwort auf diese Probleme/Herausforderungen gibt und dass die Bewältigung der Komplexität ein chaotischer, schrittweiser Prozess ist.

Komplexe Probleme meistern

Wie man akzeptiert, dass es keine richtige Antwort gibt

Wir stehen jetzt vor neuartigen Herausforderungen. Wo wir früher einfache und in der näheren Vergangenheit vielleicht etwas kompliziertere Probleme zu lösen hatten, befinden wir uns heute im Zeitalter und im Reich der Komplexität.

Eine komplexe Herausforderung (oder ein »Wicked Problem«, wie wir vorhin gelernt haben) hat mehrere Elemente, die sich ständig bewegen und ihre Form verändern. Und nicht nur das: Bei einer komplexen Herausforderung gibt es keine richtige oder falsche Antwort. Es gibt mehrere mögliche Antworten. Alle Antworten sind legitim, aber keine davon wird das Problem jemals vollständig abdecken.

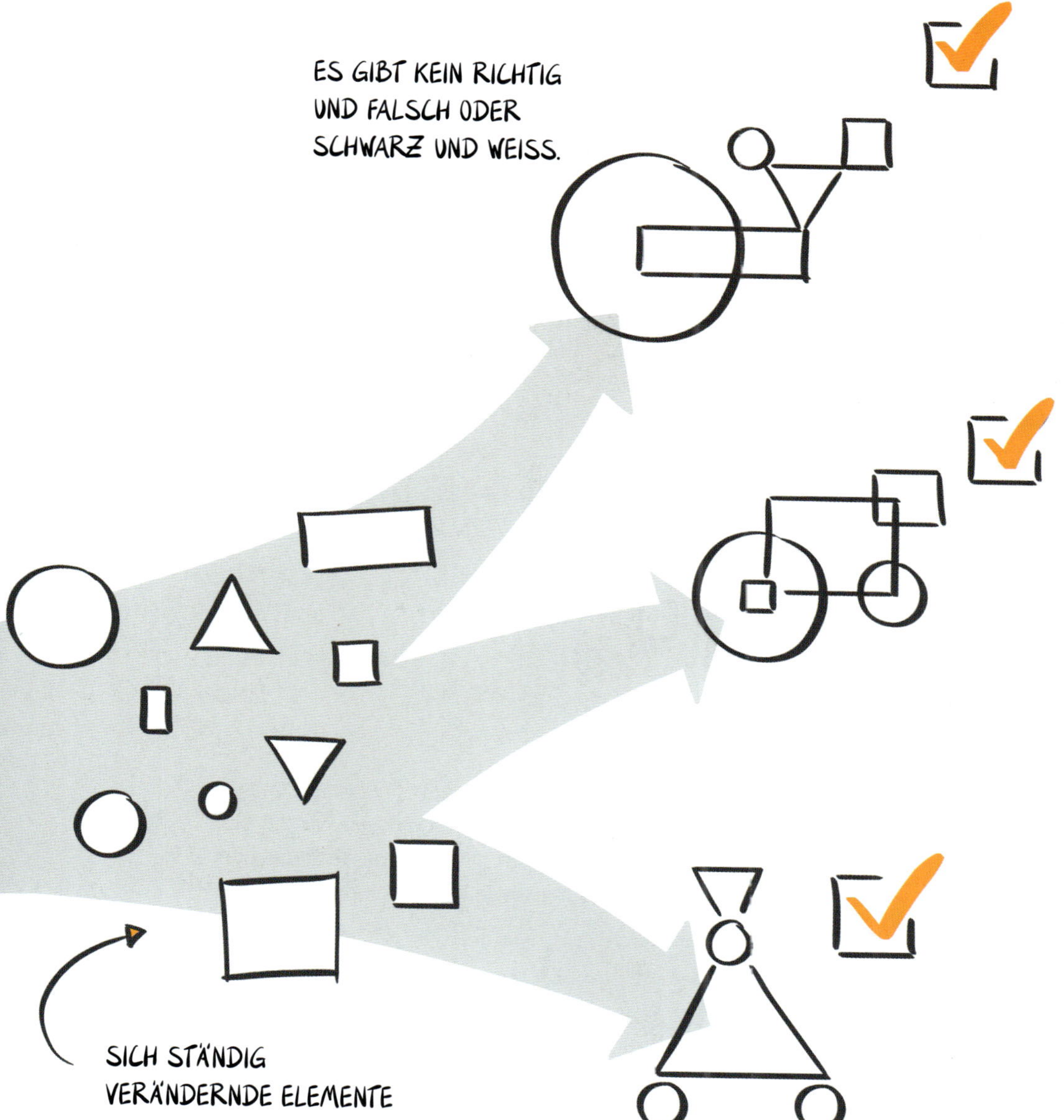
ES GIBT KEIN RICHTIG
UND FALSCH ODER
SCHWARZ UND WEISS.
SICH STÄNDIG
VERÄNDERNDE ELEMENTE

Komplexe Probleme meistern 2.0

Selten allein, am besten visuell

OK. Wir haben gelernt, dass komplexe Herausforderungen ... komplex sind. Das ist klar. Oft genug fühlen wir uns angesichts der Herausforderungen von heute mit ihren beweglichen Teilen und unklaren Lösungen verloren.

Der erste Schritt, um mehr Erkenntnisse zu gewinnen, liegt im systemischen Denken. Nach dessen Grundsätzen müssen wir die einzelnen Elemente (Stakeholder, Kollegen, Meinungen, Technologien, Prozesse usw.) der Herausforderung sowie ihre Verbindungen untereinander herausfinden.

Oft sind diese Herausforderungen so komplex, dass wir sie nicht in ihrer Gesamtheit erfassen können. Es ist auf jeden Fall hilfreich, Kollegen oder Gleichgesinnte auf dem Weg zu haben, denn sie können eine andere Sichtweise einbringen.

Aber um von deiner und ihrer Sichtweise zu profitieren, musst du all dies auf eine visuelle Oberfläche bringen (egal ob physisch oder digital). Nur wenn du deine Gedanken nach außen trägst und sie sichtbar und greifbar machst, kann jeder mit ihnen interagieren und sie in die Tat umsetzen. Deshalb brauchen wir visuelle Werkzeuge.

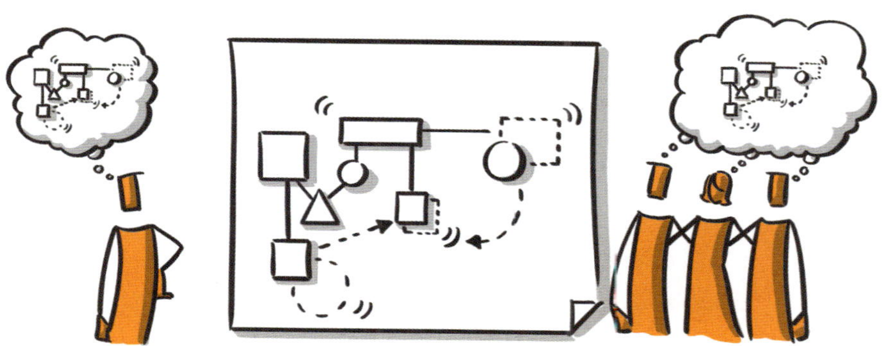

Beispiele für komplexe Probleme

Von persönlich zu geschäftlich

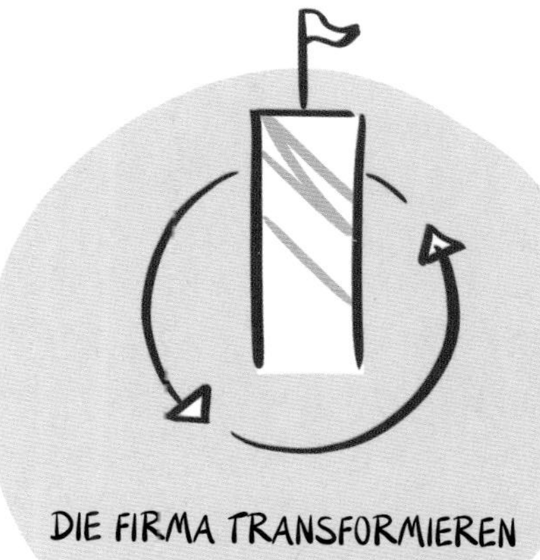

KOCHEN MIT EINER PFANNE UND DREI TÖPFEN (MAL EHRLICH, WER SCHAFFT DAS SCHON MIT LEICHTIGKEIT?)

LÖSE NICHT NUR DIE RICHTIGEN PROBLEME, SONDERN MACH ES AUF DIE RICHTIGE WEISE.

Farbcodierung

Bring dein Gehirn nicht zum Weinen

Der Mensch ist von Natur aus auf der Suche nach Mustern. Sogar neurotypische Menschen suchen ständig nach ihnen. Es war schon immer ein Überlebensmechanismus, Dinge zu gruppieren, um die Umwelt zu verstehen. Und das Finden von Mustern in Farben ist eines der mächtigsten visuellen Werkzeuge, das wir haben.

Dennoch ignorieren Workshop-Veranstalter auf der ganzen Welt diese Tatsache, indem sie den Teilnehmern bei Brainstorming-Sitzungen kunterbunte Haftnotizen aushändigen. Was passiert? Die Leute schreiben ihre Ideen in verschiedenen Farben auf und kleben sie an die Wand. Rate mal, was ihre Gehirne dann tun? Sie suchen (fälschlicherweise) nach Mustern und Verbindungen zwischen Ideen mit denselben Farben. Aber es gibt keine!

EIN STRUKTURIERTES FARBCODIERUNGSPRINZIP SCHAFFT KLARHEIT UND TRANSPARENZ.

Wie man Haftnotizen verwendet

Mach dir das Leben leichter mit einem strikten System

Wenn du Haftnotizen systematisch verwendest, wird das dein Denken auf die nächste Stufe heben. Am Anfang wird es vielleicht ungewohnt sein, aber wenn du dich daran hältst, wird es deine neue Routine werden.
Ich finde das wichtig, weil Haftnotizen eines unserer wichtigsten visuellen Hilfsmittel sind. Ich benutze sie die ganze Zeit! Aber natürlich sind sie »nur« ein weiteres Hilfsmittel und niemals das Ziel. Was ich meine, ist, dass es nicht bei den Haftnotizen bleiben darf. Sie helfen dir nur dabei, voran zu kommen.

Es wird dir bei deinem Prozess helfen, wenn du deine Haftnotizen immer auf die gleiche Art beschriftest. Auf diese Weise ist für alle klar, was was ist. Ich verwende normalerweise ein volles Rechteck, um die Überschrift darzustellen. Und um den Titel zu betonen, wende ich beim Schreiben auch die »Regel des ersten Strichs« an. Das bedeutet, dass du den ersten Strich eines Buchstabens zweimal ziehst, um ihn kräftiger erscheinen zu lassen. Das habe ich von Mike Rohde in seinem Buch *Das Sketchnote Handbuch* gelernt. Für einen Untertitel verwende ich nur zwei Striche, oben und unten.

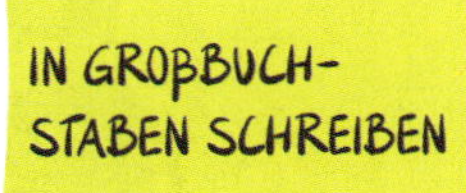

Die allgemeine Regel, die ich für das Schreiben auf Haftnotizen habe, ist, dass du in Großbuchstaben schreibst. Das macht das Lesen erheblich angenehmer. Mach dir keine Sorgen, dass du langsamer bist – du wirst dich schnell daran gewöhnen.

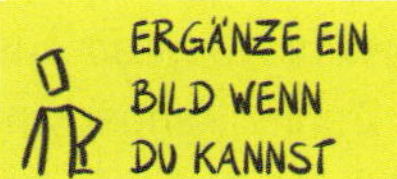

Wir sprechen hier von visuellen Werkzeugen, nicht wahr? Natürlich ist es hilfreich, wenn du deine Haftnotizen mit einer einfachen *Zeichnung (S. 316)* versehen kannst. Es ist viel einfacher, bestimmte Haftnotizen zu identifizieren, wenn sie mit Bildern versehen sind! Und wenn du Lust hast, kannst du auch die Schrift verändern, um bestimmte Wörter zu betonen.
Nicht zuletzt können kleinere Haftnotizen in einer anderen Farbe zu Tags werden, die später beim Sortieren hilfreich sind.

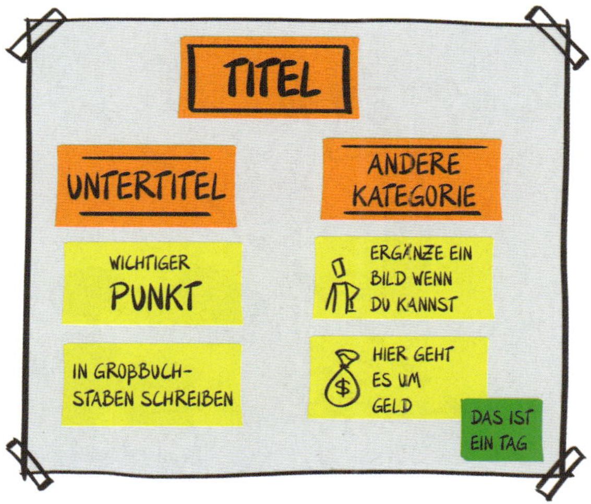

Wenn du mal Lust auf fortschrittlichere Haftnotizen hast ... Ich benutze ausschließlich Stattys von stattys.com. Sie haben keinen Klebstoff, sondern sind elektrostatisch. Wenn du sie einmal benutzt hast, wirst du nie wieder ohne sie arbeiten wollen.

Eine gespaltene Persönlichkeit

Hier geht es um die zwei verschiedenen Funktionsmodelle unseres Gehirns

In seinem Buch *Schnelles Denken, langsames Denken* aus dem Jahr 2011 beschreibt der Nobelpreisträger Daniel Kahneman unser Gehirn als ein schizophrenes Ich – eigentlich zwei Ichs. Seitdem ich dieses Buch gelesen habe, hat es mein Verständnis davon geprägt, wie wir arbeiten und denken. Kahneman unterteilt unser Gehirn in diese zwei Systeme:

System 1: Schnell, automatisch, häufig, emotional, stereotyp und unbewusst
System 2: Langsam, anstrengend, unregelmäßig, logisch, berechnend und bewusst

Während sich System 2 wie Schwerstarbeit anfühlt, erledigt System 1 die eigentliche Arbeit (die ganze Verarbeitung usw.). Aber wenn du dir dein Gehirn als gespaltene Persönlichkeit bewusst machst, können beeindruckende Dinge passieren.

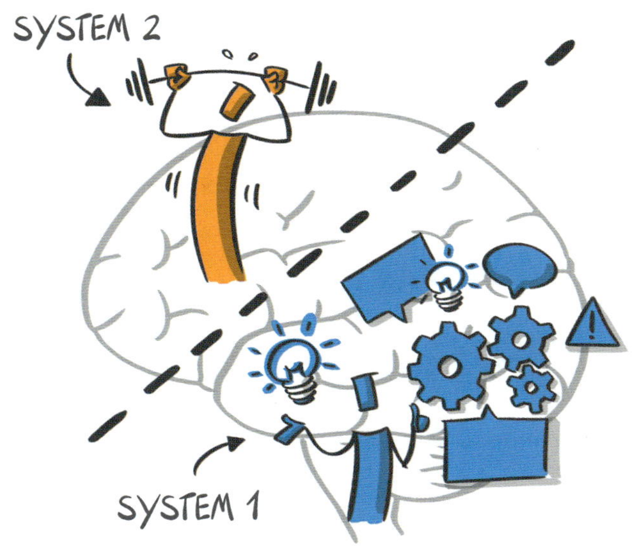

SYSTEM 2 IST DAMIT BESCHÄFTIGT, DIE AUFGABEN, FRISTEN ETC. ZU VERWALTEN.
TO DO

SYSTEM 1 LÄSST WÄHRENDDESSEN ALGORITHMEN LAUFEN, UM DEINE FRAGEN UND PROBLEME IM HINTERGRUND ZU LÖSEN, ABER ES IST NICHT MIT DEM SYSTEM 2 VERBUNDEN.
TO DO

ABER WENN WIR SYSTEM 1 ZUR RUHE BRINGEN, WIRD DIE BARRIERE PASSIERBAR.

UND AUF EINMAL KANN DIE IDEE DURCHBRECHEN! DU KENNST DIESEN EFFEKT, WENN DU EINE TOLLE IDEE UNTER DER DUSCHE HAST.

Nutze die gespaltene Persönlichkeit

Zeichnen kann helfen, den Zustand der Ruhe zu erreichen

Die Erkenntnisse von Kahneman können uns helfen, den Wert des *Zeichnens (S. 316)* zu erkennen. Auch wenn ich immer wieder sage, dass das Zeichnen nur ein Hilfsmittel für alle anderen visuellen Werkzeuge ist, denke ich, dass es gerade hierfür sehr hilfreich ist.

Das ist ein heikler Punkt in diesem Buch, weil so viele Leute die visuellen Werkzeuge verwerfen, indem sie sagen, es ginge nur ums Zeichnen. Ja, Zeichnen spielt eine wichtige Rolle, aber es ist nicht das einzige wichtige Element. Oft wird das Zeichnen zu sehr in die künstlerische Ecke verdrängt. Das meine ich hier natürlich nicht! Zeichnen ist und bleibt beides: ein Werkzeug zum Denken und zum künstlerischen Ausdruck.

Ich tue mich schwer, das klar zu machen (ja, ich tue mich auch manchmal schwer mit Klarheit). Wenn du eine gute Idee hast, wie man das den Leuten klarmachen kann, die immer noch denken, es ginge bei visuellen Werkzeugen nur ums Zeichnen, dann lass uns bitte darüber reden ...

Zurück zu unserer gespaltenen Persönlichkeit: Wenn die Stille von System 2 entscheidend ist, um die Barrieren zwischen System 1 und System 2 zu öffnen, kann Zeichnen eine Lösung sein. Zeichnen verlangt dem System 2 viel Energie ab. Vielleicht hast du das schon ein-

mal erlebt, als du versucht hast, eine Gruppe zu moderieren oder mit jemandem zu sprechen, während du gezeichnet hast. Das ist eine der schwierigsten Aufgaben bei der Verwendung visueller Werkzeuge. Je nach Komplexität der Zeichnung ist es buchstäblich unmöglich, weiter zu sprechen.

System 2 ist so sehr mit dem Zeichnen beschäftigt, dass es uns schnell in einen tiefen »Flow«-Zustand versetzt (ein Konzept von Mihaly Csikszentmihalyi). Flow beschreibt den Gemütszustand, in dem wir völlig in eine Aktivität eintauchen und das Gefühl für Raum und Zeit verlieren. Ich würde sagen, es ist wie eine Meditationspraxis.
Und mit dem Flow haben wir auch plötzlich unsere Stille von System 2, die die Barriere zu System 1 aufhebt. Und zack(!), hast du vielleicht eine Idee, die du nicht erwartet hattest.

Teil II
DAS CLARITY FRAMEWORK

Drei Phasen mit drei Aktivitäten

Drei ist eine tolle Zahl, oder?

Nachdem wir nun die Grundprinzipien verstanden haben und wissen, was visuelle Werkzeuge genau sind, können wir uns das Clarity Framework genauer ansehen.
Wie ich schon sagte, habe ich es so simpel wie möglich entworfen und damit ist es für viele Situationen, Herausforderungen und Probleme anwendbar, mit denen du konfrontiert werden könntest, sei es im Privatleben oder im Beruf.

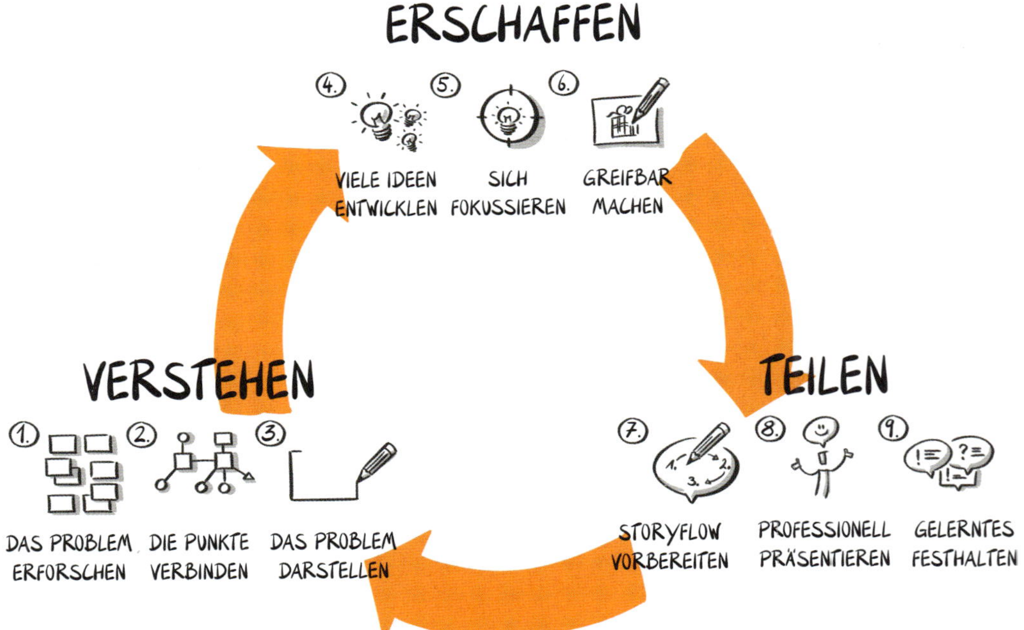

Ich habe für jede der drei Phasen drei Aktivitäten gefunden, die dir helfen werden, deine Arbeit zum Besseren zu verändern. Dieses Konzept funktioniert, wenn du deine Karriere verändern, dein Unternehmen lenken oder ein neues Produkt oder eine neue Dienstleistung auf den Markt bringen willst. Du kannst diesen Rahmen verändern oder anpassen, wenn du ihn hilfreich findest, aber ich verwende ihn gerne so, wie er ist.
Denk daran, dass das Clarity Framework dir helfen soll, dich im richtigen Moment auf die passende Denkweise einzustellen. Und vielleicht kann es dir auch helfen, das visuelle Werkzeug zu finden, das dir in diesem Moment am meisten hilft. Deshalb müssen wir uns auf die Art und Weise besinnen, wie wir *komplexe Herausforderungen lösen (S. 78)*. Wir (1) sammeln die gegebenen Elemente der Herausforderung, wir (2) identifizieren ihre Verbindungen und (3) machen alles sichtbar und greifbar.

Um das Ganze übersichtlich und hoffentlich leicht verständlich und anwendbar zu machen, folgen wir dieser Logik in allen drei Phasen.
Für Verstehen tun wir genau das: Das Problem erforschen, die Punkte verbinden und das Problem darstellen.
Beim Erschaffen entwicklen wir zuerst viele Ideen, dann fokussieren wir uns (z. B. um Ideen und Prioritäten zu identifizieren) und am Ende dieser Phase machen wir sie (unsere Ideen) greifbar.
Zum Schluss, und das ist vielleicht der Teil, der am wenigsten mit den ursprünglichen Schritten des systemischen Denkens zu tun hat, kommen wir in die Phase Teilen. Wir bereiten den Storyflow vor, indem wir alles sammeln, was wir den Leuten erzählen wollen. Dann präsentieren wir wie ein Profi, um die Punkte für alle anderen zu verbinden. Und wir halten das Gelernte fest, indem wir um ausführliches Feedback bitten.

Drei Phasen, Aktivitäten und Mindsets

Ich liebe die Nummer drei

Wir haben über das richtige Denkweise für den richtigen Moment gesprochen. Es gibt eine Zeit, in der du die Denkweise eines Wissenschaftlers einnimmst (Verstehen), eine Zeit, in der du wie ein Kreativer denkst (Erschaffen), und eine Zeit, in der du zum Schauspieler wirst (Teilen). Diese drei Denkweisen werden dich durch dein Projekt tragen, vor allem wenn du jede Denkweise zum richtigen Zeitpunkt bewusst anwendest.

In der Verstehens-Phase handeln und denken wir wie ein Wissenschaftler oder ein Entdecker. Wir durchforsten das bekannte und unbekannte Land nach neuen Erkenntnissen. Wir handeln auch ein bisschen wie ein Detektiv, der alle Beweise sammelt, um einen Verbrecher zu überführen.

Stell dir den Detektiv aus dem Film vor, der die Wand mit Fotos, Spuren, Zeitungsartikeln und anderen Beweisen bestückt. Er sammelt so viele Informationen wie möglich, während er dem Problem auf den Grund geht. Mithilfe einer roten Schnur verbindet er die Punkte und sieht, wie die Beweise und Indizien zusammenkommen, wie die Daten eines Experiments. Er nutzt alle Informationen, um sich ein Bild von den Fakten und Zahlen zu machen, aber auch von den Unbekannten, die eine Herausforderung darstellen.

VERSTEHEN

① ② ③

Um Ideen zu generieren und Lösungen zu entwickeln, musst du ein kreativer und professioneller Handwerker werden. Wenn du dir diese Denkweise zu eigen machst, fällt dir die Ideenfindung leichter. Es wird dein Selbstvertrauen stärken, dich für die Ideen zu entscheiden, auf die du dich konzentrieren willst. Und du wirst auch neue, inspirierende Wege finden, um sie greifbar zu machen, wenn du die kreative Denkweise annimmst. Lass dich in dieser Phase von niemandem aufhalten. Es geht nur um deine Kreativität. Heb Dir das Einholen von Feedback für die Phase des Teilens auf.

Am Ende schlüpfst du in die Haut eines Schauspielers und Vorsprechers. Diese Menschen sind Profis, die ihre Präsentation immer vor dem Auftritt vorbereiten. Sie üben, sie finden neue Wege, um wie ein Profi zu präsentieren und ihr Publikum zu begeistern. Aber das Wichtigste ist, dass die Schauspieler von ihrem Publikum, ihren Mitschülern und ihren Ausbildern Feedback bekommen wollen. Denn sie wissen, dass dies der einzige Weg ist, um zu lernen und besser zu werden. Nur wer übt und Feedback annimmt, kann es beim nächsten Mal besser machen.

Kapitel 3
VERSTEHEN

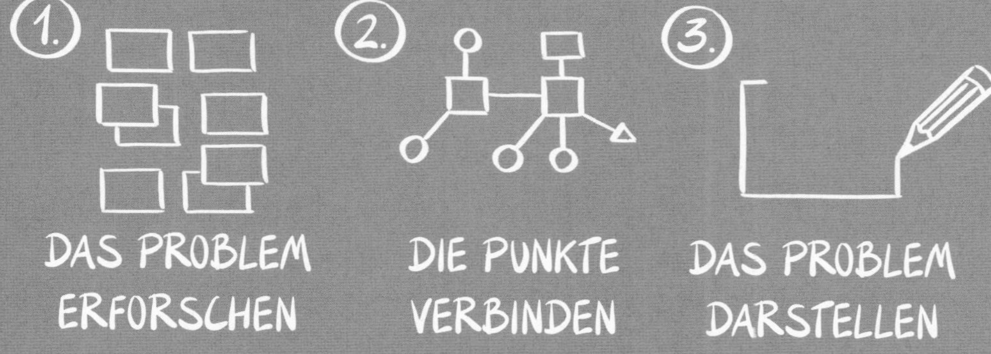
1.
2.
3.
DAS PROBLEM ERFORSCHEN
DIE PUNKTE VERBINDEN
DAS PROBLEM DARSTELLEN

Warum überhaupt verstehen?

Verwandle deine Misserfolge in Vorteile

Die Phase des Verstehens sollte dich zu einem Zustand führen, in dem du Folgendes weißt: welches Problem du lösen willst; wie das Ziel, die Zielsetzung oder die Vision für dein Projekt aussieht; oder was du für das bevorstehende Treffen vorbereiten musst.
Ich kann das gar nicht oft genug betonen. Warum solltest du Zeit, Kraft und Geld in etwas investieren, wenn du nicht weißt, was das Ziel ist? Du willst deinen Erfolg messen. Und das ist nur möglich, wenn du im Voraus weißt, was du erreichen willst. Ja, denkst du vielleicht, aber haben wir nicht gerade erst ein paar Seiten zuvor von »komplexen Problemen« und ihrer Unvorhersehbarkeit gehört? Wie können wir den Erfolg bei etwas messen, dessen Ergebnisse wir nicht vorhersehen können und bei dem wir unsere Ziele aufgrund neuer Erkenntnisse immer wieder ändern müssen?
Ich zitiere gerne Jeff Bezos, den Gründer von Amazon: »Sei hartnäckig bei deiner Vision und flexibel bei der Umsetzung.«

Du musst eine klare Vorstellung von deinem Projekt haben. Du kannst sogar das Budget und die Zeit festlegen, wenn du möchtest. Das Einzige, was du im Laufe der Zeit vielleicht anpassen musst, ist der Umfang des Projekts und wie du es umsetzt. Indem du damit beginnst, dein Problem zu verstehen, definierst du den Ausgangspunkt deines Projekts. Und am Ende dieser Phase erarbeitest du die Vision und den Ort, an den du gelangen willst. Ich spreche hier nicht von einer Lösung – nur von einer Vorstellung, wie die Zukunft aussehen soll. Die Arbeit an der Lösung ist deine Aufgabe während der Phase des Erschaffens.

1. Wenn du so arbeitest, wie ich es in diesem Buch empfehle, wirst du während deines Projekts mehrere Zyklen von Verstehen, Erschaffen und Teilen durchlaufen. Das Ändern deiner Ziele ist daher keine so große Sache, wie bei einem traditionellen, strafferen Arbeitsmodell.

2. Während du später kleine Schritte und Prototypen deiner Ideen erstellst, hast du die Möglichkeit, sie in der Phase des Teilens zu testen. Wenn du erfährst, was funktioniert und was nicht, kann es sein, dass du deine Ziele ändern musst. Aber das kannst du auf der Grundlage der Erkenntnisse und Fakten tun, die du jetzt gesammelt hast.

3. Wenn du deine Ziele aufgrund von Beweisen und Erkenntnissen änderst, bedeutet das nicht, dass du deine Ziele nicht erreicht hast. Wenn du die Ziele anpasst, bedeutet das nur, dass du gelernt hast und damit bessere Entscheidungen treffen kannst. Deine Ziele sind jetzt konkreter und erreichbarer.

Klingt wie ein Erfolg und nicht wie ein Misserfolg, nicht wahr?

Informationen sammeln

Du musst ein Detektiv werden

Der Drang, sich in eine Idee zu stürzen, ist bei den meisten von uns sehr stark. Das gilt auch für mich! Ideen machen Spaß und sind sexy, wenn man sie anderen vorstellt. Aber Ideen sind überbewertet. Du kannst alle Ideen der Welt haben – wenn du sie nicht zum Leben erweckst, sind sie nichts wert. Und noch schlimmer ist es, wenn du Ideen für ein Problem entwickelst, das eigentlich niemand hat. Wir verbringen oft zu viel Zeit mit der Entwicklung von Ideen und zu wenig Zeit mit der Suche nach dem Problem, das es zu lösen gilt.

Deshalb möchte ich, dass du ein Detektiv wirst. Gib nicht zu früh auf. Denke daran, dass wir uns noch in der Phase des Verstehens befinden. Während dieses Prozesses kann es ein bisschen unübersichtlich und chaotisch werden. Höchstwahrscheinlich gerade jetzt. Du könntest das Gefühl bekommen, von all den Dingen, die du über das Problem herausfindest, überwältigt zu werden. Die Welt scheint im Moment so groß zu sein. Wie könntest du das jemals auf deinen Schultern tragen? In diesem Moment wird dir die Ungewissheit bewusst, in der du dich befindest. Du bemerkst all die unklaren und vielfältigen Teile des Problems, das du zu lösen begonnen hast.

Deine einzige Chance, einen klaren Kopf zu behalten, besteht darin, deine Erkenntnisse über das Problem, das du zu lösen versuchst, festzuhalten. Schreib alles auf. Mach dir Notizen. Zeichne sie auf. Pinne sie an. Integriere sie in eine *Affinity Map (S. 232)*.

Denke nicht zu viel über die richtige Sortierung nach. Notiere dir die Erkenntnisse, die du aus den Dingen, die du sammelst, gewinnen kannst. Und mache weiter und sammle mehr.

Schauen wir uns an, wie Carl, ein freiberuflicher Berater und Coach, mit dem Drang umging, Lösungen zu präsentieren, sich dann aber doch zurückhielt und sich erstmal darauf konzentrierte, die Bedürfnisse seiner Kunden zu verstehen.

Beispiel: Kunden verstehen

Carl, freiberuflicher Berater

Hallo! Ich bin Carl, ein freiberuflicher Berater. Ich helfe Unternehmen auf ihrem Weg zu mehr Agilität.
Einmal bekam ich die Anfrage, ein großes Programm für einen meiner Kunden zu entwerfen, aber ich musste mich gegen zwei andere Agenturen durchsetzen.
Es war kein einfacher Prozess; ich hatte zu kämpfen, und es wurde chaotisch. Aber die Verwendung visueller Hilfsmittel während des gesamten Prozesses half mir, den Überblick zu behalten. Ich habe sie benutzt, um zu verstehen, zu erschaffen und zu teilen, aber hier zeige ich dir den Prozess, den ich benutzt habe, um die Bedürfnisse meines Kunden besser zu verstehen.

WORLD MAP

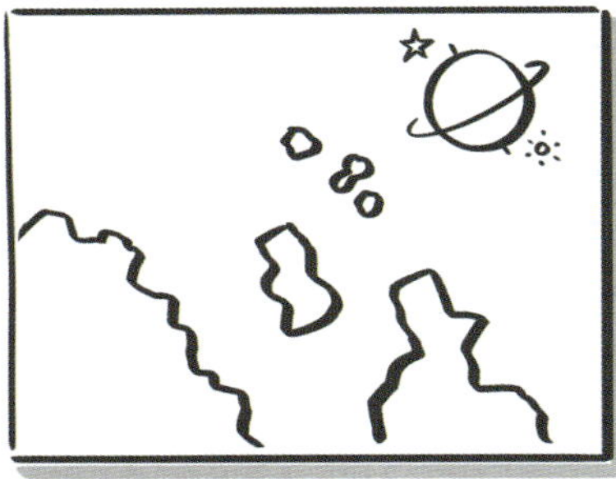

SPEEDBOAT

1. Ein klares Bild von der weiten Reise, die vor uns liegt

Der Einsatz der *World Map (S. 270)* half Carl zunächst, das große Ganze und die Ziele seiner Kunden zu verstehen. Sie zeigte Carl und seinem Kunden, dass sie schon erstaunlich weit auf der Reise waren, obwohl sie mit ihren Gedanken noch ganz am Anfang standen.

2. Identifiziere die größten Hindernisse und Schmerzpunkte.

Das *Speedboat (S. 284)* diente ihm dazu, die Hindernisse und Schwierigkeiten zu verstehen, die sein Kunde auf dem Weg nach vorne sah. Gemeinsam stellten sie fest, dass der Rest der Organisation, der noch nicht bereit für die neue agile Denkweise war, die größte Hürde darstellte.

World Map (S. 270), Speedboat (S. 284), Space Rocket (S. 286), und Customer Profile (S. 300)

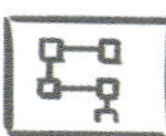

Affinity Mapping (S. 232), Value Proposition Canvas (S. 300), und Storyboard (S. 250)

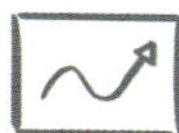
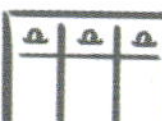

Storyflow (S. 288) und Thinking Hats Feedback (S. 244)

SPACE ROCKET

CUSTOMER PROFILE

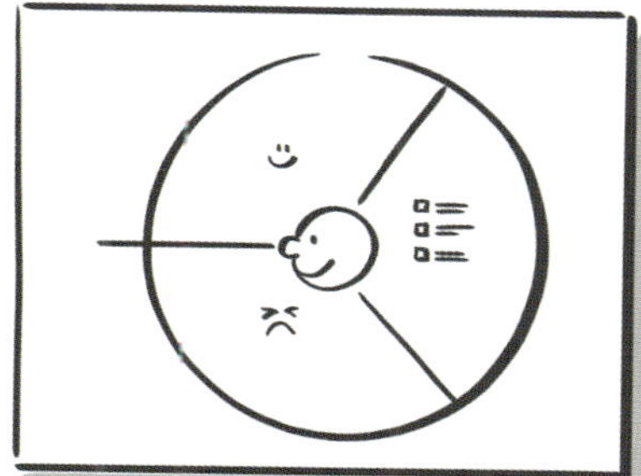

3. Ideen für Hilfen für das Projekt sammeln

Die Vorlage *Space Rocket (S. 286)* half dabei, alles zu identifizieren, was dem Prozess helfen und ihn zum Erfolg führen könnte. Besonders interessant war die Identifizierung einiger wichtiger Interessengruppen im Unternehmen, die als Verfechter des Programms und als Schutzschild fungieren könnten, um es davor zu bewahren, gestoppt zu werden.

4. Ein klares Verständnis für die Teilnehmer des Programms.

Das *Customer Profile (S. 300)* diente Carl dazu, nicht seinen direkten Kunden, sondern die Teilnehmer des geplanten Programms zu verstehen. Interessanterweise zeigte es, dass 8 von 10 Teilnehmern den enormen Zeitaufwand für das Programm fürchteten, da sie eh schon in ihren täglichen Aufgaben versanken.

Beispiel: Kunden verstehen

Carl, freiberuflicher Berater

Carl führte diesen Prozess mit dem Team seines Kunden komplett virtuell durch, da es über die ganze Welt verteilt war. Deshalb nutzte er ein digitales Whiteboard – in seinem Fall miro.com – als Arbeitsfläche während der Sitzung (miro ist seit Jahren auch mein Lieblings-Whiteboard und es wird immer besser!).

Er bereitete alles im Voraus vor, sogar digitale Haftnotizen neben den visuellen Hilfsmitteln. So konnten er und die Mitarbeiter seines Kunden einen reibungslosen Ablauf der Meetings erleben.

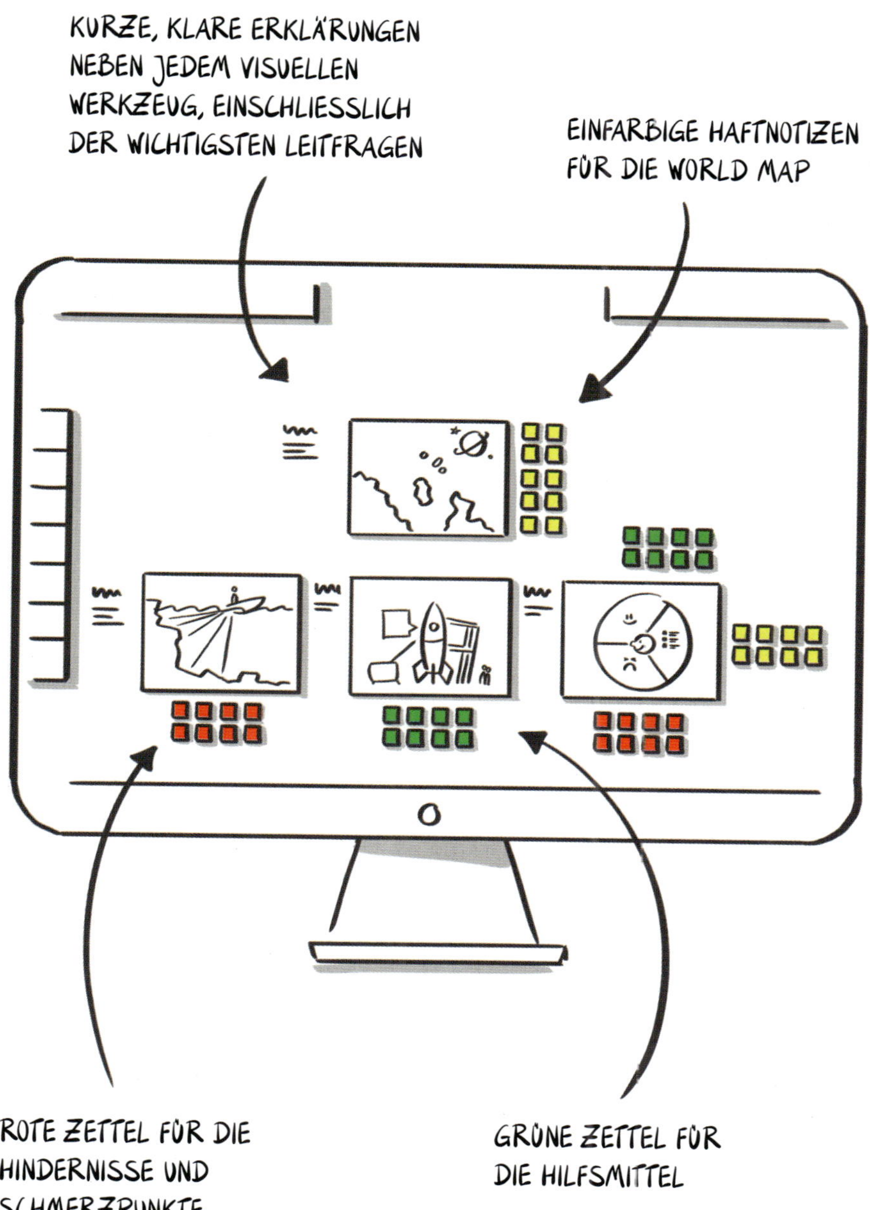
KURZE, KLARE ERKLÄRUNGEN NEBEN JEDEM VISUELLEN WERKZEUG, EINSCHLIESSLICH DER WICHTIGSTEN LEITFRAGEN
EINFARBIGE HAFTNOTIZEN FÜR DIE WORLD MAP
ROTE ZETTEL FÜR DIE HINDERNISSE UND SCHMERZPUNKTE
GRÜNE ZETTEL FÜR DIE HILFSMITTEL

GIB MIR 60 MINUTEN, UM EIN PROBLEM ZU LÖSEN, UND ICH WERDE 50 MINUTEN FÜR DAS PROBLEM UND 10 MINUTEN FÜR DIE LÖSUNG NUTZEN.

ALBERT EINSTEIN

Die drei Aktivitäten zum Verstehen

Wir haben kurz über die Aktivitäten in jeder Phase gesprochen. Auf den folgenden Seiten wollen wir die Phase des Verstehens anhand dieser drei Aktivitäten näher betrachten.

Zu Beginn untersuchen wir das Problem. Bei jedem Projekt oder jeder Herausforderung, die du in Angriff nimmst, sollte es immer dein erstes Ziel sein, eine gute Grundlage zu schaffen, von der du ausgehen kannst. Dabei geht es darum, Inspiration und Wissen über den Kontext zu bekommen. Wenn du das getan hast, ist es an der Zeit, die Punkte miteinander zu verbinden. Du machst dir einen Reim auf die Informationen, die du hast, und versuchst, dir ein Bild von der Situation zu machen. Oft genug machst du Schritt eins und zwei parallel oder du springst zwischen ihnen hin und her.

Und zu guter Letzt musst du das Problem visuell darstellen. Das ist wichtig, um eine gute Ausgangsbasis zu haben. Du musst genau wissen, an welcher Herausforderung du arbeitest, bevor du in die nächste Phase gehst, in der du die Lösung entwickelst.

Ich habe so viele Unternehmen und Einzelpersonen erlebt, die versuchen, das falsche Problem zu lösen – das ist verheerend. Sie finden großartige Ideen und entwickeln unglaubliche Innovationen, aber für etwas, das nicht einmal das Kernproblem ist. Bitte sei keiner von ihnen. Fang zuerst mit dem Verstehen an, bevor du etwas irgendetwas anderes tust.

Kapitel 4
ERFORSCHEN

1.

DAS PROBLEM
ERFORSCHEN

DIE PUNKTE
VERBINDEN

DAS PROBLEM DARSTELLEN

VIELE IDEEN ENTWICKELN

Das Problem erforschen

Sich öffnen und inspirieren lassen

Beim Verstehen geht es darum, Wissen zu sammeln und zu erforschen, was wir vor uns haben. Es geht darum, Inspirationen zu finden, groß zu denken, zu recherchieren und mögliche Richtungen zu erkunden. Es geht noch nicht um die Suche nach einer Lösung, sondern darum, die Denkweise eines Entdeckers anzunehmen, um herauszufinden, was wir entdecken könnten.

Diese Einstellung ist an diesem Punkt entscheidend. Du solltest sie eine ganze Weile beibehalten. Je besser du das Problem verstehst, desto leichter findest du später eine tolle Lösung dafür. Nimm das nicht als Ausrede, um Tage und Wochen damit zu verbringen, aber überstürze die Ideenfindung auch nicht. Du brauchst eine gute Grundlage, um erfolgreich zu sein.

Erforsche, was du hast, dokumentiere dein Wissen und stelle Fragen, um viele verschiedene Arten von Informationen, Erkenntnissen und Wissen zu erhalten.

EINSTELLUNG

ERFORSCHE, WAS DU HAST

SEI NEUGIERIG UND OFFEN. BEURTEILE DIE ERGEBNISSE NOCH NICHT.

DOKUMENTIERE DEIN WISSEN

FINDE WEGE, DEINEN FORTSCHRITT FESTZUHALTEN UND SICHTBAR ZU MACHEN.

STELLE FRAGEN

HÖR NICHT AUF, FRAGEN ZU STELLEN. VERSUCH, SIE OFFEN, ABER AUCH PRÄZISE ZU GESTALTEN.

ERGEBNISSE

VIELE VERSCHIEDENE ARTEN VON ERKENNTNISSEN UND WISSEN

DU FÜHLST DICH VIELLEICHT EIN BISSCHEN ÜBERWÄLTIGT, ABER DAS WERDEN WIR GLEICH KLÄREN.

Alle erfassten Informationen

Genug ist genug

An einem bestimmten Punkt hast du vielleicht das Gefühl, dass du genug Informationen gesammelt hast, um weiterzumachen. Es ist immer wieder schwierig für mich, den Teil »genügend Informationen« zu quantifizieren. Es ist mehr ein Bauchgefühl als eine exakte Wissenschaft.

Du musst dir darüber im Klaren sein, dass das Sammeln von Informationen manchmal nur ein paar Minuten und manchmal Monate dauern kann – das hängt stark von der Art des Problems ab, das du lösen willst. Nehmen wir an, du willst einen bevorstehenden Workshop planen. Vielleicht findest du die benötigten Informationen innerhalb von einer halben Stunde. Oder wenn du versuchst, dein Geschäftsmodell neu zu erfinden, dann wird deine Recherche höchstwahrscheinlich mindestens ein paar Wochen in Anspruch nehmen. Aber jetzt kommt der spannende Punkt. Oft reichen wenige Informationen, um den nächsten Schritt zu gehen. Solange deine Zyklen klein und kurz sind, wirst du nicht viel verlieren, wenn du mit fehlenden Informationen beginnst.

Das bringt mich zu meinem letzten Punkt hier. Tappe nicht in die Falle und denke: »Ich habe noch nicht genug Daten!« Das ist nur Widerstand (»Resistance« im Original, Steven Pressfield, *The War of Art*), der dich davon abhält, etwas Wichtiges zu schaffen. In der komplexen Welt, in der wir leben, wird es nie den Zustand von »Ich weiß jetzt genug« geben. Du wirst dich immer unterinformiert fühlen. Du wirst immer wissen, dass du etwas verpasst oder nicht weißt.

Es ist okay, etwas zu verpassen. Wirklich. Du kannst loslassen (glaube einem Aspie, der NIEMALS genug Informationen über die Welt hat). Beginne mit dem, was du hast, und mit dem, was du in angemessener Zeit herausfinden kannst. Du bist dabei, Klarheit zu schaffen und Fortschritte zu machen. Du willst nicht nur ein Archiv von Erkenntnissen anlegen, ohne etwas damit anzustellen.

Kapitel 5
VERBINDEN

DAS PROBLEM DARSTELLEN

VIELE IDEEN ENTWICKELN

Die Punkte verbinden

Aus dem Gelernten einen Sinn ziehen

Nachdem du recherchiert, Informationen gesammelt und so viel wie möglich gelernt hast, bist du bereit, die Punkte zu verbinden. Das ist der Moment, in dem die Magie passiert. Leonardo da Vinci sagte über sich selbst, dass er in seinen Skizzen Dinge entdeckte, von denen er nicht wusste, dass er sie wusste. Und genau das passiert, wenn du die Punkte verbindest. Du erkennst den Sinn deiner Daten und siehst das große Ganze vor dir.

In diesem Schritt geht es darum, dein mentales Modell abzubilden und das Beste aus dem systemischen Denken zu machen. Du kannst diesen Schritt nicht auslassen.

Um diese Zuordnung richtig zu machen, musst du wie ein Detektiv alle Verbindungen und Inhalte im System deines Problems herausfinden. Und mit »Detektiv werden« meine ich wortwörtlich den Typen, der auf seinem Board rote Schnüre und Pins voller Informationen über den Fall, den er zu lösen versucht, verwendet. Um ehrlich zu sein: Das ist der spaßige Teil!

Wenn du die Teile miteinander verbindest, sortierst, priorisierst und den Rest archivierst, wirst du irgendwann in der Lage sein, das ganze Bild auf einmal zu sehen.

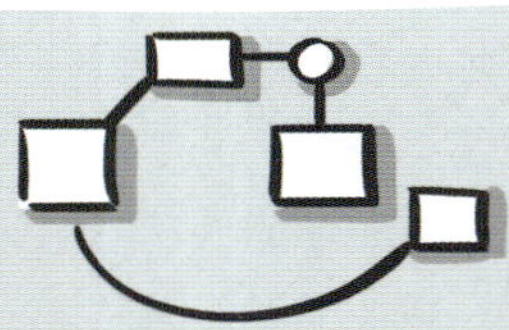

VERBINDE DIE TEILE

FINDE DEN SINN IN ALL DEN DINGEN, DIE DU HERAUSGEFUNDEN HAST.

SORTIERE UND PRIORISIERE

WENN DU ALLE VERBINDUNGEN SIEHST, IST ES EINFACHER ZU PRIORISIEREN.

ARCHIVIERE DEN REST

SEI DIR BEWUSST, WAS DU BRAUCHST, UND WAS NICHT. WERDE ALLES LOS, WAS DU NICHT BRAUCHST.

DAS GROSSE GANZE BILD SEHEN

WIE EIN DETEKTIV HAST DU DIE GANZE WAND (ODER EIN DIGITALES WHITEBOARD) MIT HINWEISEN UND INFORMATIONEN GEFÜLLT.

Der Emergenz vertrauen

Anfangen, das große Ganze zu sehen

Das ist mein Favorit unter den Aktivitäten. Ich liebe es einfach, die Verbindungen herzustellen und die Muster zu visualisieren. Ich kann mir nicht helfen. Es ist, als würde sich die ganze Komplexität zu einer lesbaren Struktur entfalten. Oft springen mir schon in dieser Phase genügend Lösungen entgegen!

Achte aber darauf, dass du dich (immer!) auf Klarheit konzentrierst. Vielleicht hast du deine Informationen in verschiedenen Formaten und Medien gesammelt, mit Notizen auf Papier, Videos, Websites, digitalen Dokumenten und so weiter. Das ist eine echte Gefahr für Klarheit, denn es ist schwer, all das zusammenzuhalten und die Zusammenhänge tatsächlich herzustellen und zu verstehen. Und deshalb stellt es eine Gefahr für unseren Prozess dar, wenn wir die Informationen unübersichtlich und über mehrere Medien und Quellen verteilt halten. Du verlierst dann die Kontrolle und verpasst etwas.

Entscheide, was dir am besten hilft, und sammle dann deine Informationen an einem Ort. Das kann ein digitales Whiteboard wie Miro (siehe miro.com) oder ein digitaler Zettelkasten oder ein einfaches Ordnersystem auf deinem Computer sein. Es kann aber auch ein Haufen Haftnotizen oder Karteikarten sein. Entscheide dich für ein Medium, das du in dieser Phase verwenden willst. Erst dann kannst du sinnvoll arbeiten.

Wenn du dich für die digitale Version entscheidest, empfehle ich dir ein Ordnersystem, um die Informationen zu speichern, und ein digitales Whiteboard, auf dem du alles ablegen und die Verbindungen darstellen kannst.

Wenn du (wie ich) in dieser Phase einen eher taktilen Ansatz bevorzugst, nimm Haftnotizen. Eine Information pro Zettel. Wenn du Dateien wie Videos oder Audiodateien hast, kannst du sie auf einem Zettel »verlinken«, indem du die kurzen Informationen aus der Datei aufschreibst (und vielleicht auch den Dateinamen hinzufügst). Auf diese Weise hast du eine greifbare Karte mit Haftnotizen oder Karteikarten und kennst trotzdem die Quellen.

Beispiel: Versteh Dein Leben

Eve, wir alle

Oh, hey! Ich bin Eve und ich bin auch 'du'. Ich war in einer Phase meines Lebens, in der ich dachte, dass ich etwas ändern müsste. Aber ich war mir nicht sicher, was das sein würde. Es ist schwierig, sein eigenes Leben zu ändern, nicht wahr? Also nutzte ich das Clarity Framework und visuelle Werkzeuge, um mich durch diesen Prozess zu führen. Ich fand den Startpunkt am kniffligsten ....

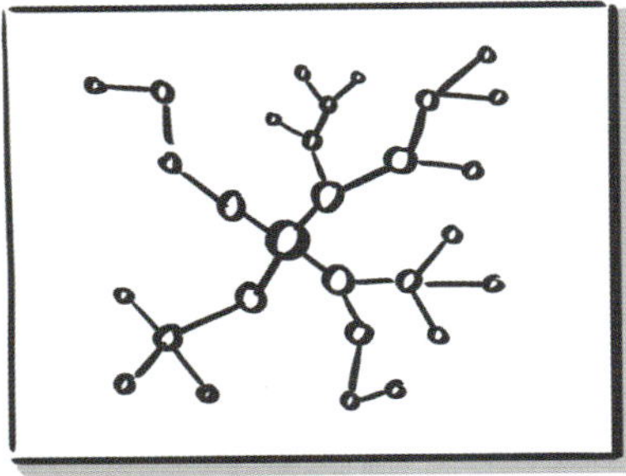

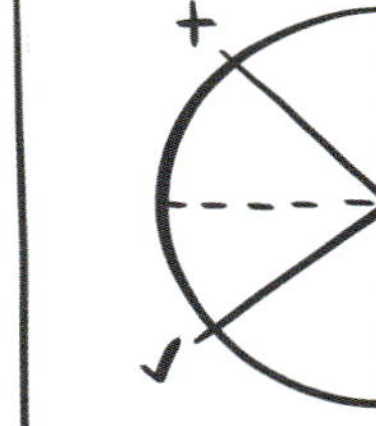

1. Sehen, wie sich alles entfaltet

Mithilfe der *Deconstruction Map (S. 248)* konnte Eva alles erfassen, was ihren aktuellen Lebensstatus ausmacht.
Sie konnte ihre Kernwerte deutlicher als je zuvor mit der Karte identifizieren und die Verbindungen zwischen ihren persönlichen Interessen und ihrem Beruf erkennen.

2. Ein klares Bild von der weiten Reise, die vor uns liegt

Mit dem *Wheel of Change (S. 296)* verstand sie, dass es Dinge in ihrem Leben gibt, die vielleicht nicht so sind, wie sie es sich wünschte, aber sie musste damit Frieden schließen. Die Erkenntnis, dass ihre Kreativität und ihre chaotische Natur zusammengehören, half ihr, beides zu akzeptieren.

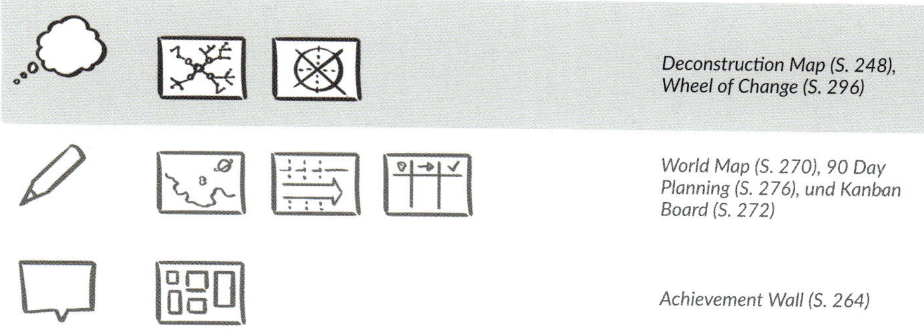

Verbinde die Punkte, indem du die Dinge, die du aufgeschrieben hast, buchstäblich mit Linien verbindest, um zu sehen, wie die Dinge miteinander in Beziehung stehen. Haben sie eine enge Beziehung zueinander? Zeichne eine durchgezogene Linie. Haben sie eine lose Verbindung? Zeichne eine gepunktete Linie. Haben sie überhaupt keine Verbindung? Dann zeichne nichts.

Aber es müssen keine wortwörtlichen Verbindungslinien sein. Eine Vorlage wie das Wheel of Change verbindet die Punkte durch ihre Struktur und die ihr innewohnende Ordnung. Wenn du deine Themen auf einer solchen Schablone sortierst, siehst du das Gesamtbild und erkennst, wie die Dinge zusammenhängen oder wie sie sich voneinander unterscheiden.

Außerdem empfehle ich dir, so oft wie möglich Stift und Papier für diesen Schritt zu verwenden. Stift und Papier haben einen ganz eigenen Zauber, der schwer zu beschreiben ist. Aber die Körperbewegung beim Zeichnen und der Überblick, den du über eine ganze Seite hast, bringen ein Element in den Prozess der Sinnfindung, das sich mit digitalen Medien nur schwer wiedergeben lässt.

DAS PROBLEM ERFORSCHEN

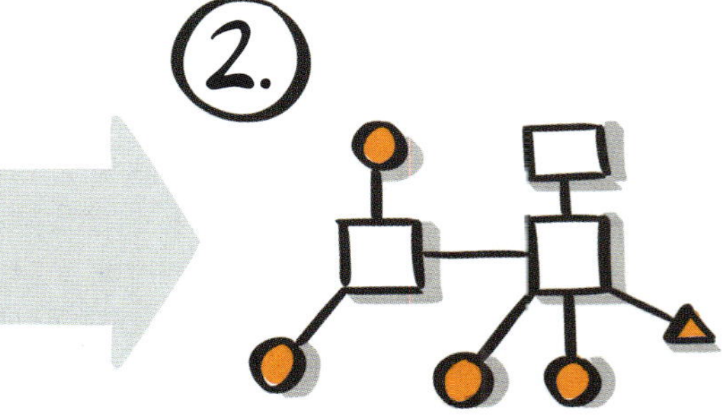

DIE PUNKTE VERBINDEN

Kapitel 6
DARSTELLEN

DAS PROBLEM DARSTELLEN

VIELE IDEEN ENTWICKELN

Stell das Problem dar

Wenn du es siehst, kannst du es verstehen

Jetzt, wo du alle Informationsquellen hast, die du brauchst, und dir einen Überblick über die Daten und Erkenntnisse verschafft hast, ist es an der Zeit, dein Ziel festzulegen oder das Problem zu formulieren, das du lösen möchtest. Sei so genau und spezifisch wie möglich. Je genauer du deine Ziele formulierst, desto wahrscheinlicher ist es, dass dein Prozess erfolgreich verläuft. Und je mehr Zeit du damit verbringst, das Problem zu verstehen, desto höher ist die Wahrscheinlichkeit, dass sich die Lösung fast von selbst ergibt.

Wenn ich sage »spezifisch«, meine ich damit, dass du Marketingjargon, nur um schlau zu wirken, vermeiden solltest. Es hilft nicht, schlau zu wirken, wenn nichts dahinter steckt. »Überwältigender Zeitplan« ist zum Beispiel nicht sehr spezifisch, stattdessen ist »Sieben Meetings pro Tag« ziemlich präzise. Wenn du das richtig machst, führt das zu der Gewissheit, dass du das richtige Problem zum richtigen Zeitpunkt löst.

EINSTELLUNG

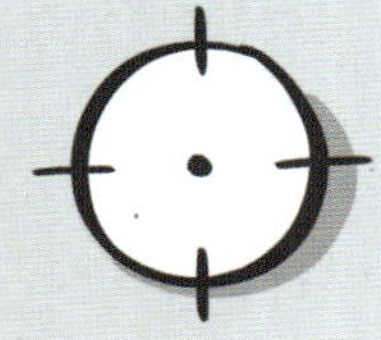

KLÄREN

DU MÖCHTEST EIN KLARES, EINDEUTIGES UND SPEZIFISCHES BILD DES PROBLEMS ERSCHAFFEN.

DEFINIEREN

DENK DARÜBER NACH, OB ES DIR HELFEN WÜRDE, DAS GANZE AUS EINEM ANDEREN BLICKWINKEL ZU BETRACHTEN.

FORMULIEREN

SPRACHE ERSCHAFFT REALITÄT. SEI PRÄ-ZISE. UND DENK DARAN: BILDER BRAUCHEN TEXT, UM KLAR ZU SEIN.

PROBLEMSTELLUNG

EINE KLARE, VISUELLE BESCHREIBUNG DES PROBLEMS.

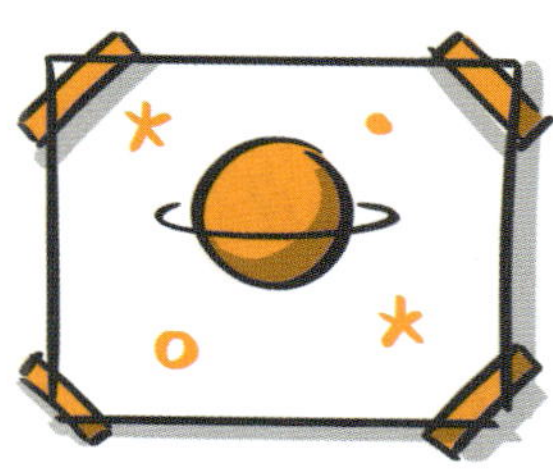

ZUKUNFT

EINE KLARE VISION DAVON, WOHIN DU MÖCHTEST.

ERGEBNISSE

SELBSTSICHERHEIT

DU BIST DIR SICHER DARÜBER, WO DU GERADE STEHST UND WO DU HIN WILLST.

Bereit zum Loslegen

Erstellen eines Artefakts für deine Problemstellung

Wenn du etwas erschaffen willst, das dein Problem präzise und so gut es geht vollständig beschreibt, musst du ein Artefakt erstellen, das diese Aufgabe für dich übernimmt. Stell dir das folgendermaßen vor: Wenn du auf einer einsamen Insel verschollen wärst und keine Kommunikationsmittel zur Hand hättest, müssten deine Kollegen in der Lage sein, das Problem ohne Dich zu verstehen und die Aufgabe auch ohne dich zu lösen.

Deshalb brauchst du dieses Artefakt, um das Problem klar zu kommunizieren. Wenn du jetzt an etwas denkst, das klar kommuniziert, fällt es dir vielleicht schwer zu verstehen, was ich meine. Ich denke daran, dem Problem eine Form zu geben, die jeder verstehen kann, und es visuell darzustellen, ihm also einen Rahmen zu geben. Ich meine natürlich keinen wörtlichen Rahmen (aber ... warum eigentlich nicht?), sondern eher einen Rahmen, damit jeder deinem Gedankengang folgen kann.

Das Artefakt könnte ein *Visual Poster (S. 254)* sein, das die Problemstellung beschreibt, oder ein cooles Slide-Deck mit allen Elementen darin. Es ist nicht so wichtig, was genau es ist, solange alle, die daran arbeiten müssen, es verstehen können.

Während du an diesem Bild für deine Problemstellung arbeitest, stellst du vielleicht fest, dass dir noch einige Details oder Erkenntnisse fehlen. Das ist der perfekte Zeitpunkt, um dein Wissen über das Problem zu vertiefen und ihm eine Form zu geben.

Und um ehrlich zu sein, hast du bereits von einer meiner Lieblingstechniken gehört, um dem Problem eine Form zu geben – dem Zeichnen. Wenn du eine Skizze deines Problems erstellst, könnte genau das der Rahmen sein, den wir brauchen, um das Problem zu verstehen.

Zeit zum Erschaffen

Die Lösung könnte sich von selbst ergeben

Herzlichen Glückwunsch! Du hast dem Drang, das Problem zu lösen, jetzt lange genug widerstanden. Du hast viel Zeit damit verbracht, das Problem zu verstehen (manchmal dauern diese Schritte nur ein paar Minuten, und das ist auch in Ordnung so). Jetzt ist es an der Zeit, die Lösung zu entwickeln.

Aber halte einen Moment inne. Ich möchte, dass du tief durchatmest und einen Moment innehältst. Mache nicht zu schnell. Nimm dir Zeit, denn etwas, das oft an diesem Punkt passiert, könnte auch dir passieren. Allerdings nur, wenn du dafür offen bist. Ich spreche von Emergenz. Es ist nicht die spirituelle Emergenz ... oder vielleicht ist sie es doch. Keine Ahnung. Ein kleines bisschen vielleicht. Es ist ein Konzept, das viele von uns oft nicht leicht akzeptieren können. Aber es existiert, und ich habe es viele, viele Male gesehen.

Emergenz passiert, wenn wir lange genug neugierig bleiben, wenn wir uns für mögliche Szenarien öffnen und uns tief mit einem Thema verbinden.

Denk an den »Aha-Moment«, den du unter der Dusche, beim Spaziergang durch den Park, beim Eisessen oder Zähneputzen hattest. Lösungen und Ideen fliegen durch die Luft und warten darauf, dass jemand offen genug ist, sie mitzunehmen. Und wenn du dich ernsthaft bemühst, die Herausforderung, vor der du stehst, zu verstehen, stehen die Chancen gut, dass eine Idee auf dich zukommt und sagt: »Hallo, hier bin ich.«

Oder formulieren wir es mit Kahnemans Gehirnsystemen *(S. 88)*: System 2 taucht auf und hat das ganze Problem gelöst, während System 1 damit beschäftigt war, alle Bausteine des Problems zu sammeln.
Du kennst diese Situation. Wenn du dich lange und intensiv mit einem Problem beschäftigst, taucht plötzlich die Lösung auf. Das ist Emergenz. Es ist nicht vorhersehbar, aber du kannst die Wahrscheinlichkeit erhöhen, dass es passiert, wenn du genug Zeit in der Phase des Verstehens verbringst.

Du kannst ziemlich sicher sein (so sicher, wie man in dieser komplexen Welt sein kann), dass du an dem richtigen Problem arbeitest. So verschwendest du deine Energie nicht damit, Ideen für ein Problem zu entwickeln, das du sowieso nicht lösen musst.

Kapitel 7
ERSCHAFFEN

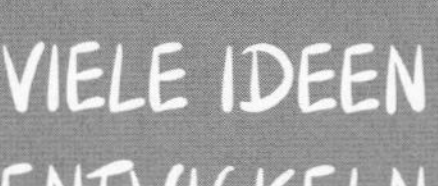

VIELE IDEEN ENTWICKELN

SICH FOKUSSIEREN

GREIFBAR MACHEN

Ideenfindung hin und her

Der Startschuss für die Phase des Erschaffens

Es ist endlich Zeit, etwas zu schaffen. Aber Vorsicht! Jedes Mal, wenn es darum geht, etwas Neues zu schaffen, vor allem bei der Ideenfindung, versuche ich auch, meinen Teilnehmern bewusst zu machen, dass wir oft zu früh mit unserem Ideenfindungsprozess aufhören und zu schnell mit dem Verfeinern beginnen.

Wir wollen auch nicht zu viel Zeit mit der Ideenfindung verbringen, denn Ideen sind billig und leicht zu bekommen. Es ist also ein Balanceakt zwischen zu früh und zu spät aufhören. Schließlich sollten wir uns um das Experimentieren und Testen bemühen. Die Erfahrung wird uns den richtigen Weg zeigen, nicht die Anzahl der Ideen, die wir entwickeln.

Trotzdem gebe ich den Teilnehmern an dieser Stelle gerne eine einfache und schnelle Übung. Ich bitte sie, innerhalb von drei Sekunden ein kleines Haus zu zeichnen. Dann lasse ich sie ihre Zeichnungen austauschen und gebe ihnen weitere drei Sekunden Zeit, um die Umgebung des Hauses zu zeichnen. Das Ergebnis ist, dass 95 % der Teilnehmer ein kleines Haus mit einem spitzen Dach, einem Baum an der Seite und vielleicht einem Zaun oder einer Straße gezeichnet haben. Ich sage ihnen dann, dass das Haus mit dem spitzen Dach die erste Idee ist, die jeder im Kopf hat. Das ist wie die ersten Ideen, die jeder hat, wenn es darum geht, neue Lösungen für ein bestimmtes Problem zu finden. Du siehst überall die gleichen Ideen, die ganze Zeit.

Du musst über das Spitzdach-Haus hinausgehen, wenn du etwas schaffen willst, das für dich und deine Kunden einen Mehrwert bringt. Du willst die Herausforderung auf die spezifischste und klarste Weise lösen, die du kannst. Nur so kannst du etwas Neues und Einzigartiges schaffen.
Ich komme immer wieder auf die Metapher des Hauses mit dem spitzen Dach zurück, wenn ich sehe, dass die Teilnehmenden Sachen machen, die einfach nur oberflächlich sind oder auf einem Plakat stehen könnten.

Erschaffen hört aber nicht bei der Idee auf. In der Phase des Erschaffens geht es darum, deine Bemühungen zu bündeln und sie greifbar zu machen. Die Ideen sind breit gefächert, wild und eigentlich überall. Dann konzentrierst du deine Bemühungen auf einige wenige vielversprechende Ideen. Und nachdem du geklärt hast, welche Idee du weiterverfolgen willst, z. B. indem du sie jemandem vorstellst oder sie mit einem Stakeholder testest, erstellst du einen Prototyp oder etwas anderes, das deine Gedanken und dein Konzept sichtbar und greifbar macht. Sehen wir uns an, wie Chiro, die Geschäftsführerin eines Softwareunternehmens, das gemacht hat.

Beispiel: Ein Unternehmen ändern

Chiro, CEO

Hallo, ich bin Chiro. Ich bin CEO eines börsennotierten, globalen Softwareunternehmens. Der Vorstand hat mich vor drei Monaten geholt, um die neue Strategie umzusetzen.
Es stellte sich heraus, dass wir viel mehr brauchten als nur eine neue Strategie. Ich war überrascht, als ich feststellte, dass unser Kerngeschäft tatsächlich im Sterben lag. Unsere technischen Lösungen waren völlig veraltet und unsere Kunden wanderten zu neuen cloudbasierten Angeboten ab. Mir war schnell klar, dass wir eine groß angelegte strategische Umgestaltung brauchten. Das einzige Problem war, dass der Rest meines Managementteams das nicht so sah.

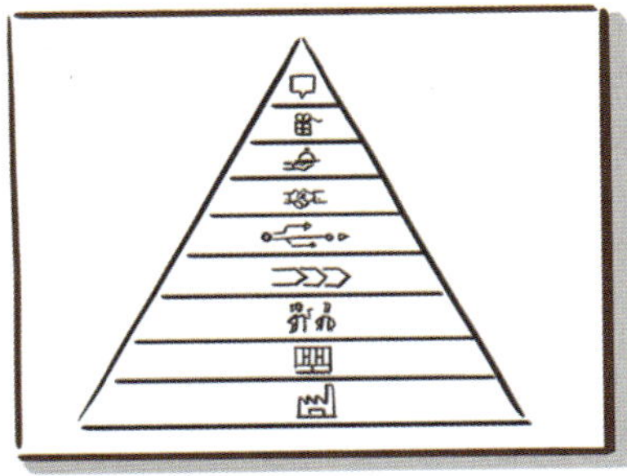

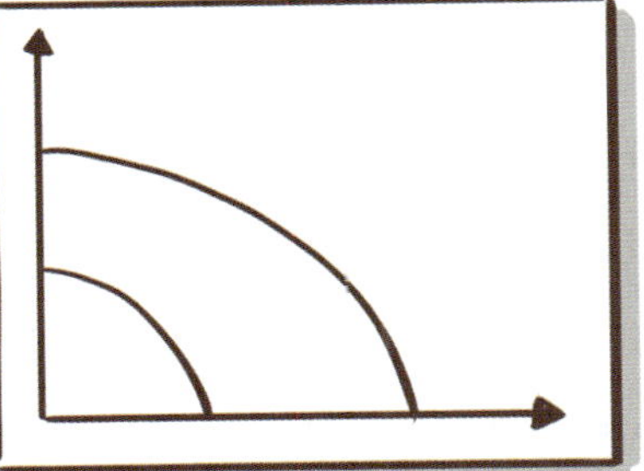

1. Innovation an unerwarteten Orten finden

Nachdem sie die Transformationslücke erkannt hatte, nutzte Chiro die *Innovation Pyramid (S. 314)*, um das Team dazu zu bringen, nicht nur über Produkt- und Dienstleistungsinnovationen nachzudenken.
Diese Übung führte zu innovativen Ideen für die Managementstrukturen und -prozesse des Unternehmens sowie zu neuen Geschäftsmodell-Ideen.

2. Eine langzeit Strategie entwickeln

Mithilfe des *Strategic Innovation Canvas (S. 308)* haben sie die neuen Ideen in Bezug auf ihre Neuheit und ihren Innovationsgrad in eine Zeitleiste eingeordnet. Auf diese Weise konnten sie einige ziemlich radikale Ideen identifizieren, die sie sofort in Angriff nehmen konnten, anstatt zu warten, wie sie es normalerweise für diese Art von Ideen tun würden.

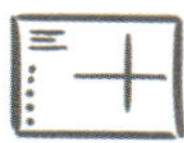
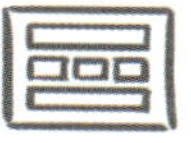
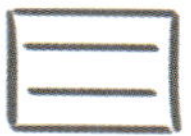

Industry Shifts Map (S. 298), Transformation Gap (S. 294) und Culture Map (S. 312)

Innovation Pyramid (S. 314), Strategic Innovation Canvas (S. 308), Business Model Canvas (S. 306), und Transformation Roadmap (S. 274)

Gallery Walk (S. 262) und Alignment Cards (S. 246)

BUSINESS MODEL CANVAS

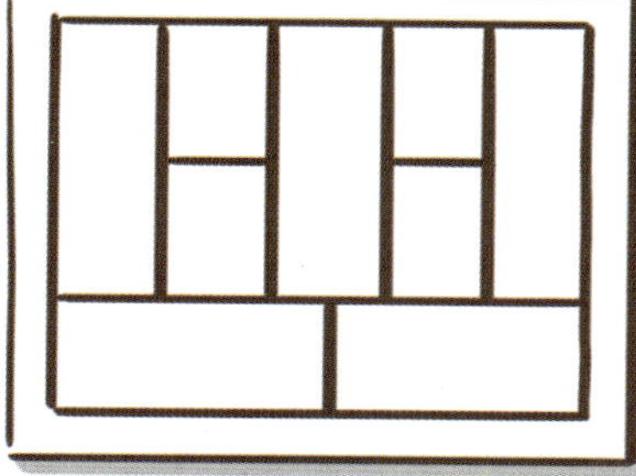

3. Wert für das Unternehmen schaffen

Mit dem *Business Model Canvas (S. 306)* nahmen alle innovativen Ideen Gestalt an und sie konnten bewerten, ob diese Ideen einen Mehrwert für ihr Unternehmen schaffen würden.
Interessanterweise erwiesen sich einige der vielversprechenden Ideen als ziemlich dürftiges Geschäftsmodell, sodass sie sie gleich wieder verwarfen.

TRANSFORMATION ROADMAP

4. Erstellung eines langfristigen Transformationsfahrplans

Über mehrere Wochen hinweg hatten ihre 400 Top-Führungskräfte eine Reihe von persönlichen und Online-Workshops. Alle kamen zusammen, um gemeinsam die *Transformation Roadmap (S. 274)* zu erstellen. Das brachte viel Klarheit in das Unternehmen. Es gibt jetzt acht Arbeitsgruppen, eine neue Strategieeinheit und unseren ersten CTO – Chief Transformation Officer.

Beispiel: Ein Unternehmen ändern

Chiro, CEO

Chiro führte die meisten Sessions als Workshops vor Ort durch. Sie ließ die Teams über mehrere Wochen und Sitzungen arbeiten. Die Erfahrung, gemeinsam an den visuellen Werkzeugen zu arbeiten und den Fortschritt ihrer Arbeit zu sehen, ließ sie an die Veränderung glauben, noch bevor sie richtig begonnen hatte. Die Gestaltung der Workshop-Räume förderte dies besonders. Alle Ergebnisse und Gedanken waren für alle sichtbar und es war einfach, die einzelnen Teile miteinander zu verbinden und das große Ganze zu verstehen.

Aber eine Sache wurde von den Teilnehmern als besonders herausragend bezeichnet: Der großformatige Ausdruck der *Transformation Roadmap (S. 274)*, den sie auf dem Boden als Teppich nutzten. Sie konnten buchstäblich »mitreden« und auf dem gemeinsam entworfenen Fahrplan stehen. Und sie mussten sich die Schuhe ausziehen, bevor sie die Roadmap betraten. Diese gemeinsame Erfahrung bildete ein echtes Team, das später den Transformationsprozess vorantrieb und auch als Botschafter für den bevorstehenden Wandel fungierte.

ALLE VISUELLEN WERKZEUGE IN EINEM RAUM ZU HABEN, WIRD DIR HELFEN, VERBINDUNGEN ZU SEHEN, DIE DU VORHER NICHT SEHEN KONNTEST.

BEHANDLE ES NICHT ALS EINMAL-AKTION, SONDERN ALS FORTLAUFENDES PROJEKT.

DER GROSSE AUSDRUCK DER ROADMAP HALF DABEI, DIE TRANSFORMATION ZU MANIFESTIEREN.

HAFTNOTIZEN UND DICKE MARKER HELFEN HIER SUPER.

Die drei Aktivitäten zum Erschaffen

Wenn du ein klares Bild von dem Problem hast, an dem du arbeitest, kannst du kreativ werden. Beim Erschaffen geht es nicht immer um die großen neuen Ideen, sondern oft auch um kleine, inkrementelle Schritte. Zuerst geht es darum, sich zu öffnen und viele Ideen zu entwickeln. Du wirst diesen Schritt lieben, denn er erlaubt es dir, deiner Fantasie freien Lauf zu lassen. Nach diesem Schritt konzentrierst du deine Bemühungen, was für manche von uns ein ziemlich schmerzhafter Prozess ist. Ich erlebe oft, dass sich aus diesem Schritt lange und heftige Diskussionen ergeben. Die Leute haben Angst, sich festzulegen und mit dem Testen zu beginnen.

VIELE IDEEN ENTWICKLEN

SICH FOKUSSIEREN

Schließlich machst du deine Idee greifbar und damit offen für Rückmeldungen und die Chance zu lernen. Das ist die erste Vorbereitung der Phase des Teilens und der Erstellung des greifbaren Prototyps von dem, woran du gearbeitet hast. Ich sage immer: »Es muss etwas sein, über das du gut sprechen kannst, wenn du deine Idee deinen Stakeholdern vorstellst.«

GREIFBAR MACHEN

STORYFLOW VORBEREITEN

Kapitel 8
IDEEN ENTWICKELN

VIELE IDEEN ENTWICKELN

SICH FOKUSSIEREN

GREIFBAR MACHEN

STORYFLOW VORBEREITEN

Viele Ideen entwickeln

Zehn Ideen sind nicht genug

Kennst du folgendes Sprichwort? »Die erste Idee ist immer die beste Idee.« Wie du inzwischen weißt, würde ich sagen, dass das dumm ist, denn die meisten Menschen auf der Welt werden genau diese erste Idee haben. Die erste Idee ist höchstwahrscheinlich die häufigste. Es ist das Haus mit dem Spitzdach! Ist das schlecht? Mit Sicherheit nicht! Aber es könnte besser sein. Das ist es, was du erreichen willst, wenn du deine Ideen kreierst.

Strebe nach vielen, vielen (ich meine vielen) Ideen. Hör nicht auf, bevor du total erschöpft bist und keine Ideen mehr hast. Das ist es, was du als Profi tust. Du wirst nicht selbstgefällig, weil du eine tolle erste Idee hast. Du strebst nach der größtmöglichen Menge. Das macht Spaß, also sei kreativ, sei schnell und strebe eher nach Quantität als nach Qualität, um viele Ideen und Skizzen zu entwickeln.

SEI KREATIV

GIB DICH NICHT MIT DEN EINFACHEN, ERSTEN IDEEN ZUFRIEDEN!

SEI SCHNELL

JE SCHNELLER DU BIST, DESTO EHER HAST DU MEHR IDEEN.

SETZE AUF QUANTITÄT

JE MEHR, DESTO BESSER! KEINE WERTUNG. ALLE IDEEN SIND AN DIESER STELLE GUTE IDEEN.

ERGEBNISSE

VIELE IDEEN

DU HAST JEDE MENGE HAFTNOTIZEN MIT GUTEN UND DUMMEN IDEEN.

VIELE SKIZZEN

DU HAST VIELLEICHT VIELE SEHR GROBE GEDANKEN-SKIZZEN.

DIVERSE STORYS

ODER DU HAST EINE VIELZAHL VON DAMIT VERBUNDENEN GESCHICHTEN ERSTELLT.

Nimm Ideen nicht zu leicht

Es braucht ein wenig Disziplin

Wie ich schon sagte, reicht es nicht aus, eine großartige Idee zu haben – es könnte das Haus mit dem Spitzdach sein und jeder könnte diese Idee gehabt haben. Sie könnte zu flach sein, um dir zum Erfolg zu verhelfen. Du musst ein bisschen tiefer suchen. Wenn du dich also für Ideen und Lösungen öffnest, muss das auf ehrliche Art und Weise geschehen – nicht nur zum Schein.

Damit die tiefgründigen Ideen an die Oberfläche kommen und sich zeigen können, müssen wir den Boden für sie sorgfältig vorbereiten. Besonders wenn du in einem Team arbeitest, musst du einige Regeln und klare Erwartungen an den Prozess aufstellen. Ideenfindung ist harte Arbeit und braucht eine professionelle Einstellung. Prüfe, ob dir das *Agenda Board (S. 282)* für eine solche Sitzung dabei helfen kann.

Grundsätzlich gilt: Jede Idee zählt. Du musst nicht über jede Idee urteilen, die dir einfällt, während du viele Ideen sammelst. Viel wichtiger ist es, so viele inspirierende Ideen wie möglich zu sammeln. Die guten Ideen werden sich in den nächsten Schritten sowieso zeigen. Vertraue dem Prozess.

Die Sache ist die: Wenn wir uns durch all die schlechten Ideen arbeiten, kommen uns die brillanten in den Sinn. Wenn wir nicht alle schlechten Ideen an die Oberfläche bringen, bleibt nicht genug Platz für die großartigen Ideen.
Du kannst alle Ideen, die du später nicht mehr brauchst, wegwerfen. Kein Problem. Aber du musst ihnen ihren Raum geben, sonst verdecken sie die guten Ideen vor dir.

Melony, eine NGO-Angestellte, nutzte zwei meiner liebsten visuellen Werkzeuge, um Ideen für einige der wichtigsten Projekte ihrer Organisation zu entwickeln.

Beispiel: Frische Ideen entwickeln

Melony, NGO Angestellte

Hallo! Ich bin Melony, eine Angestellte einer NGO, die dafür sorgt, dass wir nicht stehen bleiben, sondern Fortschritte machen.
Wir hatten eine Reihe von Treffen und Workshops, bei denen wir neue Wege für Investitionen in unserer Organisation finden mussten, um einige unserer wichtigsten Initiativen auszuweiten. Es war ziemlich schwer, meine Kollegen dazu zu bringen, wirklich frische und ungewöhnliche Ideen zu finden. Diese beiden Werkzeuge haben mir dabei sehr geholfen.

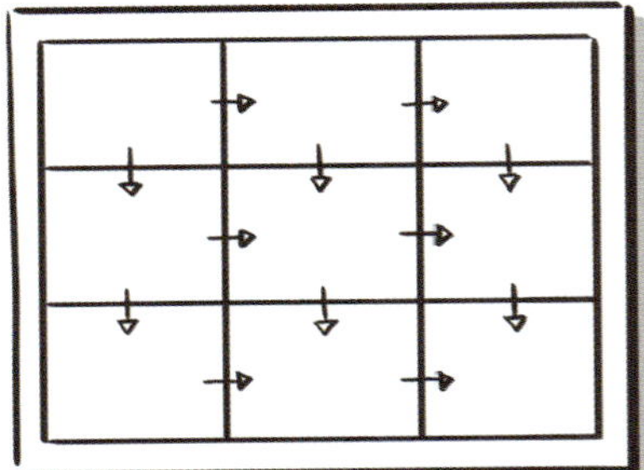

1. Sammle die Ideen, die die Menschen bereits haben.

Die *Shower of Ideas (S. 278)* half Melony dabei, alle Ideen zu sammeln, die jeder schon im Kopf hatte, als er die Ideensitzung betrat. Ihre Kolleginnen und Kollegen zeigten sich erleichtert, dass sie während des Workshops ihre Ideen loslassen und sich für neue, aufkommende Ideen öffnen konnten.

2. Finde tiefgehende und frische Ideen

Visual Rapid Prototyping (S. 290) hat das Denken der Gruppe auf eine Weise erweitert, die sie vorher nicht kannte. Durch das Kombinieren und Verbinden von Ideen kamen sie auf neue Mikrofinanzierungsideen, die es noch nicht gab. Noch besser: Mit den Ideenskizzen konnten sie sie anschließend sofort und einfach pitchen.

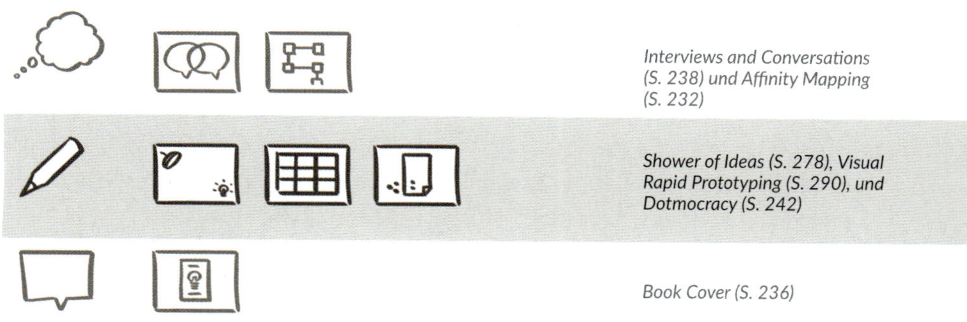

Ideen sind eine wankelmütige Sache, nicht wahr? Sie sind so verletzlich, wenn sie zum ersten Mal das Licht der Welt erblicken. Und doch sind sie sehr hartnäckig und können alle deine Gedanken blockieren, wenn du sie nicht loslässt.

Beide Eigenschaften von Ideen drängen dich dazu, sie zu Papier zu bringen, sie aus deinem Kopf heraus auf eine Fläche zu bringen, auf der sie gedeihen und wachsen können. Wo deine Kolleginnen und Kollegen sie ausbauen und vergrößern können.

Es ist eine Erleichterung für dein Gehirn, wenn du eine Idee aufschreibst und ihr einen Ort gibst, wo sie sein kann. Außerdem wird die Idee vielleicht robuster, wenn du sie aufschreibst, weil du noch zusätzliche Ideen entwickelst.

Trigger Questions

Die richtigen Fragen zur Lösung deines Problems

Falls du etwas Inspiration für deine Ideen brauchst, kannst du versuchen, mit Trigger Questions (Trigger-Fragen) zu arbeiten. Das ist eine Technik, die ich regelmäßig bei meinen Kunden und mir selbst anwende.

Die Sache ist die, dass Kreativität ein heikles Phänomen ist. Wenn du zu viel Freiheit hast, kann sich die Kreativität hinter einem weißen, leeren Blatt Papier verstecken. Kreativität fühlt sich im freien Raum nicht wohl. Kreativität schätzt einen gemütlichen, kleinen Raum, um sich zu zeigen.

Sogenannte Design Constraints, also Einschränkungen, geben uns diese Grenzen vor, die unserer Kreativität den richtigen Rahmen geben, um sich zu entfalten. Sie geben uns die Spannung, die wir brauchen, um kreativ zu sein. Sie sind wie ein Trichter für unser Gehirn. Sie wirken wie Leitlinien, die wir nutzen können, um präziser zu denken. Und Trigger Questions sind eine der besten Gestaltungstechniken, die ich in den Jahren meiner Praxis gelernt habe.

Nutze diese Fragen und versuche, sie mit so vielen Ideen wie möglich zu beantworten. Höre nicht nach den ersten beiden Ideen auf. Gehe die Extrameile.

Wie könntest du das Problem mit einer Software lösen?

Wenn du dir deine Lösung als ein Ökosystem vorstellst, wie würde das aussehen?

Wie könntest du die Lösung kostenlos anbieten?

Wer löst dieses Problem bereits für andere Kundensegmente, und kannst du dich mit ihnen zusammentun?

Wenn die Lösung ein Produkt wäre, wie würde es aussehen? Oder wie könntest du das Problem mit einer Dienstleistung lösen?

Könntest du eine bestehende Technologie nutzen, um dir zu helfen? Welche könnte das sein?

Gibt es bereits Life Hacks, um das Problem zu bewältigen? Was machen die Menschen heute schon?

Könnte ein Community-Modell helfen? Wenn ja, wie würdest du diese Community gestalten?

Ich würde den Teilnehmern etwa eine Minute pro Frage geben, um so viele Antworten wie möglich zu schreiben. Und du kannst auch ein motivierendes Element einbauen. Lasse sie am Ende ihre Ideen zählen und gib der kreativsten Person (mit den meisten Antworten) einen großen Applaus und vielleicht ein Geschenk.

Mit dieser Technik kann man viele spannende und vielversprechende Ideen entwickeln. Das Denken mit Einschränkungen bringt oft Kreativität hervor, wo man sie gar nicht erwartet hätte.

Wenn du die Teilnehmenden bittest, ihre Antworten auf die Trigger Questions an eine Wand oder dein virtuelles Whiteboard zu hängen, schaffst du einen superreichen Schatz an Ideen. Diese Ideen können dir im weiteren Prozess als Inspiration, Denkanstoß oder Grundlage für Prototypen dienen.

Reverse Engineering der Zukunft

Mit der World Map arbeiten

In dieser Phase deines Prozesses ist es hilfreich, darüber nachzudenken, wie du von A nach B kommst. Ich meine, wie du von heute in die Zukunft kommst, wenn die Lösung Wirklichkeit wird. Dieser Gedankengang wird dir helfen, mit der Zeit tatsächlich Fortschritte zu machen, und er wird dir helfen, deine Ideen später mit anderen zu teilen. Erinnere dich an die *World Map (S. 270)*, die *Carl* zuvor *(S. 104)* benutzt hat, um den aktuellen Status quo seiner Kunden zu ermitteln. Wir können die Karte auch nutzen, um uns einen gewünschten zukünftigen Zustand zu versetzen. Dieser zukünftige Zustand ist das Ziel, das wir erreichen wollen, nachdem wir das Problem erfolgreich gelöst haben.

Jetzt wäre der perfekte Zeitpunkt, um der Karte eine weitere Informationsebene hinzuzufügen. Und diese Ebene heißt: »Wie wir dorthin kommen«.

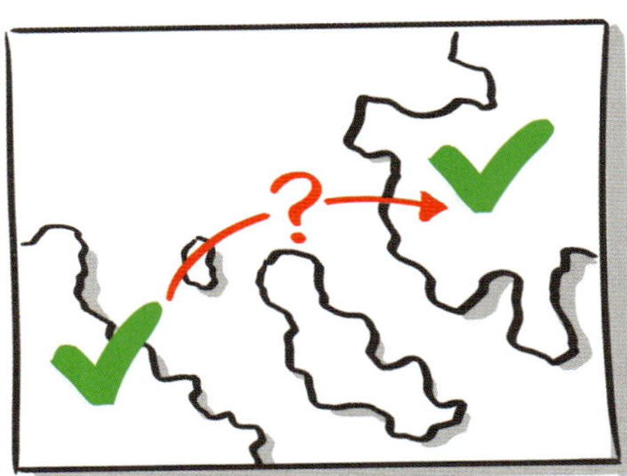

Du musst die großen oder winzigen Schritte aufschreiben, die du machen willst, um vom jetzigen Zustand zum zukünftigen Zustand zu gelangen. Und nicht nur das: Ich schreibe hier auch gerne Blocker und Hilfen auf.

Blocker sind Dinge, die uns daran hindern, unsere Ziele zu erreichen. Sie sind die Stolpersteine in unserem Projekt; die Dinge, die schief gehen können. Ich konzentriere mich gerne zuerst auf sie, denn wenn du die Blocker kennst, kannst du bereits Hilfen entwerfen, um die Hürden zu überwinden, die dir begegnen werden.

Auf diese Weise erhältst du eine umfassende Karte mit dem aktuellen Zustand, dem zukünftigen Zustand und dem Gesamtplan, wie du dorthin gelangst.

Aber ich bin hier noch nicht am Ende. Ich möchte dir einen weiteren Ansatz vorstellen, den ich oft in Kombination mit der Weltkarte verwende. Das ist das »Reverse Engineering der Zukunft«. Stell dir vor, du hast heute ein einzelnes Unternehmen, und möchtest in Zukunft ein ganzes Portfolio von Unternehmen gründen.

Bei so einem großen Projekt würde ich wie folgt vorgehen:
Was müssen wir heute tun, um dieses Ziel in 10 Jahren zu erreichen?
Dann würde ich fragen: Was muss in den nächsten drei Jahren erreicht werden?
Und was müssen wir innerhalb der nächsten 90 Tage tun?

Auf diese Weise entwickelst du deinen Weg von deinem langfristigen Ziel aus zurück nach heute. Und natürlich kannst du das Gleiche machen, wenn dein Projekt nur 30 Tage dauert! Nur eben mit einem kürzeren Zeitrahmen.

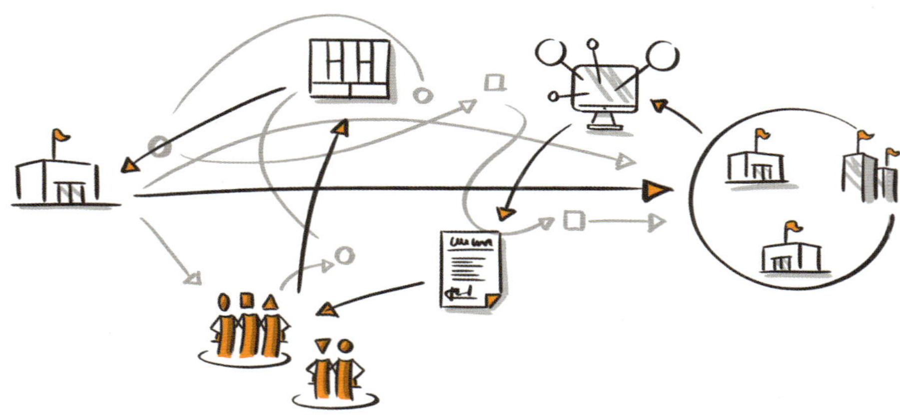

Kapitel 9 FOKUS

VIELE IDEEN ENTWICKELN

SICH FOKUSSIEREN

GREIFBAR
MACHEN

STORYFLOW
VORBEREITEN

Konzentriere deine Bemühungen

Sag Nein zu Ideen

Jetzt, wo du ein Universum voller Ideen hast, musst du einen Schritt zurücktreten und diejenigen identifizieren, die du auf die nächste Stufe bringen möchtest. Du musst deine Bemühungen konzentrieren, denn du kannst nicht alle deine Ideen weiterbringen. Die meisten Ideen sind es vielleicht sowieso nicht wert.

Du fragst dich vielleicht: »Wie kann ich in diesem Stadium schon absehen, welche Idee gut oder schlecht ist?« oder »Es ist überwältigend, all die Ideen zu sehen und sich jetzt entscheiden zu müssen...«

Klar, das ist schwierig – vor allem die Umstellung, sich für viele Ideen zu öffnen und dann schnell die Tore zu schließen, um sich zu konzentrieren. Aber du musst es tun. Und du musst dem Prozess hier vertrauen. Da du dich noch in der Anfangsphase befindest, kannst du nicht von vornherein die beste Idee auswählen. Du wirst sie im Laufe des Prozesses durch viele Iterationen finden. Bei dieser Aktivität geht es darum, ein Gefühl zu bekommen, es zu durchdenken und sich zu konzentrieren. Auf diese Weise erhältst du priorisierte Ideen und einen großen Vorrat an ungenutzten Ideen.

EIN GEFÜHL BEKOMMEN

DEIN BAUCHGEFÜHL IST OFT SEHR PRÄZISE UND HILFREICH.

DURCHDENKEN

NIMM ES NICHT ZU LEICHT, ABER VERBRINGE AUCH NICHT ZU VIEL ZEIT HIER.

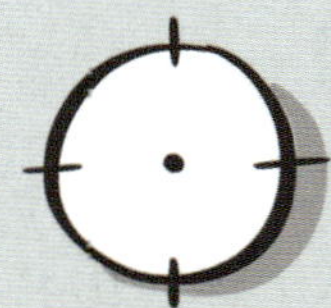

FOKUS ... UND FOKUS

PRIORISIERE UND KONZENTRIERE DICH. EIN SCHRITT NACH DEM NÄCHSTEN.

DIE VIELVERSPRECHENDSTEN IDEEN PRIORISIERT

DU HAST EINE LISTE MIT IDEEN, DIE IN DIE NÄCHSTE PHASE GEHEN, AUCH WENN DER GEWINNER AM ENDE EIN VERLIERER SEIN KÖNNTE.

EIN BACKLOG AN IDEEN

BEHALTE DEINE ANDEREN IDEEN FÜR DICH. VIELLEICHT WILLST DU SIE JA NOCH EINMAL AUFGREIFEN.

ERGEBNISSE

Fokussierung für diesen Moment

Du wirst sowieso nicht ewig bei diesen Ideen bleiben

Bei den meisten Projekten und Prozessen ist dieser Schritt der Fokussierung eher kurz, aber dennoch sehr wichtig. Ich sehe dies nur als einen kleinen Schritt auf deiner Reise. Es ist nicht so wichtig, welche Idee du hier wählst. Du wirst die Ideen sowieso testen, iterieren und ändern, wenn du die agile Denkweise verinnerlicht hast (was ich sehr empfehlen würde). Zu viele Teams bleiben an dieser Stelle stehen und diskutieren ewig, als ob es einen Unterschied machen würde, mit welchen Ideen du weitermachst.

Wenn du die agile Denkweise verinnerlicht hast, kommst du deinen Zielen in kleinen Schritten näher, bist aber immer offen für Iterationen und Änderungen deines Ansatzes auf der Grundlage deiner Erkenntnisse, denn dieser Schritt ist nur ein kurzer Checkpoint. Können wir weitermachen oder sollten wir einen Schritt zurückgehen und mehr Ideen entwickeln?

Trotzdem ist es wichtig, ein Gefühl für Ideen, Lösungen oder nächste Schritte zu bekommen, die in dieser Phase das größte Potenzial haben. Manchmal machst du das alleine, indem du mit dir selbst diskutierst, und oft genug tust du das auch mit deinen Kollegen und Mitarbeitern. Ich spreche in dieser Phase oft von einem Check deines Bauchgefühls. Was ist in diesem Moment da? Was spricht dich am meisten an?

Und es gibt viele Möglichkeiten und Techniken, dies zu tun. Denke einfach an *Dotmocracy (S. 242), Gallery Walks (S. 262), 2x2-Matrix (S. 302)* oder auch simple Aufstellungen, um ein besseres Gefühl für deine Ideen zu bekommen.

Für mich persönlich ist dieser Schritt ein regelrechter Stolperstein. Ich fühle mich schlecht, wenn ich mich für etwas entscheide, mit dem ich weitermachen will. Ich hasse es, mich zu konzentrieren (mein Asperger-Gehirn will mir ständig FOMO – fear of missing out – einreden). Aber ich weiß, dass ich keine nennenswerten Fortschritte machen werde, wenn ich mich nicht konzentriere. Also sage ich zu mir selbst: »Das ist keine Entscheidung. Ich werde nur diese Idee vor den anderen Ideen erkunden. Ich komme später zu den anderen zurück.«
Und oft komme ich nicht zurück. Aber manchmal tue ich es doch. Deshalb solltest du einen Ort haben, an dem du deine Ideen aufbewahren (und manchmal auch begraben) kannst. So weißt du, wo du nach ihnen suchen kannst, wenn du sie brauchst.

5.

VIELE IDEEN ENTWICKELN

SICH FOKUSSIEREN

Kapitel 10
MACHEN

GREIFBAR
MACHEN

STORYFLOW
VORBEREITEN

Mach es greifbar

Gib dein Bestes, aber nicht zu viel

Du hast lange genug gewartet. Jetzt ist es an der Zeit, etwas Greifbares zu produzieren, um deiner Idee Leben einzuhauchen. Ich nenne das Ding, das du herstellst, einen Prototyp. »Ein Prototyp ist ein frühes Muster, Modell oder eine frühe Version eines Produkts (du kannst Produkt durch Idee oder Konzept ersetzen), das gebaut wird, um ein Konzept oder einen Prozess zu testen.« (Quelle Wikipedia.org)

Im Laufe der Zeit und nach mehreren Zyklen des Clarity Frameworks wirst du deine Lösung verfeinern und immer solidere Prototypen erschaffen, bis du schließlich eine fertige Lösung hast (Produkt, Service, Strategie, Geschäftsmodell, was auch immer).
Wenn du es grob hältst, dich auf Iterationen vorbereitest und es visuell machst, wirst du am Ende einen guten Prototyp, einen vorbereiteten Plan oder tolle Designideen haben.

EINSTELLUNG

HALTE ES GROB

STREBE NICHT NACH PERFEKTION, SONDERN NACH GUT GENUG.

BEREIT SEIN, ZU ITERIEREN

ALLES WAS DU ERSCHAFFST, IST EIN WEITERER SCHRITT ZUR NÄCHSTEN ITERATION.

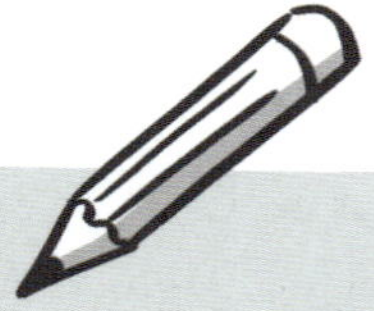

MACH ES VISUELL

DU WILLST DOCH FEEDBACK HABEN, ODER? ES HILFT, WENN LEUTE DEINE IDEEN SEHEN KÖNNEN.

PROTOTYP

DU WIRST EIN GREIFBARES ERGEBNIS DEINER IDEE HABEN.

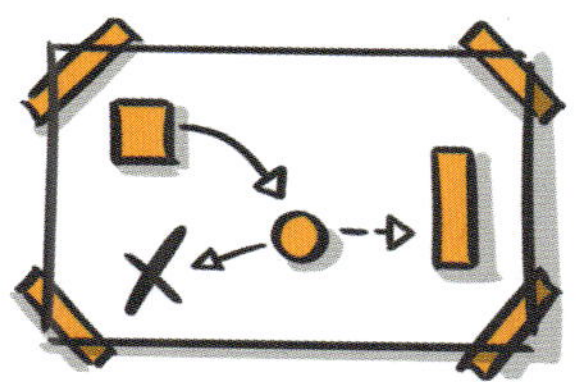

EIN VORBEREITETER PLAN

DU HAST EINEN PLAN, WIE ES WEITER GEHT.

ERGEBNISSE

DESIGNIDEEN

DU HAST MEHRERE VERSIONEN, UM ZU SEHEN, WAS AM BESTEN FUNKTIONIERT.

Gut gemacht

Die Idee ist bereit, präsentiert zu werden

Es gibt unzählige Möglichkeiten, einen greifbaren Prototyp deiner Idee oder deines Konzepts zu erstellen – du kannst zeichnen, malen, stricken, ein Slide-Deck, ein Video oder eine Theateraufführung erstellen, einen Pop-up-Store bauen oder einfach eine gute Geschichte erzählen. Es liegt ganz an dir. Das Einzige, was du beachten musst, ist, dass ein Prototyp nicht die endgültige Lösung sein muss, sondern etwas, das deine Botschaft vermittelt oder Feedback von anderen einholt.

Der Sinn dieser Prototypen eines neuen Geschäftsmodells, deines Buches, deines Workshop-Programms, deines Podcasts, deines Kundenservices oder deines Lebensstils ist es, deine Ideen frühzeitig zu testen. Ich empfehle dir das Buch Testing Business Ideas von David J. Bland zu diesem Thema. Es ist eine hervorragende Quelle für viele Tests und Experimente, die du durchführen kannst. Auch wenn David über Geschäftsideen spricht, denke ich, dass dies für alles gilt, was du tust, sowohl im Geschäfts- als auch im Privatleben.

Betrachte die Phase des Erschaffens als die Zeit, in der du alle Inhalte erstellst, die du später mit anderen teilen willst. Vielleicht holst du dir einfach nur Feedback zu deinen Ideen, vielleicht willst du dein Konzept erklären, oder du willst es der Welt präsentieren. Denke immer daran, die Zyklen kurz und klein zu halten. So kannst du flexibel bleiben und dich bei Bedarf anpassen.

Es ist leicht, in die Perfektionsfalle zu tappen. Du willst es auf Anhieb perfekt und so gut wie möglich machen. Aber halt! Wenn du noch am Anfang deines Prozesses stehst, warum solltest du zu viel Zeit damit verbringen, einen Prototyp zu perfektionieren, wenn du eigentlich erst noch herausfinden musst, ob du in die richtige Richtung gehst. Wäre es nicht klüger, etwas Schnelles und Grobes zu erstellen, daraus zu lernen und es durch mehr Wissen zu verbessern?

Mache es dir nicht zu schwer. Mache dir die agile Arbeitsweise zu eigen und halte es einfach, um schneller bessere Fortschritte zu erzielen.
Sehen wir uns an, wie Pedro, ein Podcaster und Autor, Prototypen verwendet hat, um einen neuen Weg für seinen Podcast zu finden.

Beispiel: Co-Creation mit Kunden

Pedro, Autor und Podcaster

Yo ... Ich bin Pedro, ein Autor und Podcaster. Der Start meines Podcasts war kein leichtes Unterfangen für mich, um ehrlich zu sein. Mir war nicht klar, wer meine Hörer sein würden und was sie am liebsten hören würden. Auch war ich mir nicht sicher, welche Rolle das Podcasten in meiner Gesamtstrategie spielen sollte. Deshalb begann ich damit, meine Nische und meine persönlichen Ziele zu verstehen, und erstellte ein Kundenprofil für meinen perfekten Hörer. Ich nutzte einen Tweet Pitch und eine Social-Ad-Vorlage, um gemeinsam mit meiner kleinen, aber bereits vorhandenen Hörerschaft relevante Themen zu erarbeiten und die Erkenntnisse zu sammeln, die zu einem ziemlich erfolgreichen Podcast geführt haben.

TWEET PITCH

SOCIAL AD

1. Fasse die Kernbotschaft auf 140 Zeichen zusammen.

Pedro hat den *Tweet Pitch (S. 280)* entwickelt, um seinen Podcast so kurz und knackig wie möglich zu beschreiben. Das half ihm, sich auf seine wichtigste Botschaft zu konzentrieren und den ganzen Ballast von zu langen Beschreibungen loszuwerden. Der Prozess zum Schreiben des Tweets hat viel geklärt und er konnte es an sein bestehendes Publikum schicken.

2. Lass die Kunden die Lösung schaffen.

Dann bat er sein Publikum, *Social Ads (S. 280)* zu erstellen, die ihre Lieblingsthemen auf eine greifbarere Art und Weise beschreiben sollten. Die kreative Art, seine Kunden zu befragen, brachte nicht nur Erkenntnisse zu den Themen, sondern auch ihre Begeisterung für diese interaktive Übung.

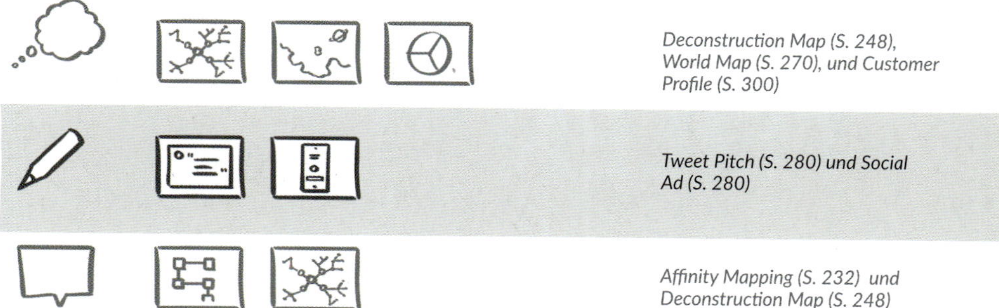

Visuelle Werkzeuge sind mehr als nur Arbeitsmittel, um Klarheit zu schaffen. Sie können dir helfen, Mitarbeiter, Kunden und Kollegen gleichermaßen zu begeistern. Der oft spielerische Charakter der Werkzeuge zieht die Menschen in den Prozess hinein und lässt sie gerne mit dir zusammenarbeiten. Was für ein schöner Nebeneffekt, nicht wahr?

Darüber hinaus bietet dir die Co-Creation ein neues Universum an Ideen und Sehenswürdigkeiten, wenn du sie mit einer offenen Einstellung angehst und darauf abzielst zu lernen, anstatt sie nur als Marketinginstrument zu nutzen. Ich habe sogar den englischen Originaltitel (Creating Clarity) dieses Buches, das du gerade liest, mit über 1.100 Leuten getestet, bevor ich mich für den aktuellen Titel entschieden habe.

Kapitel 11
TEILEN

STORYFLOW VORBEREITEN

PROFESSIONELL PRÄSENTIEREN

GELERNTES FESTHALTEN

Zeit, sich zu zeigen

Bringe deine Ideen zum Leuchten

Es ist immer schade, wenn Menschen tolle Ideen haben und hervorragende Lösungen entwickeln, aber bei der Präsentation versagen. Viele schlechte Ideen bekommen mehr Aufmerksamkeit, nur weil andere sie besser präsentieren. Du kennst diese Leute, oder?

Wenn du sie annehmen willst, ist es von nun an deine Aufgabe, deine Ideen, Konzepte und Lösungen immer so gut wie möglich zu präsentieren. Sieh das Teilen als eine Chance, mit anderen in Kontakt zu treten, wertvolles Feedback zu bekommen und aus den Reaktionen zu lernen. In der Phase des Teilens geht es darum, andere zu überzeugen, sie auf den Weg zu bringen, sie dazu zu bringen, dir zu folgen oder deine Partner zu werden. Deshalb solltest du eine Geschichte entwerfen, die leicht zu verstehen ist und diese Zwecke erfüllt.

Die Wissenschaft lehrt uns aber leider, dass unser Gehirn faul ist. Es braucht viel Energie, um zu funktionieren, und spart Energie, wo es nur kann. In seinem Buch *Brain Rules* erklärt John Medina, dass unser Gehirn nach 10-12 Minuten Zuhören Energie spart und sich abschaltet. Das stimmt, solange du nicht die Art und Weise, wie du präsentierst, das Tempo, in dem du präsentierst, änderst oder zwischendurch etwas tust, um das Gehirn deiner Zuhörerenden zurückzusetzen oder neu zu starten.

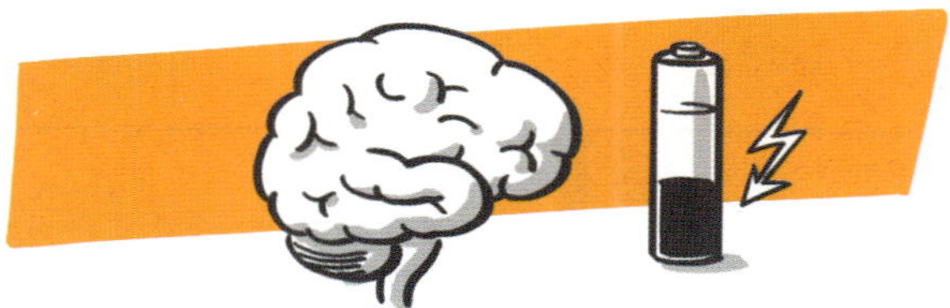

Du musst alles so planen, dass du in Zeitabschnitten von 10-12 Minuten erzählst. Nach 10 Minuten stellst du eine Frage und schickst die Teilnehmenden dann in eine Kleingruppe, um etwas zu erarbeiten oder über das Gehörte nachzudenken. Auf diese Weise kannst du den energiesparenden Timer auffrischen.

Beispiel: Ergebnisse präsentieren

Cory, Angestellte eines Unternehmens

Ich bin Cory und arbeite in einem großen Unternehmen als Managerin auf mittlerer Ebene. Wir haben ein großes Projekt als Inkubator für einen neuen Geschäftsbereich unseres Unternehmens durchgeführt. Die Präsentation dieses Projekts vor dem Vorstand war für uns sehr wichtig und wir wussten, dass eine PowerPoint-Präsentation nicht ausreichen würde. Also wagten wir den Sprung, machten uns an die Arbeit, entwarfen ein Storyboard und erstellten eine handgefertigte Präsentation auf Flipcharts. Wir waren nicht auf das großartige Feedback und die vielen Gespräche vorbereitet, die wir auslösten. Das war jede Minute wert, die wir in die Präsentation investiert haben.

PENCIL PREPARATION

GALLERY WALK

1. Ein intensives und ehrliches Gespräch führen.

Die Präsentationstechnik *Pencil Preparation (S. 260)* ermöglichte es Cory, beim Präsentieren in aller Ruhe zu zeichnen. Das Feedback der Vorstandsmitglieder war überwältigend positiv hinsichtlich der Art und Weise, wie sie präsentierte. Sie schätzten die direktere Konversation, die mit einer Folienpräsentation nicht möglich gewesen wäre.

2. Den Zuhörern das große Ganze zeigen und rekapitulieren.

Mit einem anschließenden *Gallery Walk (S. 262)* gab sie den Teilnehmern die Möglichkeit, individuell über das, was sie gerade präsentiert hatte, nachzudenken. Und nicht nur das: Alle »Folien« nebeneinander zu sehen, half den Teilnehmenden, das Gesamtbild zu erfassen und Zusammenhänge zu erkennen, die sonst vielleicht verloren gegangen oder übersehen worden wären.

Affinity Mapping (S. 232) und *Deconstruction Map (S. 248)*

Storyflow (S. 288) und *Storyboard (S. 250)*

Pencil Preparation (S. 260), *Gallery Walk (S. 262)* und *2x2-Matrix (S. 302)*

2X2-MATRIX

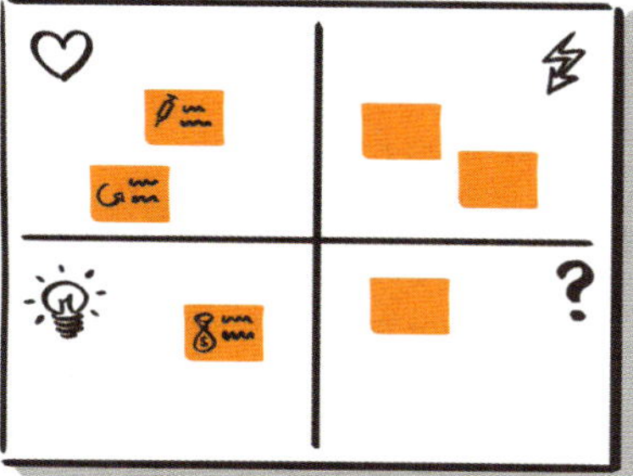

3. Reichhaltiges Feedback ernten

Cory beendete die Sitzung mit einer *2x2-Matrix (S. 302)*, um das Feedback zu sammeln und die Fähigkeit zu lernen zu erhalten. Sie benannte die vier Bereiche »Was mir gefallen hat«, »Zusätzliche Ideen«, »Was irritierend ist« und »Weitere Fragen«, um das Feedback zu kanalisieren, sodass es viel reichhaltiger wurde als in einem normalen Feedbackgespräch.

Beispiel: Ergebnisse präsentieren

Cory, Angestellte eines Unternehmens

Immer mehr Unternehmen verzichten auf Präsentationsfolien und suchen nach anderen Möglichkeiten, um zu präsentieren, da die Interaktion und die Konzentration bei derartigen Präsentationen abnehmen.

Cory hat den Schritt gewagt. Sie bereitete sich vor und präsentierte auf rein analoge Weise – mit Stift und Papier. Am Ende brauchte sie mehr Zeit für die Vorbereitung, als sie es gewohnt war. Sie hat ihre Zeit tatsächlich getrackt und brauchte 1/3 mehr Zeit für die Vorbereitung als für eine vergleichbare Präsentation in der Vergangenheit. Das ist natürlich schwierig zu messen, da es bei einem solchen Prozess so viele Variablen gibt. Aber sie hatte eine wichtige Erkenntnis in Bezug auf diese Art des Teilens.

Die Interaktion mit ihrem Publikum (wichtige Stakeholder, da es sich um den Vorstand ihres Arbeitgebers handelte) war fruchtbarer und brachte bessere Ergebnisse als sonst. Darüber hinaus profitierte sie von der Interaktion mit ihren Stakeholdern. Ihnen gefiel ihre Präsentation auf beiden Ebenen – der Inhalt UND die Art und Weise, wie sie die Sitzung leitete. Es fühlte sich für sie wie eine Arbeitssitzung an, nicht wie eine weitere typische Pitch-Präsentation.

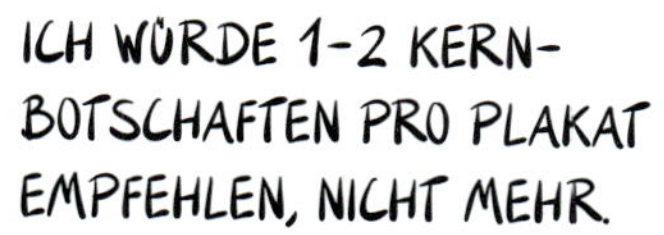

HÄNGE DIE PLAKATE NEBEN-
EINANDER AN DIE WAND,
UM DEN GALLERY WALK ZU
ERMÖGLICHEN UND DEN LEUTEN
DAS GROSSE BILD ZU ZEIGEN.

KONVERSATION IST GUT.
DAS GESPRÄCH FESTZUHALTEN,
IST BESSER. UND AM BESTEN IST
ES, WENN DIE TEILNEHMENDEN
IHR FEEDBACK AUF KLEBEZETTEL
SCHREIBEN UND DIESE IN DIE
ENTSPRECHENDEN BEREICHE DER
VORLAGE HÄNGEN.

Die drei Aktivitäten des Teilens

In der vorherigen Phase hast du ein greifbares Ergebnis geschaffen. Das kann ein visuelles Konzept, eine Karte, ein klarer Fahrplan, eine Lösung, ein Prototyp, ein Minimum Viable Product oder einfach ein Plan sein, wie es weitergehen soll. Und das willst du mit anderen teilen, höchstwahrscheinlich.

Deshalb musst du den Storyflow vorbereiten, in dem du deine Ergebnisse präsentieren willst. Es macht einen gewaltigen Unterschied, wenn du den Ablauf deiner Präsentation richtig hinbekommst. Das führt fast automatisch dazu, dass du wie ein Profi präsentierst.

Und vergiss nie eine der wichtigsten Aktivitäten – das Gelernte festhalten. Es geht darum, um Feedback zu bitten und Erkenntnisse zu erhalten, die du nutzen kannst, um den Prozess in der nächsten Iteration zu verbessern. Es geht darum, flexibel und offen zu bleiben – eine agile Denkweise zu haben. Allerdings solltest du nicht in die Falle der ständigen Perfektionierung um den Preis der Nichtlieferung tappen. Es ist besser, etwas zu 80 % fertig zu stellen, als es nie fertig zu bekommen.

GELERNTES FESTHALTEN

Kapitel 12
VORBEREITEN

STORYFLOW VORBEREITEN

PROFESSIONELL PRÄSENTIEREN

GELERNTES FESTHALTEN

Den Storyflow vorbereiten

Gestalte, wie du ihre Aufmerksamkeit erregst

Eine greifbare Version deiner Lösung zu haben, ist eine Sache. Zu wissen, wie du sie anderen präsentieren kannst, ist eine andere Sache. Die Art der Präsentation, die du wählst, um dein Publikum bei der Stange zu halten, ist ein entscheidender Faktor. Es ist frustrierend, wenn du an einer Lösung arbeitest, etwas Erstaunliches fertigstellst, einen tollen Prototyp baust und dann wegen eines schlechten Storytellings keine Aufmerksamkeit erhältst. Ganz gleich, ob es sich um einen Pitch, eine Präsentation oder nur um ein Gespräch mit jemandem handelt, dessen Meinung du schätzt.
Deshalb musst du im Voraus planen. Und eine Geschichte entwerfen, die die Aufmerksamkeit derjenigen fesselt, mit denen du deine Ergebnisse teilen willst.

Mit Blick auf die Zuhörenden solltest du einen Storyflow vorbereiten, der sowohl das Geschichtenerzählen als auch eine strukturierte Herangehensweise beinhaltet, um mit deinem Publikum in Kontakt zu treten.

ZUHÖRER IM BLICK

TROTZ DEINER TOLLEN IDEE STEHT DER ZUHÖRER AN ERSTER STELLE.

FLUSS DER GESCHICHTE

ENTWIRF EINEN FLÜSSIGEN UND ANSPRECHENDEN ABLAUF FÜR DEINE PRÄSENTATION.

STRUKTURIERTER ANSATZ

BEREITE DICH SO GUT VOR, WIE DU KANNST.

VORBEREITETER STORYFLOW

DU HAST HÖHEN UND TIEFEN DEINER GESCHICHTE IDENTIFIZIERT UND EINEN STARKEN AUFRUF ZUM HANDELN..

EIN PLAN FÜR BETEILIGUNG

DU HAST EINE VORSTELLUNG DAVON, WIE DU DIE AUFMERKSAMKEIT DEINER ZUHÖRENDEN HALTEN KANNST.

ERGEBNISSE

Entwirf eine Geschichte

Einen Fluss finden, der beständig funktioniert

Ja, du kannst zwanzig Bücher über das Geschichtenerzählen lesen. Das wäre eine tolle Idee. Aber ich bleibe lieber pragmatisch und suche nach Dingen, die ich in den meisten Fällen gebrauchen kann, ohne dass ich mir x-beliebige Handlungsbögen merken muss. Wenn du mehr über Handlungsbögen erfahren willst, findest du im *Anhang* *(S. 346)* einige Buchempfehlungen. Ich habe für mich der Ansatz »Shapes of Stories« von Kurt Vonnegut gewählt. Er war ein großer Geist und du solltest dich echt mal online über ihn informieren.
Wenn du seinem Rat folgst, kannst du deine Geschichte an zwei Dimensionen ausrichten. Bei der y-Dimension geht es um das Glück am oberen Ende und das Unglück am unteren Ende. Die x-Dimension zeigt die vergehende Zeit von jetzt bis zum Ende der Geschichte.
Die Geschichte, die Kurt zur Veranschaulichung des Konzepts verwendet, handelt von einem Mann in einem Loch. Und das ist die ganze Geschichte:

»Es ist ein schöner Tag, und alles ist gut. Plötzlich fällt er in ein Loch. Jetzt steckt er in Schwierigkeiten. Aber er findet heraus, wie er den Kampf überwinden und wieder aus dem Loch herauskommen kann. Der Tag ist nun noch schöner für ihn, nachdem er die Schwierigkeiten überwunden hat.«

Das war's. So einfach ist das. Die Menschen lieben diese Geschichte und viele, viele Filme haben dieses Konzept als Grundlage für ihre Geschichten genommen.

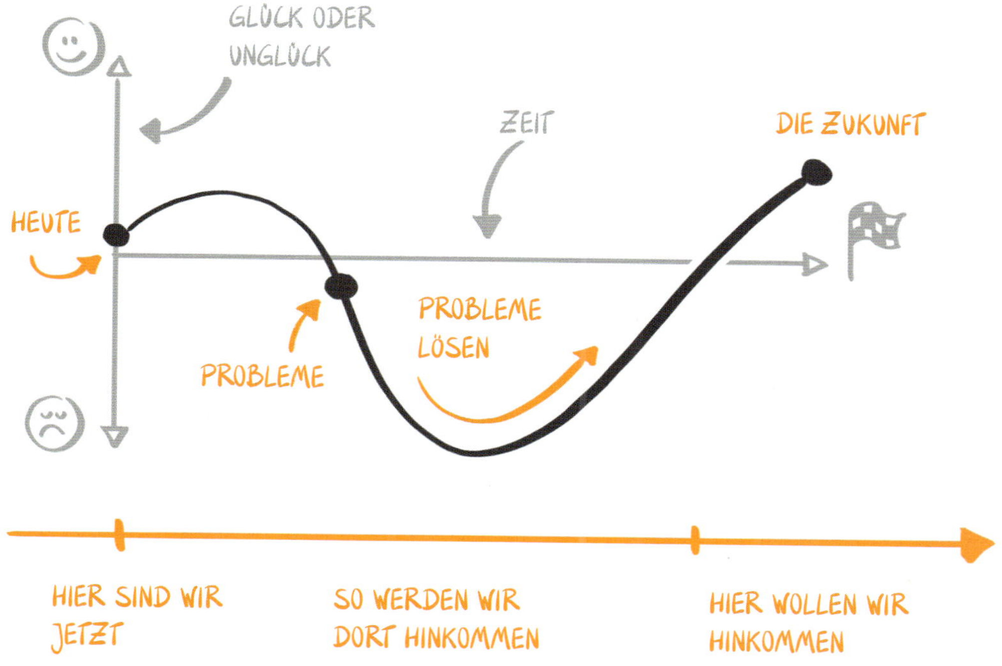

Wenn wir die Shapes of Stories in eine abstraktere Form übersetzen, könnte sie so aussehen:

»So sieht es heute aus.
Wir haben Probleme und stehen vor Hindernissen.
Und so werden wir die Probleme überwinden, um schließlich den zukünftigen Zustand zu erreichen.«

Du nimmst die gleiche Struktur und wendest sie auf deine Geschichte an. Die Menschen werden sich stärker mit deiner Lösung identifizieren und aufmerksam zuhören, um deiner Erzählung zu folgen. Sie ist so wirkungsvoll, dass ich die Vorlage *Storyflow* *(S. 288)* erstellt habe, um mit dieser Struktur zu arbeiten. Ich persönlich würde empfehlen, die Story-Flow-Vorlage in einer Sequenz vor dem *Storyboard* *(S. 250)* einzusetzen. Das ist ein tolles Team von visuellen Werkzeugen für deine Präsentationsvorbereitung.

Genug Vorbereitung

Es ist Zeit, die Bühne zu betreten

Du kannst Stunden, Tage und Wochen damit verbringen, dich auf deine Präsentation vorzubereiten. Wenn du sie perfekt machen willst, dann nur zu.

Ich glaube aber immer noch, dass eine Präsentation, die »gut genug« ist, in 99 % der Fälle funktioniert. Vielleicht hast du das schon einmal gehört. Du kannst 80 % eines perfekten Ergebnisses in 20 % der Zeit erreichen. Aber du brauchst 80 % deiner Zeit, um ein 100 %iges ideales Ergebnis zu erreichen.

Das ist nicht unser Ziel, wenn wir versuchen, komplexe Herausforderungen zu bewältigen. Wir wollen so viele Erkenntnisse wie möglich gewinnen und dabei so wenig Zeit wie möglich aufwenden. Wir wissen, dass sich alle Elemente der Herausforderung, an der wir arbeiten, ohnehin ständig ändern. Warum also zu viel Zeit auf die Vorbereitung der Präsentation verwenden? Es geht darum, die Zyklen kleiner zu machen, nicht größer.

Ich will damit nicht sagen, dass du deinen Teilnehmern und Zuhörern schlechte Qualität liefern kannst. Ganz sicher nicht! Aber manchmal denken wir zu viel über unsere Präsentation nach. Sie wird zu poliert, zu perfekt. Und die Leute stellen uns in Frage, je perfekter und »glatter« unser Auftritt wird. Du solltest deine Persönlichkeit und deine Unvollkommenheit mit einbringen. Nur so können sich andere Menschen mit dir verbinden und eine tiefere Bindung aufbauen. Und nur dann wirst du hervorragendes und ehrliches Feedback von ihnen bekommen. Wenn du das nächste Mal denkst, dass deine Präsentation noch nicht bereit ist, gezeigt zu werden, solltest du sie trotzdem zeigen. Teile deine Bedenken, deine Gedanken und Zweifel mit. Du wirst sehen, dass die Leute dir antworten und sich selbst öffnen werden. In den letzten zehn Jahren meiner Arbeit hat das für mich funktioniert. Warum sollte es nicht auch bei dir funktionieren?

Kapitel 13
PRÄSENTIEREN

STORYFLOW VORBEREITEN

PROFESSIONELL PRÄSENTIEREN

GELERNTES
FESTHALTEN

Professionell präsentieren

Besser als 90 % des Restes

Die beste Vorbereitung nützt dir nichts, wenn du die Präsentation selbst vermasselst. Trotzdem würde ich sagen, wenn du dich und dein Material richtig vorbereitest, sind die Chancen auf Erfolg sehr hoch. Gib dich also nicht mit einer tollen Lösung und stundenlanger Vorbereitung zufrieden – präsentiere wie ein Profi und hole dir die nötige Zustimmung.

Konzentriere dich auf dein Publikum und denke daran, dass es nur eine kurze Aufmerksamkeitsspanne hat. Wechsle alle zehn Minuten den Modus oder variiere dein Tempo und die Art und Weise deiner Präsentation, um sie bei der Stange zu halten (John Medina, *Brain Rules*).

Auch wenn oder gerade wenn du eine Rede hältst, solltest du ab und zu Übungen, Gesprächsrunden und Reflexionsphasen einbauen. Du wirst überrascht sein, wie viel das ausmacht. Und natürlich kannst du die ganze visuelle Arbeit, die du vorher gemacht hast, dazu nutzen, dass die Menschen im Publikum deine Fans werden oder bleiben.

SAG, WAS DU DENKST

WIR WISSEN GENAU, OB DU VON ETWAS SPRICHST, DAS DIR AM HERZEN LIEGT. TÄUSCHE NICHTS VOR.

DAS PUBLIKUM IM BLICK

ES GEHT UM SIE, NICHT UM DICH. LASS SIE ES SPÜREN UND DU WIRST IHRE AUFMERK-SAMKEIT GEWINNEN.

BEHALTE DIE ZEIT IM BLICK

DIE AUFMERKSAMKEIT DER LEUTE LÄSST NACH 10 MINUTEN NACH. WECHSLE REGELMÄSSIG DAS TEMPO.

ERGEBNISSE

KLARE NACHRICHT

EINE KLARE BOTSCHAFT UND ABSICHT ZU HABEN, WIRD DIR HELFEN, BESSERE RÜCKMELDUNGEN ZU BEKOMMEN.

ENGAGIERTES PUBLIKUM

SIE WERDEN SICH MEHR MERKEN, GENAUES FEEDBACK GEBEN UND DIE GANZE ZEIT ÜBER ENGAGIERT BLEIBEN.

Beispiel: Teamtaktik anders präsentiert

Dave, Vater

Ich heiße Dave, aber du kannst mich Coach nennen.
Ich bin der Trainer der Basketballmannschaft meines Sohnes und vor ein paar Monaten waren wir in Schwierigkeiten. Wir verloren immer mehr Spiele, zuerst knapp, aber bald auf verheerende Weise.
Das war ein schlechtes Gefühl und egal, wie sehr ich versuchte, mein Team zu motivieren, es wurde nicht besser.
Das änderte sich, als ich mich eines Abends mit Stift und Papier hinsetzte und das Problem systematisch anging. Ich recherchierte, entwickelte eine neue Spieltaktik und ... präsentierte das alles meinen Spielern anders als sonst.

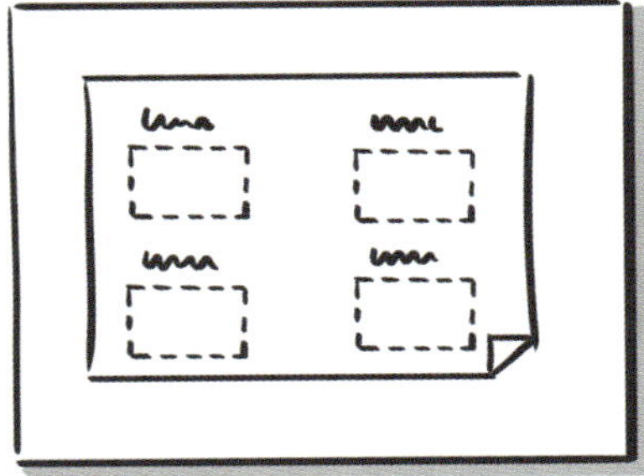

1. Erzähle eine fesselnde Geschichte

Dave nutzte *Transparent Sticky Notes (S. 256)* um seine wichtigsten Erkenntnisse mit den Spielern zu teilen und ihnen die neue Denkweise vorzuschlagen, die sie für ihren Erfolg brauchen. Mit den Haftnotizen konnte er während der Präsentation fließend sprechen, vergaß keinen Punkt und konnte sogar leicht Ideen und Beiträge der Spielenden hinzufügen.

2. Mache es einfach, zu folgen

Er nutzte die *Eraser Technique (S. 258)* als Nachbereitungstechnik mit einem iPad und einem Projektor, um die neuen Spieltaktiken Schritt für Schritt zu erklären.
Auf diese Weise war es leicht, seinem Gedankengang zu folgen, und es entstand eine intensive Diskussion über die nächsten Aktionen für die kommenden Schulungen.

Searching Pen (S. 240), Game Maps und Desktop Research

Parallel Reality (S. 268)

Transparent Sticky Notes (S. 256) und Eraser Technique (S. 258)

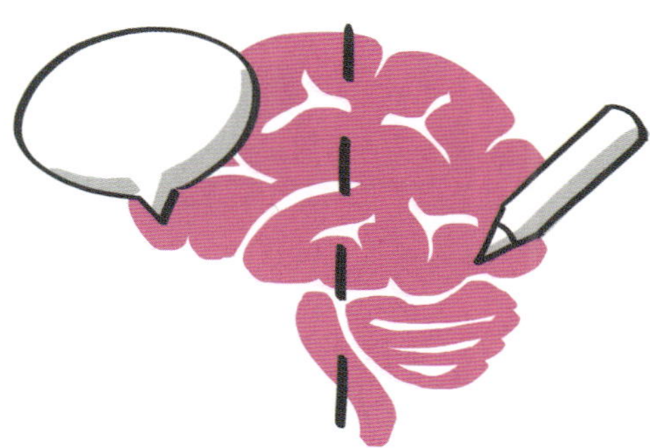

Einigen von uns fällt es leicht, etwas zu präsentieren, für andere ist es eine größere Herausforderung. Aber wir alle haben die gleiche Gehirnmechanik. Reden und Präsentieren verbrauchen eine Menge Energie. Das gilt auch für das Zeichnen und Schreiben. Eigentlich ist es ziemlich schwer, beides gleichzeitig zu tun. Wenn wir etwas zeichnen, fällt es uns schwer, in einem angemessenen Tempo zu sprechen und andersherum. Erinnerst du dich daran, dass *Visuals einen anderen Kanal benutzen (S. 50)*?
Wenn du deine Präsentationen so vorbereitest, dass du nichts spontan erfinden oder dir merken musst, was du schreiben und was du zeichnen sollst, kannst du die Energie deines Gehirns besser ausbalancieren und daher entspannter präsentieren.

Vorsicht vor »Cognitive Murder«

Warum du immer Stück für Stück präsentieren solltest

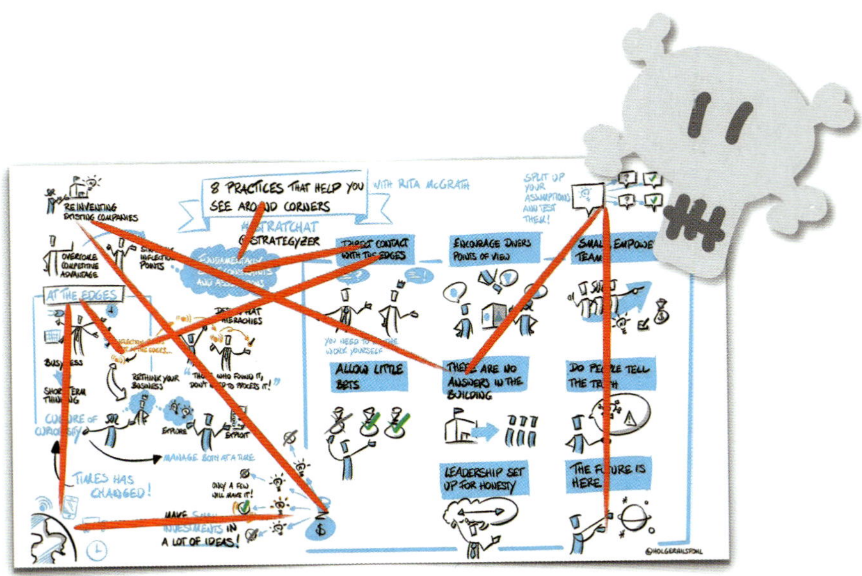

Stell dir vor, ich würde dir das obige Bild so zeigen, wie es ist, und versuchen, es dir zu erklären. Dein Gehirn würde versuchen, meiner Stimme zuzuhören und die Worte zu verstehen, die ich spreche, während du versuchst, die Muster, die du auf dem Bild siehst, zu erkennen und zu verstehen. Wir nennen dieses Phänomen »Cognitive Murder«.

Es würde mir sehr schwer fallen, deine Aufmerksamkeit auf das zu lenken, was ich gerade sagen will. Deine Augen würden von einem Punkt zum anderen springen, hin und her über das ganze Bild, während ich noch über das allererste Detail des Bildes spreche.

An wie viele Situationen kannst du dich erinnern, in denen das jemand mit dir gemacht hat? Ich wette, viele! Ich fordere dich auf, Cognitive Murder in Zukunft zu vermeiden. Lasst uns herausfinden, wie wir dieses Phänomen überwinden können.

DU HAST EIN INFORMATIONSPOSTER ODER EINE FOLIE ERSTELLT. ES IST WUNDERSCHÖN UND ENTHÄLT EINE MENGE INFORMATIONEN!

BESORGE DIR EIN PAAR BLÄTTER PAPIER, UM DIE TEILE EINZELN ABZUDECKEN. FÜGE DIE NUMMERN AUF DEN BLÄTTERN HINZU, DAMIT DU DIE REIHENFOLGE, DIE DU PRÄSENTIEREN WILLST, NICHT DURCHEINANDER BRINGST.

JETZT DECKST DU DIE INFORMATIONEN MIT DEM PAPIER AB (ODER MIT WEISSEN RECHTECKIGEN QUADRATEN AUF DEINEN FOLIEN). UND DAS ERGEBNIS SOLLTE SO AUSSEHEN:

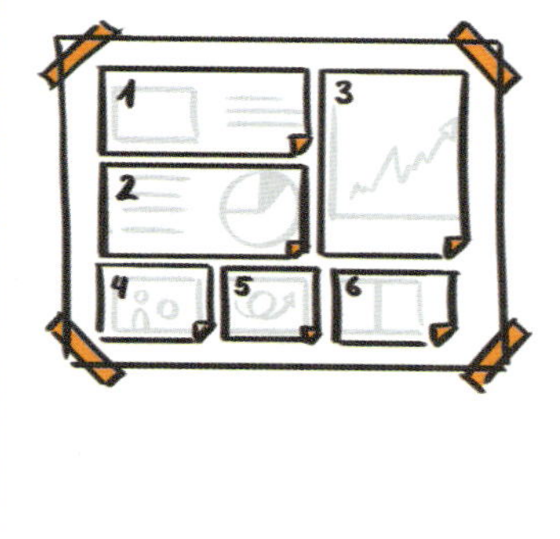

UM DEIN INFORMATIONSPOSTER ZU TEILEN, DECKST DU NUR DIE STÜCKE AUF, ÜBER DIE DU GERADE SPRICHST. DIE LEUTE WERDEN DICH DAFÜR LIEBEN!

Ermögliche anderen, sich zu fokussieren

Visuelle Werkzeuge helfen dabei

Eines der größten Probleme, mit denen wir heutzutage konfrontiert werden können, ist der Mangel an Konzentration und Aufmerksamkeit. Es ist inzwischen erwiesen, dass unsere Aufmerksamkeitsrate abnimmt. Viele Wissenschaftler bringen dies mit der Art und Weise in Verbindung, wie wir moderne Kommunikationstechniken nutzen. Selbst das »Bling« deines Handys kann dich aus der Konzentration reißen. Aber es geht hier nicht nur darum, dass wir immer weniger in der Lage sind, uns für eine gewisse Zeit auf eine bestimmte Aufgabe zu konzentrieren. Es geht vielmehr darum, wie wir anderen Menschen (und uns selbst) helfen können, sich besser auf das Thema zu konzentrieren, das wir besprechen. Das ist besonders wichtig in Zeiten, in denen die Zeit, die wir mit anderen verbringen können, begrenzt ist, weil alle so beschäftigt sind.

Ich denke, du kannst dir vorstellen, worauf ich hinauf will. Je mehr Zeit wir ohne visuelle Hilfsmittel arbeiten, desto schwieriger wird es, sich zu konzentrieren. Wenn wir dagegen visuelle Hilfsmittel verwenden, um Klarheit zu schaffen, ist die Konzentration manchmal schwächer, aber wir werden seltener wirklich abgelenkt.

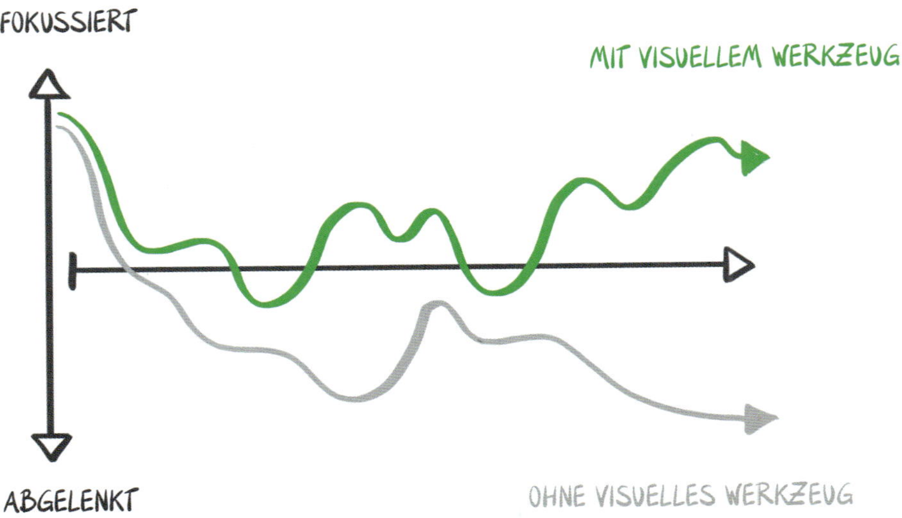

... ABER IRGENDWIE VERLAGERT SICH IHRE AUFMERKSAMKEIT AUF ANDERE DINGE, WIE Z. B. DIE ABGABETERMINE FÜR ANDERE PROJEKTE, IHRE AUFGABEN FÜR DEN TAG UND SO WEITER.

KLINGT BEKANNT?

STORYFLOW VORBEREITEN

PROFESSIONELL PRÄSENTIEREN

Kapitel 14
FESTHALTEN

DAS UNERWARTETE ZU ERWARTEN, ZEUGT VON EINEM DURCH UND DURCH MODERNEN INTELLEKT.

OSCAR WILDE

Gelerntes festhalten

Tu, was andere nicht tun. Mach dir Notizen.

Als Aspie erlebe ich bei allem, was ich tue, und eigentlich mein ganzes Leben lang, dass ich ständig lernen muss, mich anzupassen. Und ich würde sagen, das ist auch für dich zu einem gewissen Teil wichtig. Du musst bei jedem Projekt Schritt für Schritt besser werden, um die Früchte deiner Arbeit zu ernten. Du kannst nur besser werden, wenn du bewusst Zeit für das Lernen aufbringst. Nicht um des Wissens willen, sondern um deine Arbeit mit dem Gelernten zu verbessern.

Deshalb musst du bewusst zuhören, offen für Feedback und Gestaltungskritik sein und die Kunst des Zuhörens beherrschen, während du die Klappe hältst. Zuhören allein reicht aber nicht aus. Die Wissenschaft hat gezeigt, dass diejenigen, die sich Notizen machen – vor allem visuelle Notizen – das Gelernte besser behalten und tiefgreifendere Lerneffekte erzielen. Gewöhne es dir an und mache es dir zur Gewohnheit, das Feedback, das du bekommst, zu notieren. Selbst wenn es nur ein kleines Detail ist.

EINSTELLUNG

BEWUSST ZUHÖREN

DU WILLST LERNEN! ALSO HÖR ZU, OHNE ZU URTEILEN ODER ZU KOMMENTIEREN.

HALTE ALLES FEST

WAS DU NICHT ERFASST, GEHT MIT DER ZEIT VERLOREN.

FÜHRE EIN ARCHIV

SEI PROFESSIONELL UND BEHALTE DEN ÜBERBLICK ÜBER DAS, WAS DU GELERNT HAST.

KLARHEIT ÜBER DAS, WAS GEHT UND WAS NICHT GEHT

DU SOLLTEST JETZT EINE LISTE MIT ALLEN GUTEN UND SCHLECHTEN DINGEN HABEN.

ERGEBNISSE

NÄCHSTE STUFE DES VERSTÄNDNISSES

MIT DEM NEUEN WISSEN KANNST DU DEN KREIS WIEDER BEGINNEN UND DARÜBER NACHDENKEN: WAS HAT SICH VERÄNDERT? WAS WEISS ICH, WAS ICH IN DER LETZTEN PHASE DES VERSTEHENS NOCH NICHT WUSSTE?

Jedes Mal besser werden

Es bleibt nicht bei einer Präsentation

Die Präsentation sollte nicht das Ende des Prozesses sein. Denn in dieser komplexen Welt, in der wir leben, solltest du nie aufhören zu lernen. Und mit einer agilen Denkweise wird das Lernen immer eines deiner Ziele sein, genau wie das Lösen eines Problems.

Es geht nicht darum, Dinge schneller zu entwickeln, sondern schneller zu lernen. Oder um es mit den Worten eines guten Freundes von mir zu sagen: »Es nützt nichts, wenn du schneller Scheiße baust. Es wird immer noch Scheiße sein.«

Und trotzdem ist es wichtig zu verstehen, dass es nicht nur ums Lernen geht. Wir wollen komplexe Probleme lösen! Das Lernen ist ein Nebeneffekt, aber nie das Hauptziel. Du kannst in eine Sackgasse laufen, wenn du dich zu sehr auf das neue Wissen konzentrierst und weniger darauf, Fortschritte zu machen. Deshalb musst du dir genau überlegen, was du lernen willst und wie du es in deinen Projekten oder Prozessen anwenden kannst. Um die Kraft des Lernens freizusetzen, musst du die Fragen, die du dir stellst, genau formulieren:

Was hat gut funktioniert? Sollte ich so weitermachen?
Was ist bei dem Prozess schief gelaufen?
Wie kann ich es beim nächsten Mal besser machen?
Gibt es einen anderen Weg, den ich hätte wählen können?
Kann ich das beim nächsten Mal ausprobieren?
Was war großartig? Kann ich das konzeptionell umsetzen und wieder verwenden?
Wo habe ich meine Zuhörer verloren? Wie kann ich das wieder vermeiden?

Diese Art von Entwicklungsfragen führt nicht nur zu besseren Lösungen, sondern hilft dir auch, als Person und als professioneller Problemlöser zu wachsen. Du trainierst deine Problemlösungsmuskeln und wirst jedes Mal besser, wenn du es tust. Das ist es, was ich Lernen nenne. Jedes Mal, wenn du etwas tust und darüber nachdenkst, machst du Fortschritte. Jedes Mal, wenn du etwas lernst, stärkt es dich.

Protokolle wie ein visueller Profi

Ein einfacher Trick hilft dir, Bilder hinzuzufügen

Lass uns einen kurzen Abstecher machen. Wenn du ein Sitzungsprotokoll anfertigst oder versuchst, das Feedback, das du nach deiner Präsentation bekommst, festzuhalten, stößt du vielleicht auf die Tatsache, dass dein Protokoll nur ein unkontrollierter Strom von Wörtern ist ...

Und das ist in Ordnung. Das Gleiche passiert mir, wenn die Dinge schnell gehen, wenn die Leute schnell reden, wenn sie Feedback geben oder Ideen vorschlagen – es kann sich anfühlen, als würde alles verschwimmen. Deshalb ist das Schreiben immer die beste Wahl, um den Inhalt festzuhalten. Aber wenn du dir später den ganzen Text ansiehst, wirst du dich fragen, wie du dir mehr visuelle Notizen machen kannst, ohne während der Sitzung zeichnen zu müssen.

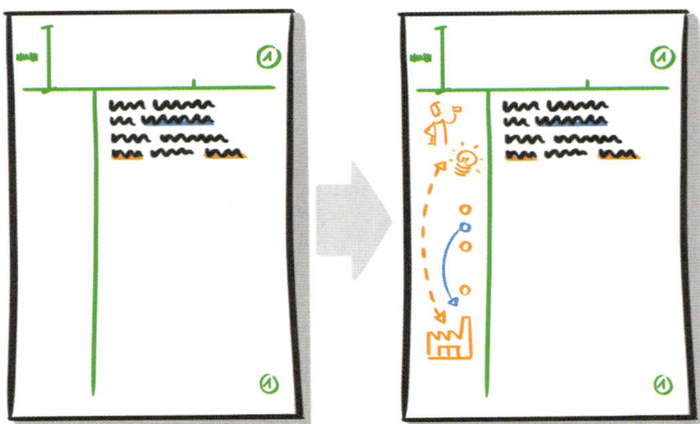

Wenn ich mir Notizen mache, benutze ich nur 2/3 des Papiers. Das erste Drittel des Papiers lasse ich als weiße Fläche frei. Außerdem lasse ich oben auf dem Papier etwas Platz, um später einen Titel oder etwas anderes hinzuzufügen. Während ich also den Inhalt aufnehme, über den die Leute reden, schreibe ich einfach. Aber es gibt immer wieder Momente, in denen die Leute vom eigentlichen Inhalt abschweifen, sei es, dass sie eine Nebengeschichte erzählen oder sich einfach wiederholen. Und das sind die goldenen Momente, in denen ich die Zeit habe, meine Notizen mit Bildern zu ergänzen. Und weil ich den Leerraum beibehalten habe, kann ich hier und da ein paar leicht zu zeichnende Symbole einfügen.

Plötzlich sind meine Protokolle visuell ansprechender als vorher. Wenn ich nicht alles bis zum Ende des Meetings fertigstellen kann, nehme ich mir einfach 5 bis 10 Minuten Zeit, um die Symbole fertigzustellen und einen Titel hinzuzufügen. So erstelle ich visuelle Sitzungsprotokolle. Mit ein bisschen Farbe kannst du es noch eindrucksvoller gestalten. Ich hoffe, das hilft dir, dein Sitzungsprotokoll auch visuell zu gestalten.

Zehn Erkenntnisse zu visuellen Notizen

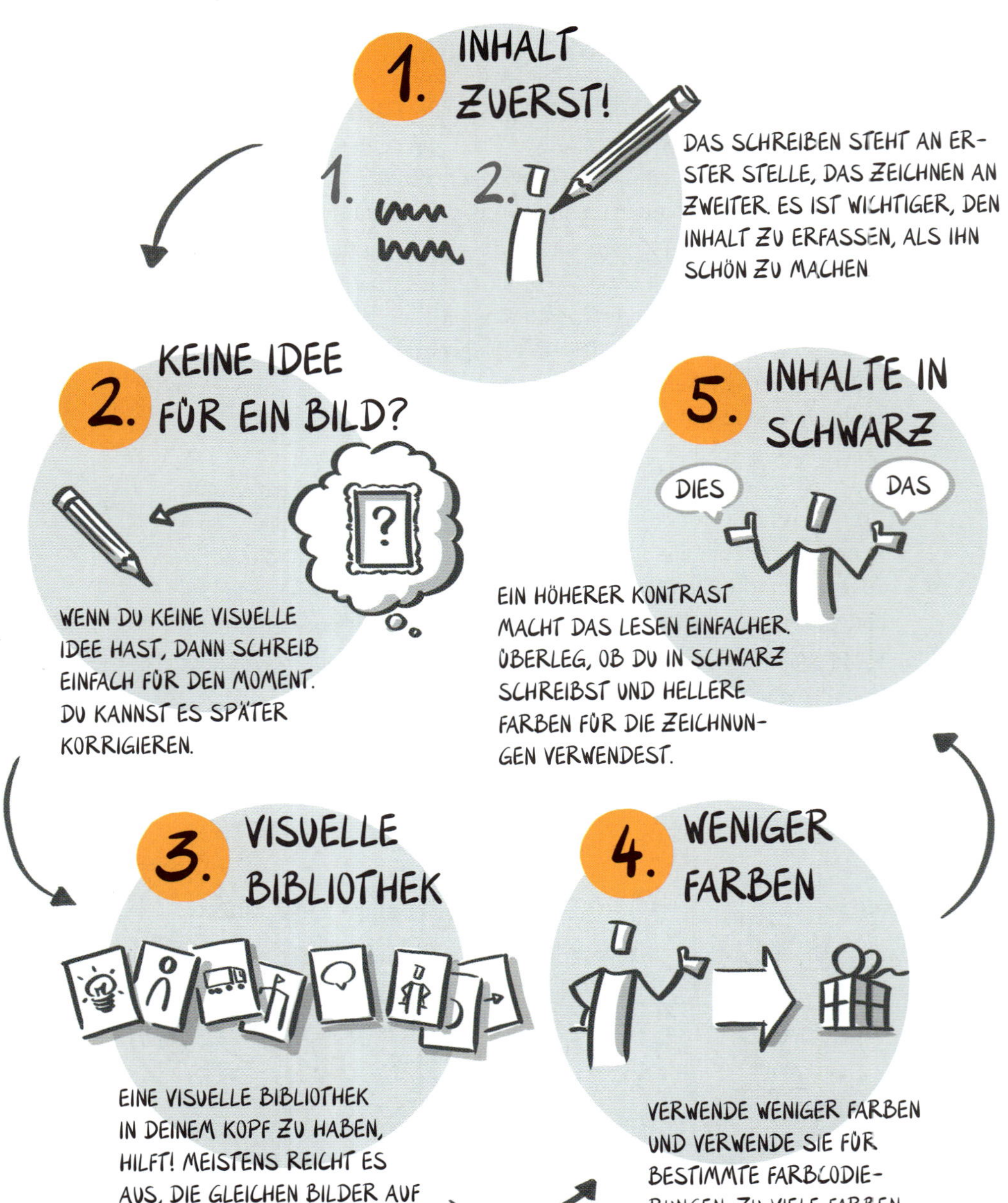

6. FANGE IN DER MITTE AN

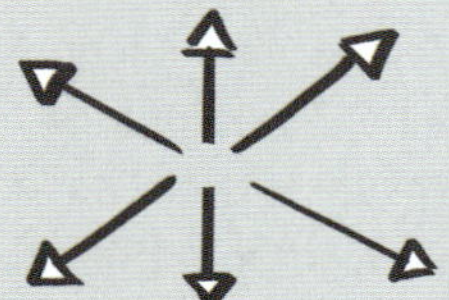

BEGINN IM ZWEIFELSFALL EINFACH IN DER MITTE DEINES PAPIERS UND ARBEITE DICH NACH AUSSEN VOR. DAS FÜHRT OFT ZU EINER GUTEN STRUKTUR.

7. NUTZE RAHMEN

RAHMEN SIND TOLL, WENN DU WÄHREND DES NOTIERENS NUR SCHREIBST. SIE ERZEUGEN EINEN COOLEN VISUELLEN REIZ.

8. WARTE AB

HÖR 3 BIS 5 MINUTEN ZU, BEVOR DU ANFÄNGST, ZU ZEICHNEN ODER NOTIZEN ZU MACHEN. DAS WIRD DIR HELFEN, DIE ZUSAMMENHÄNGE BESSER ZU VERSTEHEN.

9. ENTSPANN DICH

DU MUSST NICHT ÜBERMÄSSIG KREATIV SEIN, WENN DU DIR NOTIZEN MACHST. DENK DARAN: INHALT ZUERST. MACH DIR KEINE GEDANKEN ÜBER DIE KÜNSTLERISCHE GESTALTUNG.

10. ES IST, WIE ES IST.

ENTSPANN DICH UND AKZEPTIER, DASS ES NICHT PERFEKT SEIN MUSS. NIMM FEHLER AN UND SEI MIT IHNEN EINVERSTANDEN.

Nach der Show

Hinter der Bühne geht es richtig zur Sache

Das Wichtigste, was du aus der Phase des Teilens mitnehmen solltest, ist, dass du jedes Mal eine Show für deine Zuhörerenden machen musst. Das muss nicht erzwungen und gekünstelt sein, sondern sollte dir ganz natürlich von der Hand gehen. Der Grund dafür ist, dass Menschen Geschichten lieben und sich gerne unterhalten lassen. Und wenn sich deine Zuhörenden, Mitarbeitenden oder Kunden unterhalten fühlen, hören sie aufmerksamer zu; und wenn sie aufmerksamer sind, bekommst du ein erstklassiges Feedback.

Behalte immer im Hinterkopf, wie unser Gehirn funktioniert. Wir brauchen regelmäßig neue Reize, um den Anschluss nicht zu verlieren und um aufmerksam zuhören zu können. Unsere Konzentrationsspanne ist ziemlich kurz, also ist es deine Aufgabe, die Konzentration deiner Zuhörerenden auf einem hohen Niveau zu halten.

Wenn du an deinem *Storyflow (S. 288)* arbeitest, wirst du vielleicht Situationen erleben, in denen du denkst: »Oh, jetzt, wo ich versuche es zu erzählen, sehe ich, dass noch Teile fehlen.« Bei mir passiert das fast jedes Mal. Ich bereite die Präsentation eines neuen Konzepts vor und stoße plötzlich auf Mängel in dem Konzept, nur weil ich versucht habe, es in eine Erzählsequenz zu packen. Das ist ein weiteres Argument für den Mehrwert, den du bekommst, wenn du deine Erkenntnisse und Ideen regelmäßig und oft teilst.

Je kleiner die Kreise sind, desto schneller kannst du dich anpassen, lernen und tatsächlich Fortschritte machen.

Im echten Leben durchlaufe ich einen Zyklus von Verstehen, Erschaffen und Teilen oft innerhalb einer halben Stunde oder weniger. Das ist das Schöne an diesem einfachen Framework. Du kannst Wochen mit einem Zyklus verbringen oder in der gleichen Zeitspanne mehrere durchlaufen, vielleicht 30 Zyklen oder mehr.

Fazit

Zur richtigen Zeit die richtige Einstellung haben

Klarheit zu schaffen ist immer unser erstes und wichtigstes Ziel – egal, ob wir der CEO eines großen Unternehmens, ein freiberuflicher Berater oder ein Basketballtrainer sind.

Das Clarity Framework kann dir dabei helfen, dich zur richtigen Zeit in die richtige Haltung zu versetzen. Du kannst dir bewusst machen, ob du deine Herausforderung jetzt verstehen musst, ob du anfangen kannst, Lösungen und Ideen zu entwickeln, oder ob du bereit bist, deine Ergebnisse mit anderen zu teilen.

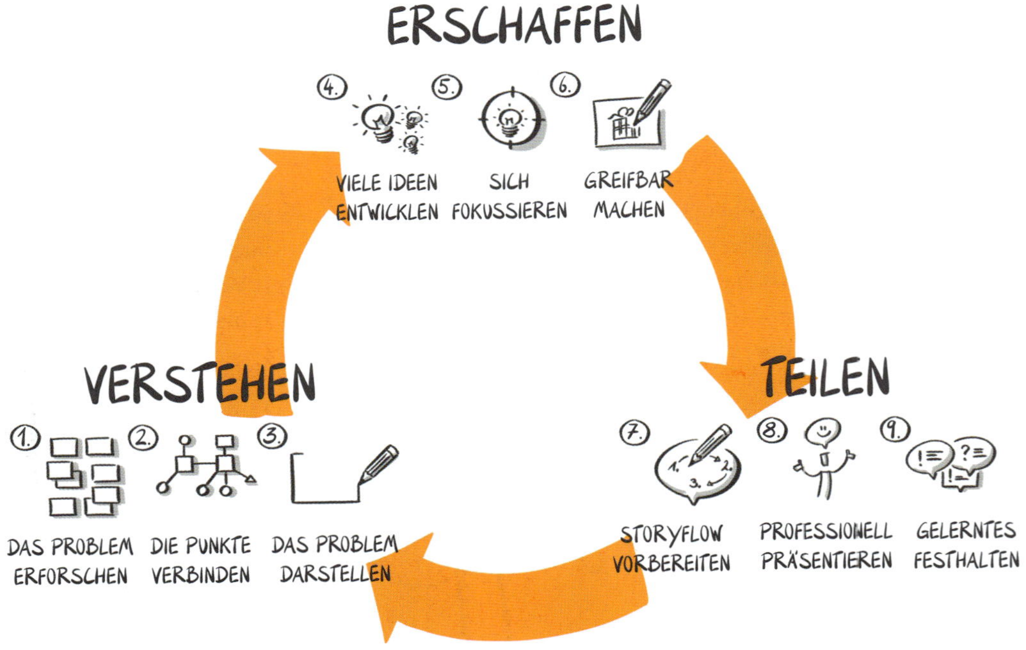

Und der beste Weg, um langfristig Klarheit zu schaffen, ist der Einsatz von visuellen Hilfsmitteln in allen Phasen. Sie helfen dir, deine Gedanken nach außen zu tragen, dich mit anderen abzustimmen, ein gemeinsames Verständnis und eine gemeinsame Sprache zu schaffen. Es ist besonders wichtig, dass du die visuellen Werkzeuge in der richtigen Reihenfolge einsetzt, damit du das richtige Werkzeug zur richtigen Zeit nutzen kannst.

Auf den folgenden Seiten findest du die visuelle Werkzeugbibliothek mit allen Werkzeugen, die wir bisher in diesem Buch besprochen haben, sowie einige weitere. Ich hoffe, du kannst sie nutzen, um dir in Zukunft zu helfen. Ich habe die Beschreibungen, Tipps und Tricks kurz und knackig gehalten, um dir einen schnellen Einstieg zu ermöglichen. Wenn du die Tools nutzen möchtest, habe ich sie hier für dich online gestellt:
www.holgernilspohl.com/claritytools

Aber bevor wir in die visuelle Werkzeugbibliothek einsteigen, wollen wir uns noch zwei weitere Fälle ansehen! Ich wette, sie werden dir gefallen.

Ein Beispiel: Business-Model-Sprint

Turner, Unternehmer

Ich bin Turner, ein Unternehmer und habe gerade meinen letzten Pitch für eine wichtige Investitionsrunde gewonnen. Mein neuestes Start-up setzt neue Technologien ein, um die Fähigkeiten des menschlichen Gehirns zu verbessern und die komplexen Herausforderungen der heutigen Gesellschaft zu lösen. Seitdem ich bei der Entdeckung unseres Geschäftsmodells visuelle Werkzeuge verwende, kommen wir schneller voran. Und nicht nur das: Wir sind auch zu professionellen Geschäftsmodelldesignern geworden, die es sich zum Ziel gesetzt haben, Unsicherheiten durch das Sammeln von Beweisen in einem iterativen Prozess zu verringern.

Der Prozess

Turner folgt einem strengen Prozess, um die besten Geschäftsmodelle für seine Start-ups zu finden. Auf der Suche nach dem besten Geschäftsmodell durchläuft er mindestens drei Iterationen des Clarity Frameworks. Die drei Iterationen sind Entwerfen, Testen und Präsentieren. Sie führen oft zu einem erfolgreichen Pitch vor seinen Stakeholdern und Investoren (und könnten auch in einem Unternehmensprozess so funktionieren).

Entwerfen

Turner und sein Team versuchen, ihre Möglichkeiten und das Umfeld, in dem sie tätig sind, zu verstehen. Auf der Grundlage ihrer Erkenntnisse erstellen sie Geschäftsmodell- und Wertangebotsprototypen. Diese Prototypen werden zum ersten Mal mit den wichtigsten Stakeholdern geteilt, um deren Feedback zu erhalten.

Testen

Im zweiten Zyklus fahren sie fort, indem sie die zugrunde liegenden Hypothesen verstehen. Anhand der Hypothesen erstellen sie einen Versuchsplan, um ihr Geschäftsmodell zu testen. Zu guter Letzt teilt Turner den Plan wieder mit seinen Stakeholdern und holt ihr Feedback ein. Dann beginnen er und das Team mit den Experimenten.

Präsentieren

Im letzten Zyklus beginnt Turner mit der Zusammenfassung und dem Verständnis der Beweise und Erkenntnisse, die während der Experimente gesammelt wurden. All das fließt in den Entwurf und die Erstellung der endgültigen Pitch-Präsentation ein. Und noch einmal teilt er seine Erkenntnisse mit seinen Stakeholdern. Im besten Fall führt dies zu einer größeren Investition.

Ein Beispiel: Business-Model-Sprint

Turner, Unternehmer

Turner und sein Team durchlaufen diese drei übergreifenden Phasen nach der Logik des Clarity Frameworks: Verstehen, Erschaffen und Teilen. Aber das reicht nicht aus, um ein erfolgreiches Geschäftsmodell zu finden.
Die wichtigsten Denkweisen, die Turner bei seinen Unternehmungen immer wieder zum Erfolg verhelfen, sind Agilität, Iterationen und Pivots. Er weiß, dass es viele Tests, Versuche und Irrtümer braucht, um eine brillante Lösung zu finden.
Deshalb entwickeln er und sein Team viele Ideen und grobe Geschäftsmodell-Prototypen, obwohl sie wissen, dass sie die meisten davon wieder verwerfen werden. Es ist einfach Teil des kreativen Prozesses, etwas zu bauen, es zu testen und die Erkenntnisse zu nutzen, um es beim nächsten Mal besser zu machen (und den Rest wegzuwerfen).

Das richtige Geschäftsmodell finden

Business Model Canvas (S. 306)

Eine der wichtigsten Sequenzen in Turners Prozess identifiziert geeignete Geschäftsmodelle und sammelt schnelles Feedback für sie.

Value Proposition Canvas (S. 300)

Er beginnt mit groben und unausgereiften Business Model Canvases und Value Proposition Canvases. Diese beiden werden nicht unbedingt der Reihe nach bearbeitet. Das Team springt zwischen ihnen hin und her, sobald es eine Einsicht erhält, die die andere Leinwand beeinflusst.

Book Cover (S. 236)

Auf der Grundlage dieser Ideen erstellen die Workshop-Teilnehmer Book Covers, die die Geschäftsmodellideen darstellen. Dieser Schritt ermöglicht es der Gruppe, sich über ihre Ideen auszutauschen und die Erkenntnisse, die sie gewonnen haben, in die größere Gruppe einzubringen.

Dotmocracy (S. 242)

Mithilfe von Dotmocracy identifizieren sie die vielversprechendsten Geschäftsmodelle.

Thinking Hats Feedback (S. 244)

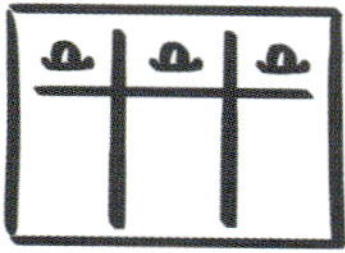

Im letzten Schritt füllt jeder das Thinking Hats Feedback für jede Idee aus. Auf diese Weise erhält jedes Team ein wunderbares Potpourri an Rückmeldungen, die es für den nächsten Schritt der Iterationen oder Pivots berücksichtigen kann.

Beispiel: Gestalte einen Workshop

Lotta, Facilitator

Hallo, ich bin Lotta, Moderatorin und Moderatorin. Ich helfe meinen Kunden, ihre Herausforderungen zu lösen, indem ich Workshops für sie konzipiere und durchführe.
Workshops und Meetings sind (un-)bekannt dafür, dass sie die Ursache für schlechte Leistungen in Unternehmen sind, wenn sie auf die falsche Art und Weise durchgeführt werden. Deshalb konzentriere ich mich darauf, nicht nur während des Workshops Klarheit zu schaffen, sondern auch in der Planungsphase. Die Zeit, die in Workshops und Meetings verbracht wird, ist sehr wertvoll – deshalb möchte ich, dass sich jeder während des gesamten Prozesses zu 100% einbringt. Das erfordert eine bestimmte Art der Sitzungsstrukturierung.

Vorbereitungen für den Workshop

Bei der Gestaltung der Workshops achtet Lotta darauf, alle Phasen des Clarity Frameworks zu berücksichtigen. Die verschiedenen Phasen und Denkweisen helfen ihr, den bestmöglichen Workshop zu konzipieren, der genau auf die Teilnehmenden und das Ziel des Workshops zugeschnitten ist. Außerdem kann sie ihre Kunden vom ersten Tag an mit auf die Reise nehmen und so die Ausrichtung und das emotionale Engagement von Anfang an steigern.

Customer Profile (S. 300)

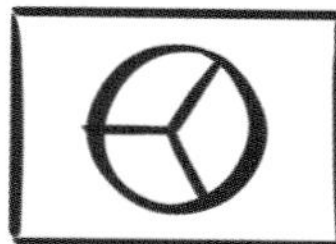

Verstehen

Alles beginnt damit, die Zielgruppe und das Ziel des bevorstehenden Workshops zu verstehen. Lotta identifiziert die Aufgaben, Wünsche und Ängste ihrer Kunden und erarbeitet gemeinsam mit ihnen das Ziel des Workshops oder der Workshop-Reihe in einer Co-Creation-Session.

World Map (S. 270)

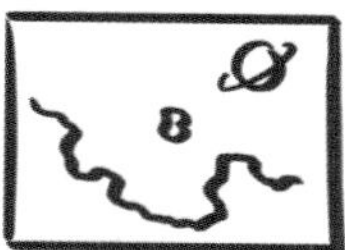

Erschaffen

Affinity Mapping (S. 232)

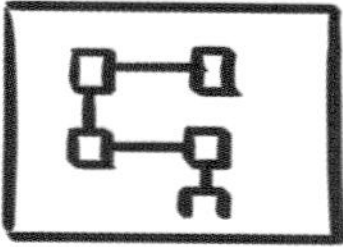

Nachdem sie die Grundlage geschaffen hat, fährt sie damit fort, alle Elemente, Sitzungen und Übungen des Workshops akribisch zu planen. Aber damit hört sie nicht auf. Sie bespricht mit ihren Kunden die Rollen und Regeln auf der Grundlage der gewünschten Ergebnisse, die Verhaltensweisen, die zu diesen Ergebnissen führen, sowie die Enabler und Blocker während der Workshops.

Culture Map (S. 312)

Teilen

Visual Poster (S. 254)

Schließlich teilt sie ihren Plan und ihre Vorbereitungen mit einer visuellen Darstellung, die es den Teilnehmern und Kunden ermöglicht zu sehen, wie alles zusammen funktioniert.

Beispiel: Gestalte einen Workshop

Lotta, Facilitator

Lotta konzentriert sich vor allem während der Workshops selbst auf den Clarity Framework – es gibt ihr und den Teilnehmenden die Reihenfolge der Übungen und Aktivitäten vor.

Alles beginnt damit, zu verstehen, woran und mit welchen Werkzeugen gearbeitet werden muss. Lotta führt die Teilnehmenden durch die Phase des Verstehens und präsentiert entweder selbst oder lässt jemanden anderen präsentieren. Als Nächstes folgen Arbeitssitzungen, in denen Lösungen oder Ideen zu den vorgestellten Inhalten erarbeitet werden, entweder mit der gesamten Gruppe oder in Kleingruppen. Nach einer solchen Phase des Erstellens teilen die Teilnehmenden ihre Ergebnisse mit der gesamten Gruppe und sammeln Feedback oder weitere Ideen, die zum nächsten Schritt führen – dem erneuten Beginn des Verstehens auf der Grundlage des Feedbacks und neuer Anweisungen.

Diese Methode und Abfolge stellt sicher, dass Lotta die Teilnehmenden immer fokussiert und anregt, was zu großartigen und abgestimmten Ergebnissen während ihrer Workshops führt.

Der Teufel steckt allerdings im Detail. Das gilt auch für die Durchführung eines Workshops, vor allem wenn es um die Verstehensphase geht. Hier gilt es, zwei Dinge zu beachten. Erstens solltest du immer ein Konzept vermitteln, auf das ein Fall oder ein Beispiel folgt, damit die Teilnehmer es besser verstehen.

Zweitens musst du darauf achten, dass du den Lernenden hilfst, sich in der passenden Zoomstufe durch den Inhalt zu bewegen. Zeige ihnen immer wieder das große Ganze, indem du (wörtlich oder im übertragenen Sinne) heraus- und dann wieder in das aktuelle Thema hineinzoomst. Zu viele Workshops scheitern, weil wir das große Ganze aus den Augen verlieren.

WIR LEBEN IMMER
NOCH UNSER CHAO-
TISCHES MENSCHSEIN,
ABER JETZT HABEN
WIR DIE WERKZEU-
GE UND DAS WISSEN,
DASS WIR ERFOLG-
REICH SEIN KÖNNEN.

HELEN S. ROSENAU

Teil III
VISUELLE WERKZEUG-BIBLIOTHEK

Eine visuelle Werkzeugbibliothek für dich

Verwende dies als Arbeitsbuch, wenn du magst

Sobald du die Prinzipien von Klarheit verstanden hast, entwickelst du ein Gefühl für die Freiheit, die du bei der Lösung deiner Herausforderungen hast.

Es geht weder um einen bestimmten Prozess noch um eine eingeschränkte Methode. Klarheit schaffen bedeutet, dass du jede Situation einzeln betrachtest und entscheidest, was du brauchst, um die nötige Klarheit zu schaffen.

Und da so viele der Werkzeuge in verschiedenen Situationen und Umständen funktionieren, fand ich es am sinnvollsten, dir eine einfach zu nutzende Bibliothek anzubieten. Zumindest ist es das, wonach die meisten meiner Kunden immer fragen. Ich hoffe also, dass sie auch dir helfen wird. Und um ehrlich zu sein, hatte ich einen fertigen Entwurf dieses Buches mit allen Werkzeugen, verteilt auf die verschiedenen Phasen von Verstehen, Erschaffen und Teilen. Das war ... nun ja, nicht so klar.

Ich habe die Werkzeuge so sortiert, wie ich sie am Anfang des Buches für dich geordnet habe *(S. 58)*. Zuerst findest du die *visuellen Techniken (S. 230)*, die grundlegenden und oft flexibelsten visuellen Werkzeuge, die du verwenden kannst.

Als Zweites findest du die *visuellen Präsentationstechniken (S. 252)*, die dir beim Teilen und Präsentieren helfen werden.

Als Nächstes folgen die *visuellen Vorlagen (S. 266)*, die dir bei der Beantwortung spezifischer Fragen helfen und die du oft sogar spontan vor Ort erstellen kannst.

An vierter Stelle stehen die *visuellen Analysewerkzeuge (S. 292)*. Sie sind zum Verstehen und oft auch zum Teilen gedacht. Schließlich gibt es noch die *visuellen Erkundungswerkzeuge (S. 304)*. Das ist die Königsklasse der visuellen Werkzeuge, die für alle drei Phasen – Verstehen, Erschaffen und Teilen – verwendet werden können.

TECHNIKEN

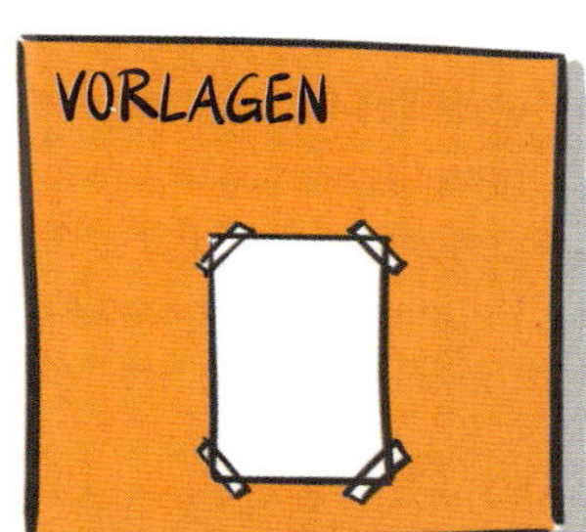
VORLAGEN

ERKUNDUNGS-
WERKZEUGE

ANALYSE-
WERKZEUGE

PRÄSENTATIONS-
WERKZEUGE

Wie man die Bibliothek benutzt

Ohne alle Seiten rauszureißen

Zuallererst möchte ich mich entschuldigen. Ich wette, du kennst ein visuelles Hilfsmittel, das großartig ist und das ich hier nicht erwähnt habe. Aber da dies mein Buch ist, habe ich hier nur Werkzeuge aufgenommen, die ich persönlich benutzt und bei der Arbeit mit meinen Kunden als wertvoll erlebt habe. Nur so kann ich sicher sein, dass sie funktionieren, einen Mehrwert für dich schaffen und dass ich sie dir erklären kann.

Außerdem habe ich hier alle referenzierten Werkzeuge online für dich zusammengestellt (zur digitalen und gedruckten Verwendung): www.holgernilspohl.com/claritytools

Auf der rechten Seite siehst du immer ganz oben das Werkzeug und wie es aussieht. Einige visuelle Werkzeuge werden fehlen, da sie kein eindeutiges grafisches Erscheinungsbild haben.

In der Mitte der rechten Seite findest du immer einige Tipps und Tricks zu jedem einzelnen Werkzeug. Manchmal findest du Tipps zur Verwendung, manchmal zum Timing, manchmal zur Kombination mit anderen Werkzeugen. Das hängt stark von dem jeweiligen Werkzeug ab.

Unten auf der rechten Seite siehst du, wann das Werkzeug den größten Nutzen bringt oder für welche Phase es entwickelt wurde. Auch das ist keine exakt wissenschaftliche Entscheidung, sondern mein Gefühl und meine Erfahrung aus vielen Gesprächen mit anderen visuellen Denkern und Kunden.

Und der Teil unten rechts zeigt meine Lieblingssequenzen. Das heißt, die visuellen Werkzeuge, die ich am liebsten vor und nach dem jeweiligen Werkzeug verwende. Diese Idee der Sequenzen von Werkzeugen ist super wichtig, denn damit holst du das Beste aus deinem Prozess heraus. Wenn du anfängst, die Kunst der visuellen Werkzeug-Sequenzen zu beherrschen, hast du den größten Schritt zur Schaffung von Klarheit gemeistert.

Inspiriert von Innovation Games, Luke Hohmann

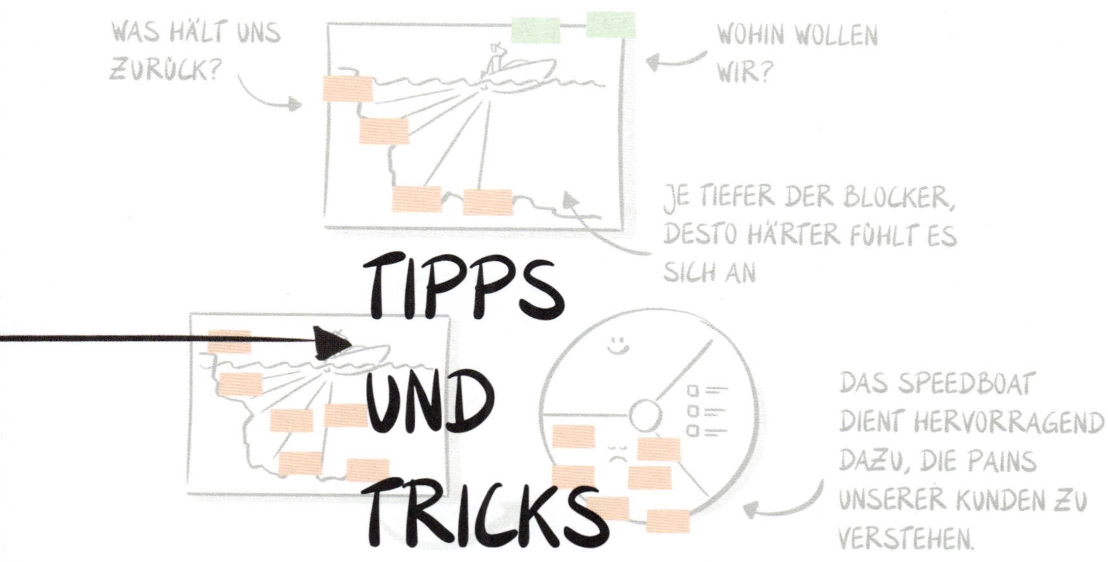

Wann man es benutzt:

Verstehen, Erschaffen und dazwischen

Meine liebsten Sequenzen:

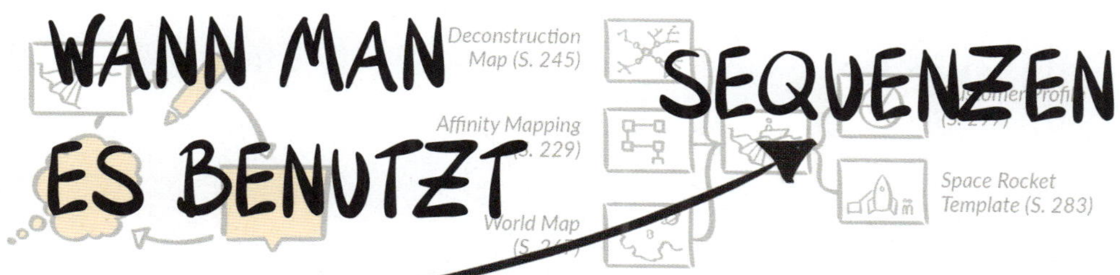

Kapitel 15
VISUELLE TECHNIKEN

Affinity Mapping

Ein Werkzeug, das dir bei allem hilft

Meine Kunden machen sich manchmal schon über mich lustig ... aber Affinity Mapping ist und bleibt mein bevorzugtes visuelles Werkzeug. Wenn ich nur ein Werkzeug nutzen dürfte, würde ich Affinity Mapping wählen. Ich habe sogar immer extra kleine Haftnotizen dabei, wenn ich unterwegs bin – so kann ich, wenn ich mal schnell den Kopf frei bekommen muss, sofort eine Affinity Map benutzen.

Ja, es ist ein grundlegendes Werkzeug, mit dem viele von euch Erfahrung haben, aber ich kann es hier nicht weglassen. Jedes Mal, wenn ich eine Affinity Map erstelle, werde ich mir über das Thema, um das es geht, klarer. Das ist unvermeidlich. Außerdem lädt es andere dazu ein, in aller Ruhe mitzuarbeiten. Es ist einfach, sich einen Zettel zu schnappen und seinen Senf dazuzugeben.

Praktische Ratschläge

Schreib alles, was dir durch den Kopf geht, auf einzelne Klebezettel. Hör nicht auf, bis dein Kopf leer ist. Manchmal ist der »Kopf« auch eine Gruppe von Leuten im Workshop. Widerstehe dem Drang, die Haftnotizen zu sortieren, so lange du kannst.

Wenn du die Haftnotizen nach ihrer Beziehung sortierst, bildest du Cluster oder Kategorien. Versuche, die Cluster auf einer bestimmten »Ebene« zu halten (z. B. zwischen »Arbeit«, »Privat« und »Einkaufen«). »Einkaufen« könnte eine Unterkategorie für »Arbeit« und »Privat« sein. Sei dir über deine Cluster im Klaren und warum du sie ausgewählt hast. Und wenn du kannst, füge auch kleine Symbole zu den Haftnotizen hinzu. Das macht mehr Spaß und hilft dir, Dinge wiederzufinden und stärkere Themen zu erkennen. Vergiss nicht die Farbcodierung und die Best Practices für die Verwendung von *Haftnotizen (S. 86)*.

Wichtige Fragen, die du dir stellen solltest:

Welche Informationen hast du?
Was sind deine Ideen?
Wie hängt alles zusammen und wie ist es verbunden?

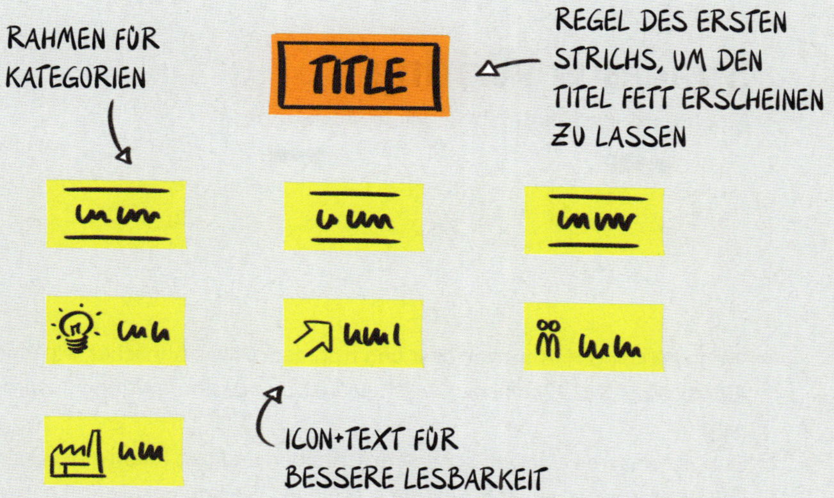

RAHMEN FÜR KATEGORIEN
TITLE
REGEL DES ERSTEN STRICHS, UM DEN TITEL FETT ERSCHEINEN ZU LASSEN
ICON+TEXT FÜR BESSERE LESBARKEIT

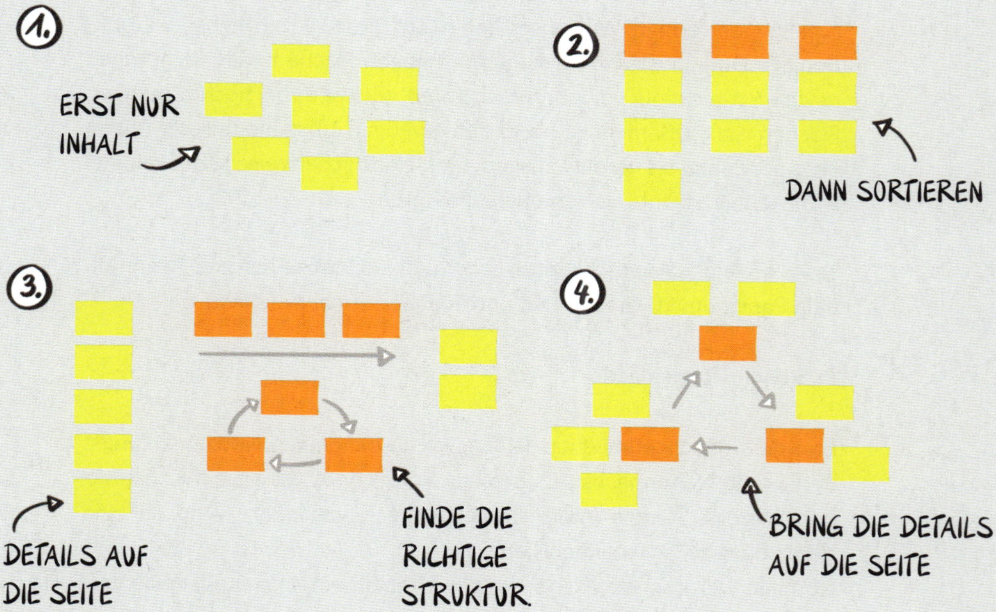

1.
ERST NUR INHALT
2.
DANN SORTIEREN
3.
DETAILS AUF DIE SEITE
FINDE DIE RICHTIGE STRUKTUR.
4.
BRING DIE DETAILS AUF DIE SEITE

Wann man es benutzt:

Verstehen, Erschaffen und Teilen

Meine liebsten Sequenzen:

Interviews and Conversations (S. 238)
Thinking Hats Feedback (S. 244)
Wheel of Change (S. 296)
Visual Poster (S. 254)
Business Model Canvas (S. 306)
World Map (S. 270)

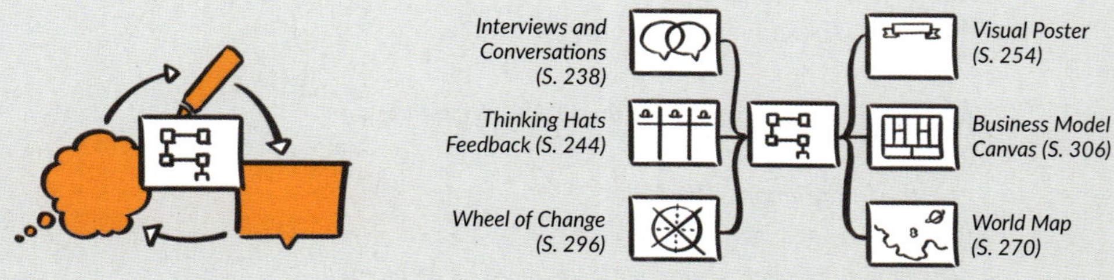

Spacious Writing

Eine Grafik erstellen, ohne zeichnen zu müssen

Wenn du keine Haftnotizen hast und trotzdem etwas Ähnliches wie eine *Affinity Map (S. 232)* machen willst, kannst du Spacious Writing ausprobieren.
Es nutzt unsere Fähigkeit, schnell zu schreiben und den Raum einer Seite im Querformat zu nutzen. Warum schreiben? Weil du das Gefühl haben könntest, dass du nicht zeichnen willst oder schnell genug wärest. Warum im Querformat? Weil unser Gehirn auf diese Weise am besten funktioniert. Du kannst auf einer querformatigen Fläche in alle Richtungen navigieren, nicht nur von oben nach unten, wie wir es bei hochformatigen Flächen tun. Außerdem ist unser Sehvermögen aufgrund unserer Augen eher horizontal als vertikal ausgerichtet. Natürlicherweise sehen wir viel mehr »am Horizont« als von oben und unten.

Teste es selbst. Aber ich wette, es wird dein Denken befreien, wenn du dein Papier um 90 Grad drehst und im Querformat arbeitest.

Praktische Ratschläge

Lass dein Bauchgefühl entscheiden, wo du mit deinen Notizen anfängst und wo du weitermachst. Es ist eher ein Suchprozess als ein Konstruktionsprozess. Schreib Informationen näher aneinander, wenn du eine Verbindung zwischen ihnen siehst.
Normalerweise schreibe ich so lange weiter, bis ein Muster oder eine Verbindung auftaucht (scheinbar aus dem Nichts ... hallo Emergenz!). Dann zeichne ich Verbindungen und Kästchen und andere lustige Sachen. Und ich füge immer weitere Inhalte hinzu, wenn sie mir einfallen. Oft genug ist das Ergebnis einer Spacious-Writing-Sitzung chaotisch. Aber das ist in Ordnung. Es ist nur ein Werkzeug, das dir beim Denken hilft. Du wirst später sowieso andere Methoden und Werkzeuge verwenden, um mehr Klarheit zu bekommen.

Die wichtigsten Fragen, die du dir stellen solltest:

Welche Informationen hast du?
Was sind deine Ideen?
Wie hängt das alles zusammen und wie ist es verbunden?

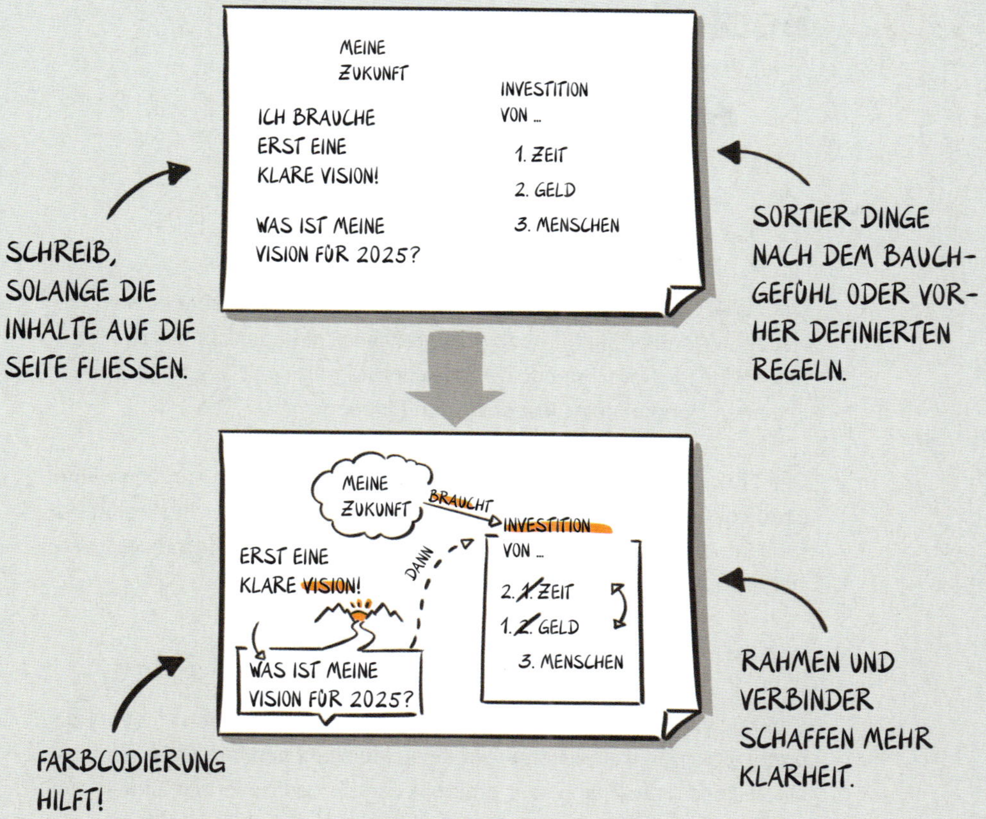

MEINE ZUKUNFT
ICH BRAUCHE ERST EINE KLARE VISION!
WAS IST MEINE VISION FÜR 2025?
INVESTITION VON ...
1. ZEIT
2. GELD
3. MENSCHEN
SCHREIB, SOLANGE DIE INHALTE AUF DIE SEITE FLIESSEN.
SORTIER DINGE NACH DEM BAUCHGEFÜHL ODER VORHER DEFINIERTEN REGELN.
MEINE ZUKUNFT
BRAUCHT
INVESTITION
VON ...
ERST EINE KLARE VISION!
DANN
2. 1. ZEIT
1. 2. GELD
3. MENSCHEN
WAS IST MEINE VISION FÜR 2025?
FARBCODIERUNG HILFT!
RAHMEN UND VERBINDER SCHAFFEN MEHR KLARHEIT.

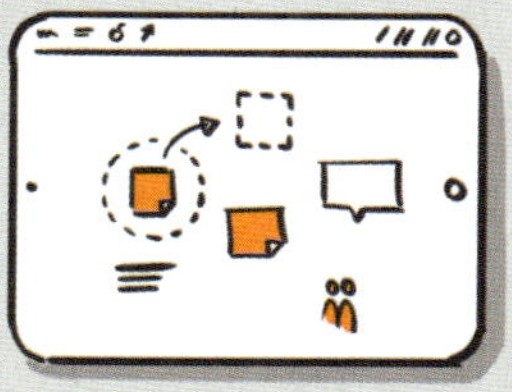

DAS IST AUCH SEHR FLEXIBEL, WENN DU ES DIGITAL MACHST!

Wann man es benutzt:

Verstehen, Erschaffen und dazwischen

Meine liebsten Sequenzen:

Interviews and Conversations (S. 238)
Thinking Hats Feedback (S. 244)
Wheel of Change (S. 296)
Visual Poster (S. 254)
Business Model Canvas (S. 306)
World Map (S. 270)

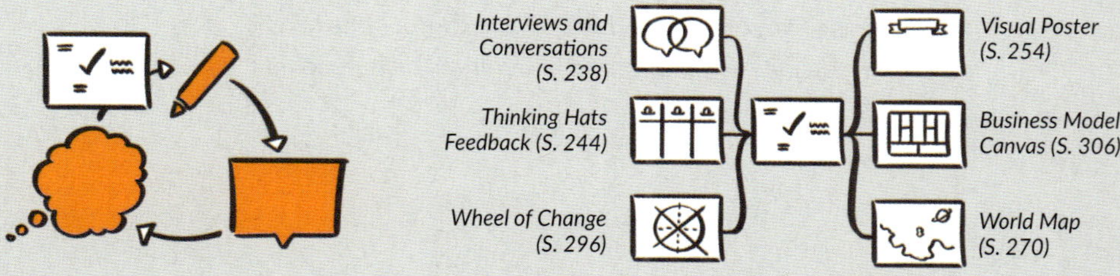

Book Cover

Jemand hat ein Buch über deinen Erfolg geschrieben

Das Book Cover ist einfach und schnell zu erstellen, hat aber eine starke visuelle Wirkung. Stell dir vor, jemand (vielleicht sogar du) hat ein Buch über deine Idee geschrieben, weil sie so erfolgreich war. Jetzt hältst du es in deinen Händen und schaust dir den Einband an.

Der Titel, der Untertitel und das Titelbild eines Buches sprechen eine deutliche Sprache. Nutze diese Technik, um deine Ideen, eine Vision für dein Projekt oder einen Ausblick auf deinen Veränderungsprozess darzustellen.

Praktische Ratschläge

Das Buchcover lässt nicht viel Platz für Details. Du schreibst im Grunde nur einen einprägsamen Titel, der deine Idee kurz und bündig beschreibt. Du zeichnest auch eine sehr grobe Skizze für das Coverbild, um zu zeigen, worum es dir geht. Und wenn du willst, kannst du einen Satz als sogenannten Untertitel (Kurzbeschreibung) verwenden.

Das Wichtigste dabei ist, dass du schnell bist, denn du willst mit dieser Übung mehrere Dinge herausfinden. Es geht nicht nur um eine Idee oder einen Punkt, den du ansprechen willst. Es geht auch um verschiedene Varianten der Sache, um die es geht. Und du willst lernen, was gut und was schlecht an deiner Idee ist, ohne zu viel Zeit darauf zu verwenden.

Wichtige Fragen, die du stellen solltest:

Wenn du 10 Jahre in die Zukunft denkst, warum war die Idee erfolgreich?
Was würde jemand anderes über dein erfolgreiches Projekt schreiben?
Wie würdest du deine Idee jemand anderem präsentieren?
Welche grobe Skizze könnte deine Gedanken unterstreichen?
Wie kannst du die Aufmerksamkeit anderer auf dich ziehen?

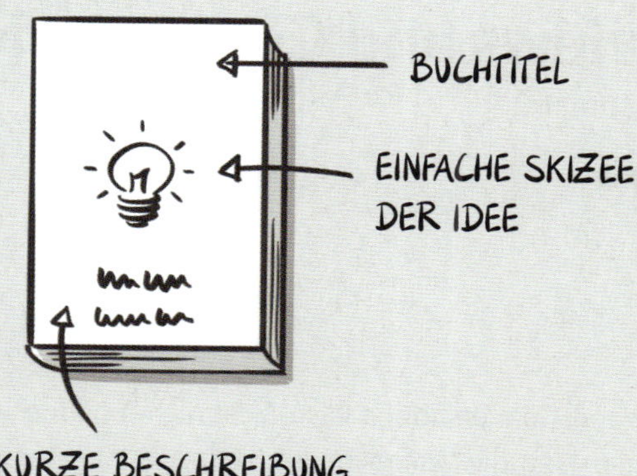

Wann man es benutzt:

Erschaffen, Teilen und dazwischen

Meine liebsten Sequenzen:

Interviews and Conversations

Wissen sammeln

Interviews and Conversations (also Gespräche) helfen uns, mehr Input zu bekommen und die Wahrscheinlichkeit eines späteren Erfolgs zu erhöhen. Interviews sind eine gängige Praxis, aber die Bedeutung des Mitschreibens während oder nach den Interviews wird oft unterschätzt. Das liegt meistens daran, dass es schwierig ist, aktiv zuzuhören, einfühlsam zu sein und sich gleichzeitig Notizen zu machen. Aber wenn du eine einfache, visuelle Struktur für deine Notizen verwendest, wirst du sehen, dass du es besser kannst, als du dachtest.

Praktische Tipps

Ich zeige dir hier auf der Seite zwei Beispiele. Aber sie sind auch wirklich nur Beispiele. Du solltest diese Vorlagen an deine Situation anpassen, je nachdem, was du in deinem Gespräch festhalten, besprechen und herausfinden willst. Es gibt keine Vorlage, die für alle passt.

Und natürlich sind andere Vorlagen, wie zum Beispiel das *Speedboat (S. 284)* oder die *Space Rocket (S. 286)*, auch wunderbare visuelle Hilfsmittel, nicht nur um Notizen zu machen, sondern auch um die Zusammenarbeit mit deinem Gesprächspartner zu fördern.

Wichtige Fragen, die du stellen solltest:

Was tust du, wenn du dieses Problem hast?
Wie machst du das heute?
Was hast du schon ausprobiert?
Was würdest du gerne tun, was du heute nicht tun kannst?
Kannst du mir ein Beispiel nennen?
Was ist das Frustrierendste an deiner jetzigen Lösung?
Passiert dir das oft?
Wie viel kostet es dich?
Erzähl mir, wann du das letzte Mal dieses Problem hattest ...

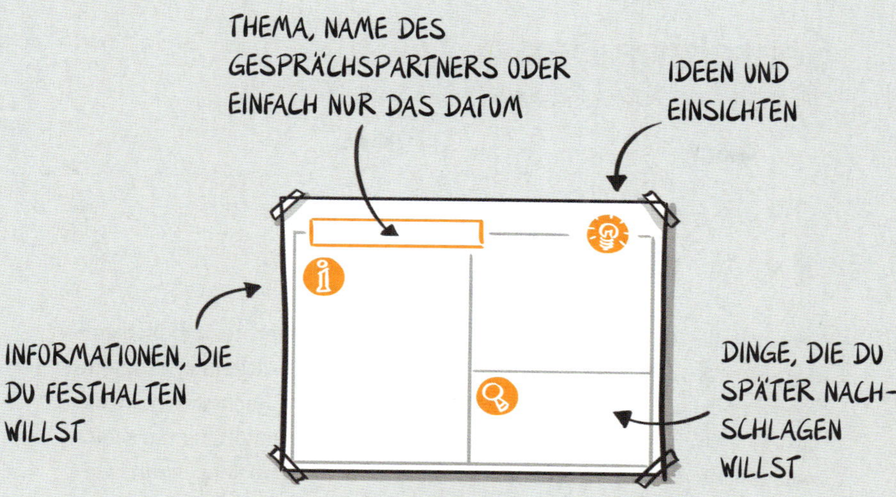

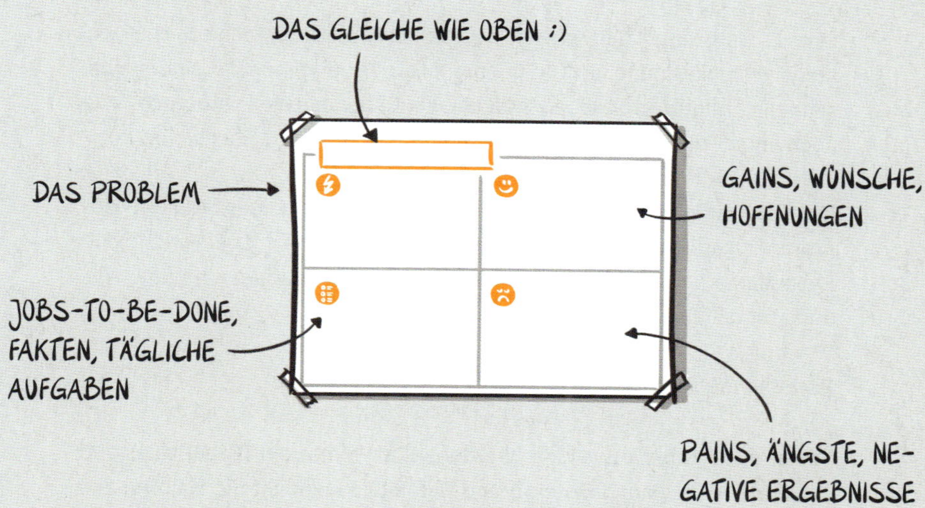

Wann man es benutzt:

Meine liebsten Sequenzen:

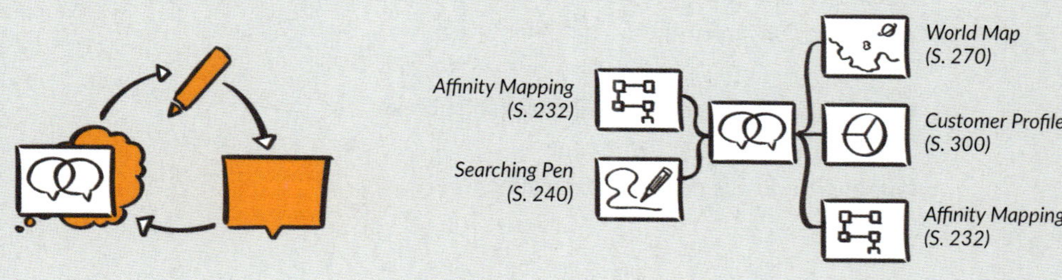

Searching Pen

Lass den Stift deine Gedanken erforschen

Bevor ich die Theorien von Kahneman *(S. 88)* kennenlernte, habe ich einfach gekritzelt und skizziert, um meine Ideen zu entwickeln oder meine Gedanken zu verstehen. Heute weiß ich, dass es eine Technik ist, um die Barriere zwischen System 1 und System 2 zu öffnen, damit mir die schier unglaubliche Verarbeitungsleistung von System 1 helfen kann, meine Gedanken zu klären. Ich nenne diese Technik Searching Pen, und sie ist so einfach und so komplex wie ein paar Striche auf dem Papier.

Damit das gelingt, müssen wir noch eine weitere einfache Sache verstehen: Denke immer in Studienmodellen. Studienmodelle sind grobe, schnelle Entwürfe von Ideen. Manche Leute nennen sie Prototypen. Wie auch immer du es nennst, wir wollen hier locker und flexibel bleiben.

Das Denken in Studienmodellen habe ich während meines Studiums des Kommunikationsdesigns an der Universität gelernt. Es ist die wichtigste Einstellung für einen Designer und – ich würde behaupten – für jeden (ja, auch für dich!).

Praktische Ratschläge

Wenn du dir über etwas klar werden willst, nimm ein Blatt Papier und skizziere deine Gedanken grob und schnell. Du nimmst die Haltung ein: »Ich überprüfe das nur. Ich treffe keine Entscheidung und ich werde sie mit niemandem teilen.« Während du das tust, wirst du die gleiche Zeichnung deiner Gedanken zwei- oder dreimal oder sogar 20-mal anfertigen! Immer mit einer kleinen Abweichung hier und da. Und während du dich auf diese Aktivität einlässt, beruhigt sich dein System 2. Die Barrieren zu System 1 brechen auf. Und System 1 schickt dir ein paar Einsichten und weist dich auf eine Verbindung hin, an die du bisher nicht gedacht hast. Aber plötzlich siehst du sie in deiner Skizze.

Die wichtigste Frage, die du dir stellen solltest:

Was kannst du aus deinen Skizzen lernen?

HÄNG DICH NICHT
AN DETAILS AUF.

ES IST EIN WERKZEUG
ZUM DENKEN. NIEMAND
BRAUCHT ES JEMALS
ZU SEHEN.

NIMM DIR ZEIT.
15 MINUTEN SIND EIN
GUTER RICHTWERT.

SEI DARAUF
VORBEREITET,
DAS MEISTE
DAVON WEGZU-
SCHMEISSEN.

Wann man es benutzt:

Verstehen, Erschaffen und dazwischen

Meine liebsten Sequenzen:

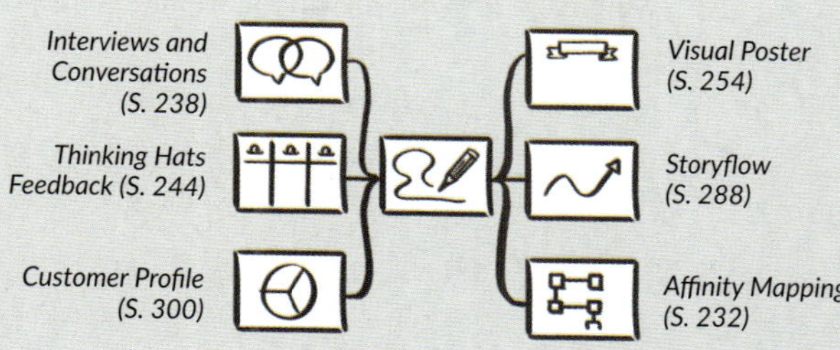

Dotmocracy

Bekomme ein Gefühl für eine Tendenz zu einer oder zwei Ideen

Dotmocracy (früher einfach: Klebepunkt-Abstimmung) ist eine wunderbar schnelle Methode, um zu sehen, was eine Gruppe über entwickelte Ideen, Themen oder Lösungen denkt. Ich mag es besonders, weil es visuelles Feedback gibt, das sofort, klar und unbestreitbar ist. Wenn eine Idee keine Punkte bekommt, ist sie raus. So einfach ist das.

Praktische Ratschläge

Ich gebe den Teilnehmenden drei, manchmal auch fünf Punkte zum Abstimmen. Sie können alle ihre Punkte auf eine Idee setzen oder sie verteilen – ganz wie sie wollen. Aber sie dürfen nicht für ihre eigenen Ideen stimmen.

Es hilft dem Prozess, wenn du sie aufforderst, es schnell und zügig zu tun, damit sie nicht zu viel nachdenken oder, noch schlimmer, warten und beobachten, was die anderen tun. Wenn sie das tun, fangen sie an zu überlegen, wo sie ihre Punkte setzen können, um das Ergebnis am besten zu beeinflussen. Ermutige alle Teilnehmenden dazu, ihre Punkte gleichzeitig zu setzen (nicht nacheinander) und du wirst ein paar wunderbare, fruchtbare und chaotische Minuten erleben.

Mir gefällt besonders die Version von Dotmocracy, bei der du den Teilnehmenden (Spiel-)Geld gibst, um es in die Ideen zu investieren. Sie können wählen, wo und wie viel Geld sie investieren wollen. Dabei halten sie ihre Investitionen auf einem separaten Blatt fest und schreiben sogar auf, warum sie in die jeweilige Idee investiert haben. So erhältst du viele tolle Einblicke und erfährst, warum manche Ideen besser sind als andere.

Wichtige Fragen, die du dir stellen solltest:

Welche Idee ist am vielversprechendsten?
Worauf willst du dich als Nächstes konzentrieren?
Was denkt die Gruppe?

Wann man es benutzt:

Meine liebsten Sequenzen:

Erschaffen, Teilen und dazwischen

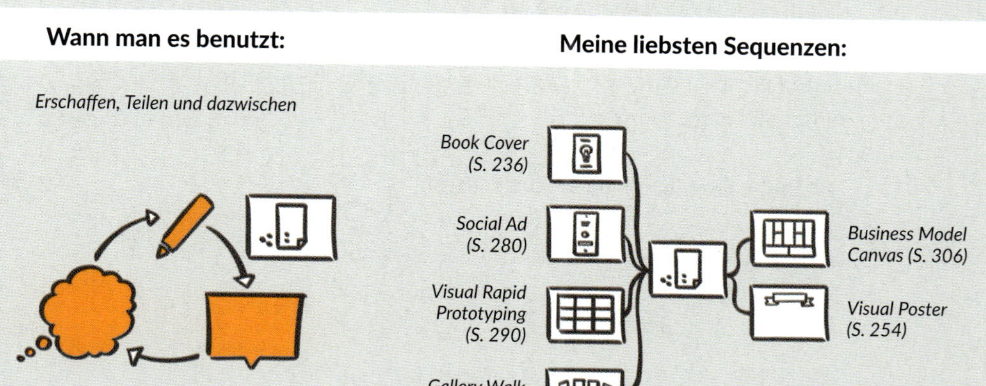

Thinking Hats Feedback

Direktes, reichhaltige Rückmeldung

Um bestmöglich zu lernen, müssen wir systematisch vorgehen. Auf diese Weise können wir das Wissen, das wir aus dem Feedback unserer Zuhörenden gewinnen, festhalten. Du kannst einfach um Feedback bitten, aufmerksam zuhören, alles aufschreiben, was du hörst, und es dann später verdauen. Aber ich verwende für Feedback gerne das Konzept der Thinking Hats von Edward De Bono – zumindest drei von den ursprünglich sechs Hüten aus seinem Konzept.

Praktische Ratschläge

Zuerst lässt du die Leute einen imaginären schwarzen Hut aufsetzen. Wenn du den schwarzen (negativen) Hut trägst, gibst du Feedback, warum die Idee nicht funktioniert, was an der Idee schlecht ist, warum du die Idee nicht magst oder was schiefgehen könnte.
Zweitens: Die Teilnehmenden setzen sich den imaginären gelben (positiven) Hut auf. Sie sagen alles, was an der Idee toll ist, warum sie auf jeden Fall funktionieren wird und warum du sie sofort umsetzen solltest.
Und zum Schluss setzen sie sich den grünen (kreativen) Hut auf. Der grüne Hut ermutigt sie dazu, zu sagen, wie man die Idee noch besser machen könnte oder welche zusätzlichen Ideen sie auf der Grundlage des eben Gehörten haben.

Du kannst die Leute reden lassen, während du aufzeichnest, was sie sagen. Oder du gibst ihnen eine einfache Vorlage, die sie individuell ausfüllen und dir zurückgeben können. Stell dir vor, 30 Leute hören sich deine Präsentation an und geben dir dann ihr Feedback. Innerhalb weniger Minuten wirst du einen riesigen Stapel Feedbackbögen haben. Das ist von unschätzbarem Wert!

Wichtige Fragen, die du stellen solltest:

Wovon sollten wir weniger machen? Oder was ist schlecht?
Was ist großartig?
Welche zusätzlichen Ideen hast du?

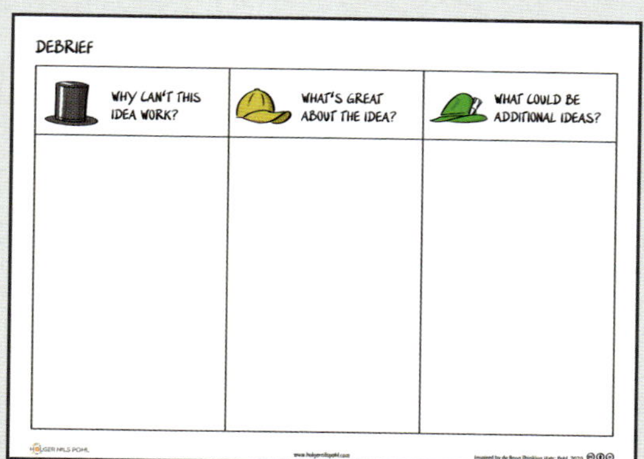

Designed von Holger Nils Pohl

WARUM KANN DIE IDEE NICHT FUNKTIONIEREN?

WAS IST SUPER AN DER IDEE?

WELCHE ZUSÄTZLICHEN IDEEN HAST DU?

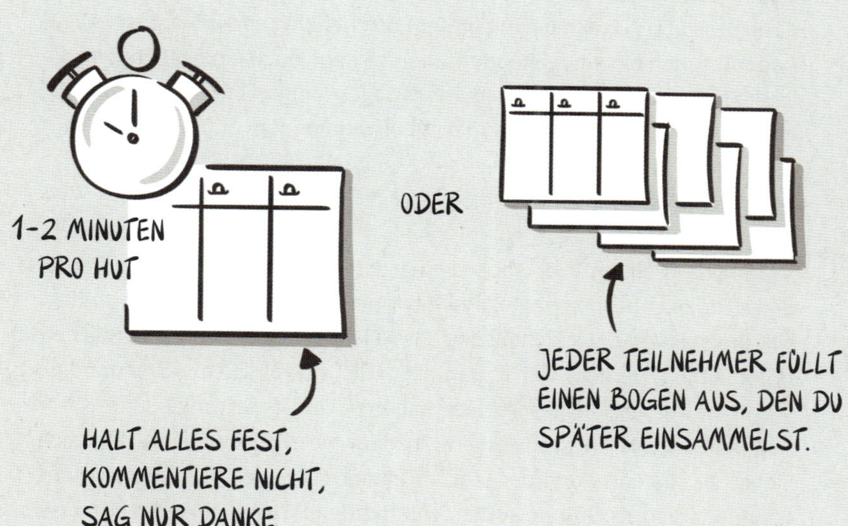

Wann man es benutzt:

zwischen Teilen und Verstehen

Meine liebsten Sequenzen:

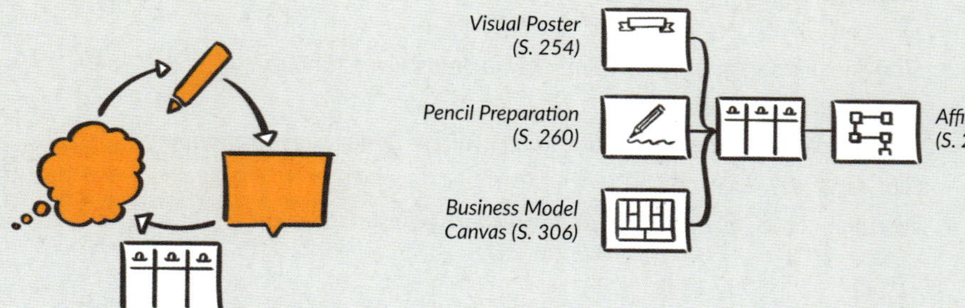

Alignment Cards

Wie du Alignment auf visuelle Weise erstellst

Eine Grundlage für die Zusammenarbeit im Team ist Alignment. Ich verwende die Karten oft, um Alignment in einer Workshopgruppe oder einem Meeting zu finden, wenn es um Entscheidungen geht. Übrigens ist es auch ein visuelles Werkzeug. Vor ein paar Jahren habe ich zusammen mit Ina Baum die Alignment Cards entwickelt. Es gibt sie in drei Farben. Grün bedeutet: »Ja, ich bin mit dieser Entscheidung einverstanden«. Weiß bedeutet: »Ich bin einverstanden, aber ich habe noch ein paar Fragen, die ich klären muss, bevor ich endgültig Ja sagen kann.« Und Rot ist die Veto-Karte, die besagt: »Nein, ich bin nicht einverstanden«.

Praktische Ratschläge

Wenn wir in einem Workshop die nächsten Schritte zum Fortschreiten eines Projekts besprechen, können wir die Alignment Cards verwenden. Mit ihnen können wir sicher sein, dass alle im Raum hinter der Entscheidung stehen werden. Wir fragen alle: »Bist du mit dem einverstanden, worüber wir gerade gesprochen haben?« Und jeder muss eine Karte hochhalten. Das ist der Moment, in dem die Magie passiert. Plötzlich siehst du alle Farben in der Luft und innerhalb eines Wimpernschlages kann jeder in der Gruppe sehen, wer mit dem Thema einverstanden ist, wer Fragen hat und wer dagegen ist. Bei den weißen Karten fragst du sie also: »Was müsst ihr klären, bevor ihr Ja sagen könnt?« Und bei den roten Karten lässt du sie zu Wort kommen und ihre Gedanken zu dem Thema mitteilen und warum sie diese Entscheidung nicht mittragen können. Schau, ob du die Bedenken ausräumen kannst oder ob du sie bis zum nächsten Mal zurückstellen musst. Um ehrlich zu sein, ist es am besten, sie direkt aufzulösen – wenn es dir möglich ist.

Wichtige Fragen, die du stellen solltest:

Sind alle mit den getroffenen Entscheidungen einverstanden?
Gibt es noch Bedenken?
Werden die Bedenken durch eine kurze weitere Diskussion ausgeräumt?
Gibt es Vetos?
Worum geht es bei den Vetos und wie kannst du sie angehen?

Designed von Ina Baum und Holger Nils Pohl

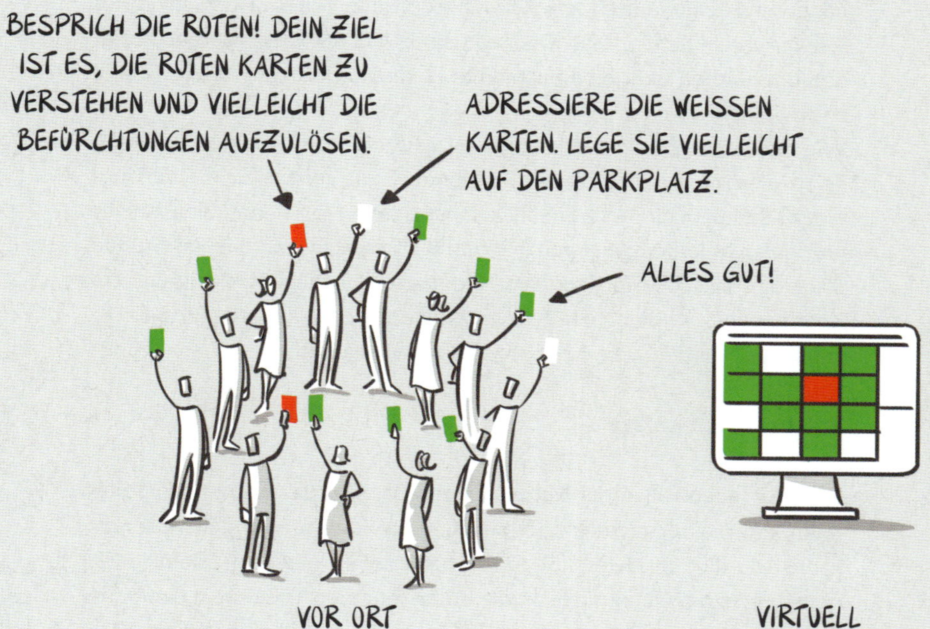

Wann man es benutzt:

Verstehen, Erschaffen und Teilen

Meine liebsten Sequenzen:

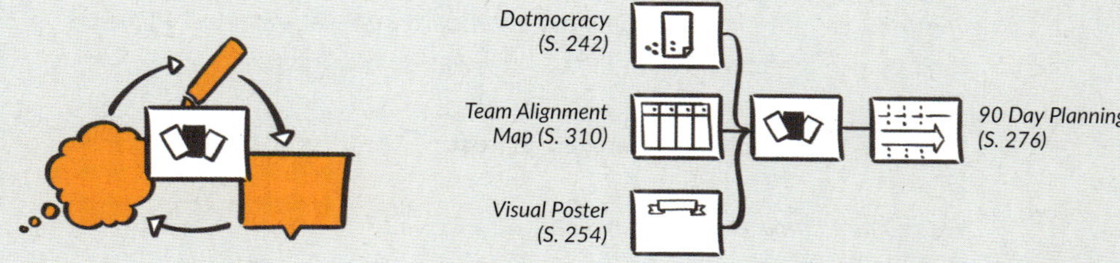

Deconstruction Map

Oder auch Mindmap

Viele von uns (oder zumindest ich) haben eine Hass-Liebe gegenüber Mindmaps. Sie sind großartig und eines der besten visuellen Werkzeuge, die je erfunden wurden. Manchmal sind sie aber auch schwer zu handhaben und zeigen eine Menge Komplexität, die sich im Nachhinein nur schwer vereinfachen lässt. Dennoch sind Mindmaps wunderbar geeignet, um Klarheit über eine bestimmte Herausforderung oder ein Thema zu gewinnen.

Wie bei allen anderen Werkzeugen ist es für dich von Nutzen, wenn du es so einsetzt, dass es dir hilft. Besonders gut gefällt mir die Variante einer Mindmap, die Ayse Birsel Deconstruction Map nennt. Sie ist eines von vielen tollen Werkzeugen in ihrem Buch Design your Life. Im Grunde dient diese visuelle Technik dazu, die ganze Komplexität, die in deinem Kopf passiert, an die Oberfläche zu bringen und ihr eine Art Struktur zu geben, während du versuchst, sie zu kommunizieren.

Praktische Ratschläge

Fang auf jeden Fall in der Mitte an, denn das gibt dir den nötigen Spielraum, um die verschiedenen Themen zu erweitern. Von der Mitte aus kannst du dich in kleinen Schritten nach außen bewegen. Damit meine ich, dass du, wenn möglich, die umfassenderen Themen in der Nähe der Mitte halten solltest, da sie wie eine Art Cluster in einer *Affinity Map* *(S. 232)* wirken. Wenn du detaillierter vorgehst, siehst du vielleicht Verbindungen zwischen Zweigen oder einzelnen Inhalten. Ich verbinde sie oft direkt mit Linien (manchmal gestrichelt), oder ich kodiere sie farblich oder füge die gleichen Symbole als Zeichen dafür ein, dass sie miteinander verbunden sind.

Mindmaps und die Deconstruction Maps funktionieren auf allen Medien, - sowohl auf Papier und Stift als auch digital. Ja, du hast mehr Flexibilität, wenn du sie auf einem virtuellen Whiteboard erstellst, aber auf Papier fühlt es sich greifbarer an. Es liegt an dir, was du bevorzugst.

Wichtige Fragen, die du dir stellen solltest:

Was kommt dir als erstes in den Sinn?
Was taucht noch auf?
Wie hängt das zusammen? Wo gehört es hin?

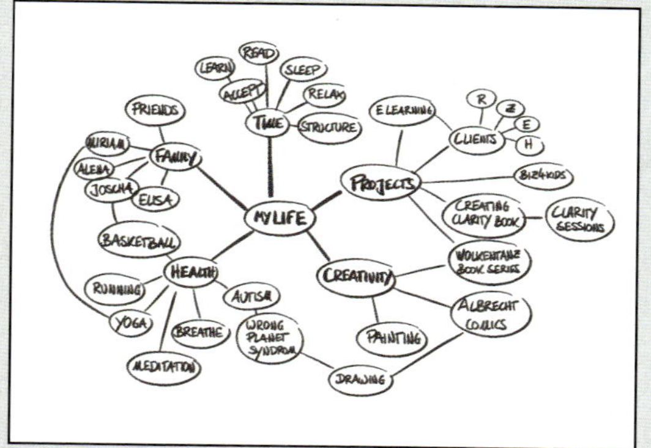

Deconstruction Map von meinem Leben (im englischen Original belassen), basierend auf Ayse Birsel's Design your Life

HALT DICH NICHT ZURÜCK. VERURTEILE NICHT. SCHREIB, WAS DIR IN DEN SINN KOMMT.

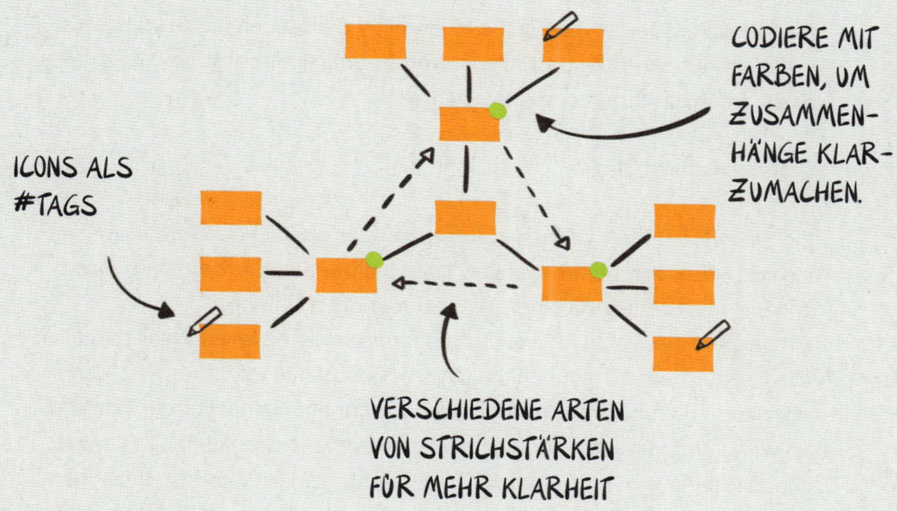

Wann man es benutzt:

Verstehen, Erschaffen und dazwischen

Meine liebsten Sequenzen:

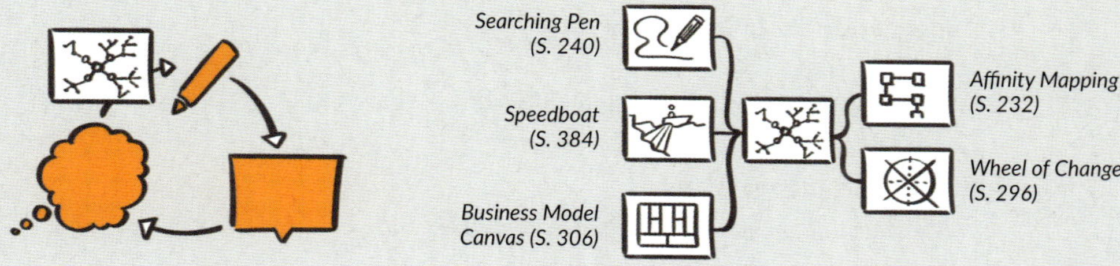

Storyboard

Wenn es in ein Storyboard passt, ist es möglich

Das Storyboard ist eine wunderbare Möglichkeit, um etwas zu verstehen, zu erstellen oder zu teilen. Mit einem Storyboard bringst du alles in eine Reihenfolge, die durch einen Erzählfluss von einer Szene zur nächsten führt. Das hilft dir und deinen Mitstreitern, den Prozess klarer zu sehen und sich mit der Idee zu identifizieren. Storyboards sind besonders wirkungsvoll, da sie es dir ermöglichen, eine emotionale Verbindung zu deinem Problem oder deiner Idee herzustellen.
Das Schöne dabei ist, dass du beim Erstellen der Szenen des Storyboards vielleicht auf Schritte stößt, die du vorher übersehen hast, und dass dir diese durch das Storyboard bewusst werden.

Praktische Ratschläge

Ein Storyboard folgt einfachen Regeln. In der westlichen Welt lesen wir sie von links nach rechts und von oben nach unten. Sie enthalten einen Teil Bild (die Szene) und einen Teil Text (die Beschreibung).
Ich beginne die Erstellung von Storyboards gerne mit losen Klebezetteln, die ich zu einer zusammenhängenden Geschichte sortiere. Erst dann skizziere ich grobe Szenen mit kurzen Beschreibungen. Halt die Skizzen ungenau und imperfekt, um ein hohes Tempo beizubehalten. Du kannst alles verfeinern, wenn du den Dreh raus hast. Du könntest den Entstehungsprozess deiner Idee mit einem Storyboard darstellen. Oder du könntest die Entwicklung von heute bis in die Zukunft zeigen und wie du diesen zukünftigen Zustand erreichen willst.

Mir gefällt besonders die Variante, die ein Freund von mir, Christian Doll, entwickelt hat und die er »Value Scenes« nennt. Du verwendest drei Szenen als Storyboard. Die erste zeigt das Problem. Die zweite zeigt, warum das Problem existiert, und die letzte Szene zeigt die gleiche Situation, aber mit der Lösung für dein Problem.

Wichtige Fragen, die du stellen solltest:

Welche Schritte siehst du?
Wie stellst du dir vor, wie deine Idee abläuft?
Welche Zwischenschritte fehlen dir?

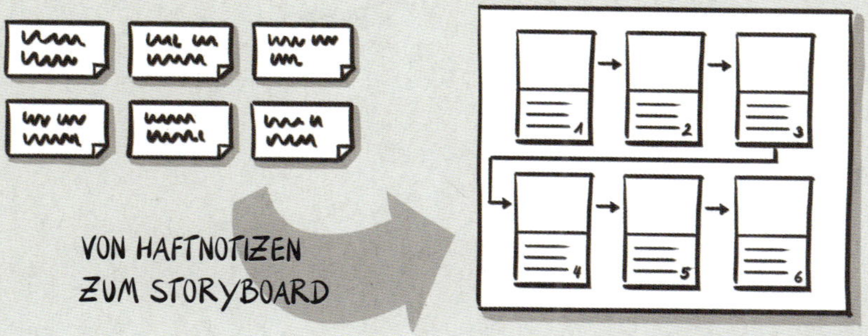

VON HAFTNOTIZEN
ZUM STORYBOARD

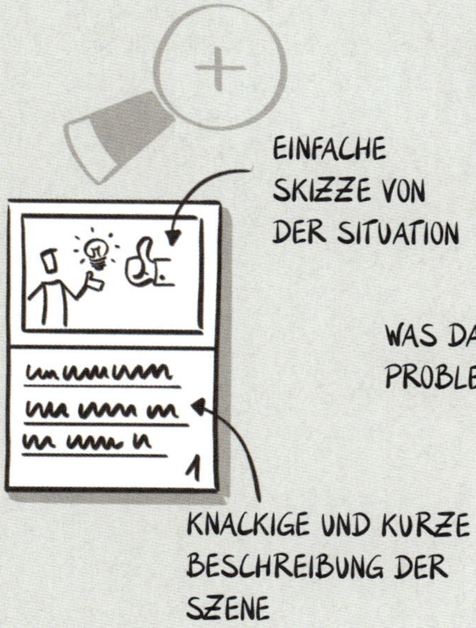

EINFACHE
SKIZZE VON
DER SITUATION
KNACKIGE UND KURZE
BESCHREIBUNG DER
SZENE

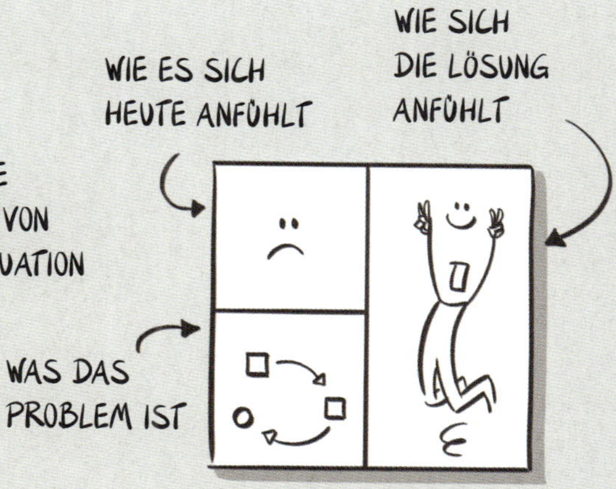

WIE ES SICH
HEUTE ANFÜHLT
WIE SICH
DIE LÖSUNG
ANFÜHLT
WAS DAS
PROBLEM IST

Value Scene, *designed von Christian Doll*

Wann man es benutzt:

Verstehen, Erschaffen und Teilen

Meine liebsten Sequenzen:

Storyflow (S. 288)
Searching Pen (S. 240)
Affinity Mapping (S. 232)
Value Proposition Canvas (S. 300)
Visual Poster (S. 254)
Pencil Preparation (S. 260)
Eraser Technique (S. 258)

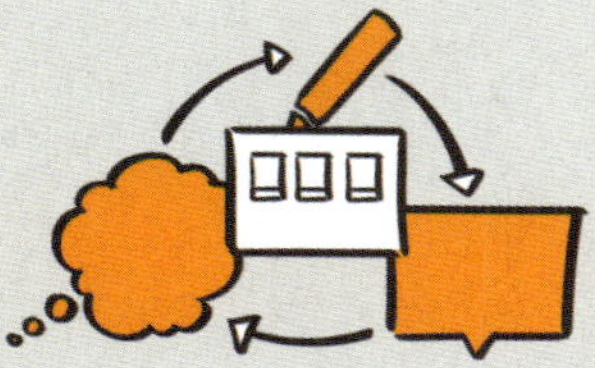

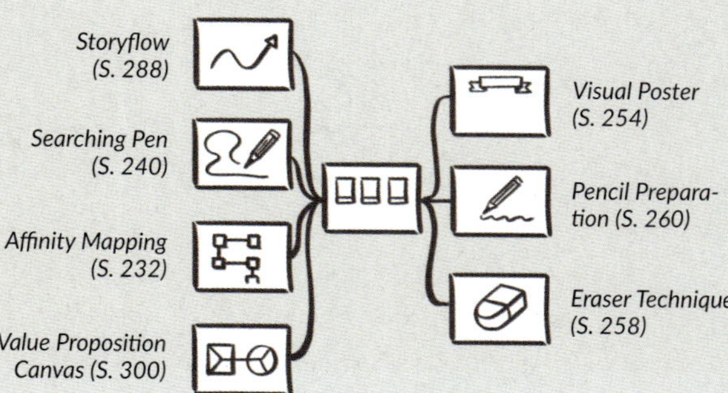

Kapitel 16
VISUELLE PRÄSENTATIONS-TECHNIKEN

Visual Poster

Eine »einzige« Technik, die alles kann

Die Königin des visuellen Denkens: Visual Poster sind die Darstellung einer visuellen Präsentationstechnik. Es ist im Grunde »nur« ein einfaches Bild und kann sehr komplex oder super einfach sein. Es kann eine *Grafik oder Metapher (S. 330)* sein. Was auch immer du für passend hältst. Deine Idee muss Gestalt annehmen und greifbar werden.

Ein visuelles Poster kann die Form eines echten Plakats, einer großen Zeichnung auf Papier oder sogar einer visuellen PowerPoint-Folie haben. Es dient dazu, ein Konzept oder eine komplexe Idee auf einer einzigen Seite zu vermitteln.

Auf dieser Seite möchte ich dir ein paar der Strukturen für visuelle Poster vorstellen, die ich immer wieder regelmäßig nutze. Ich verwende sie auch für meine visuellen Notizen. Als ausgebildeter Designer sind diese Dinge für mich ganz natürlich. Und als ich die Bücher von Mike Rohde über Sketchnoting las, passte alles zusammen. Verstehe mich nicht falsch: ein visuelles Poster ist keine Sketchnote per se. Aber eine Sketchnote kann ein visuelles Poster sein.

Praktische Ratschläge

Mach dir die Techniken zu eigen, die ich dir im Kapitel *Visualisieren (S. 316)* in diesem Buch zeige. Ein Visual Poster kann ein Meisterwerk oder eine unausgegorene Zeichnung sein. Wie auch immer, es hat die Kraft, deine Botschaft direkt und verständlich zu vermitteln. Verfeiner dein Plakat nicht, bevor du dir über den Inhalt, die Platzierung und das Zusammenspiel der Einzelteile im Klaren bist.
Wenn ich ein Plakat entwerfe, fange ich entweder an, die Inhalte mit Klebezetteln zusammenzusetzen, oder ich benutze lange Zeit einen Bleistift, bis ich die richtige Struktur gefunden habe, die mir gefällt. Erst danach nutze ich Marker oder das iPad.

Wie gut dein Visual Poster auch sein mag, denke immer daran, *Cognitive Murder (S. 194)* zu vermeiden, wenn du es mit anderen teilst. Meine Güte, selbst beim Schreiben dieser Zeilen habe ich Angst, einen kognitiven Mord zu begehen!

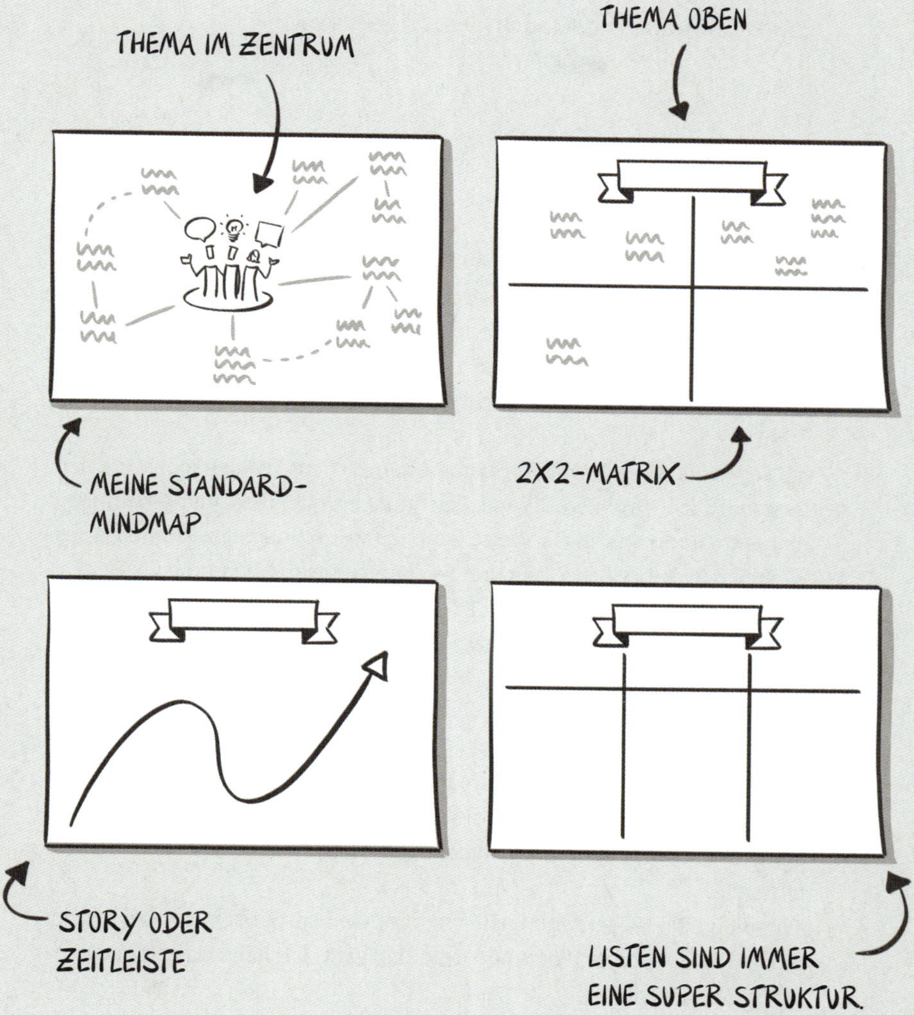

THEMA IM ZENTRUM
THEMA OBEN
MEINE STANDARD-MINDMAP
2X2-MATRIX
STORY ODER ZEITLEISTE
LISTEN SIND IMMER EINE SUPER STRUKTUR.

Wann man es benutzt:

Verstehen, Erschaffen und Teilen

Meine liebsten Sequenzen:

Searching Pen (S. 240)
Spacious Writing (S. 234)
Affinity Mapping (S. 232)
Thinking Hats Feedback (S. 244)
Transparent Sticky Notes (S. 256)
Dotmocracy (S. 242)

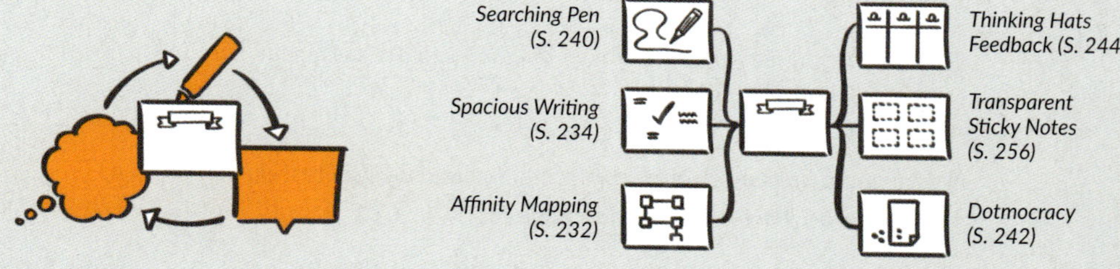

Transparent Sticky Notes

Spare Zeit und bereite auch Geschriebenes vor

Wenn du einmal Transparent Sticky Notes für deine Präsentation ausprobiert hast, wirst du sie nie wieder missen wollen. Zum Zeitpunkt des Schreibens dieses Textes würde ich die originalen Stattys empfehlen. Es gibt sie auch in allen möglichen Farben, aber die transparenten ... sind eine ganz andere Klasse!

Ich verwende sie, um Dinge vorzubereiten, die ich erzählen möchte. Dazu beschrifte ich sie entweder mit Zeichnungen oder Text (mit einem Permanentmarker). Auf diese Weise kann ich viel schneller präsentieren, als wenn ich alles live schreiben und zeichnen würde, während ich spreche. Und was noch viel wichtiger ist: Ich kann flüssig und in einem guten Tempo sprechen, und das mit Leichtigkeit.

Praktische Ratschläge

Wenn du Themen hast, die du mehr als einmal präsentierst, bewahr die Haftnotizen als Stapel auf, um sie wieder zu verwenden. Manche Stapel benutze ich jetzt schon drei Jahre lang, ohne sie jemals neu schreiben zu müssen.
Wenn du eine Präsentation hältst, sortier die Haftnotizen chronologisch, wobei die erste oben liegt, bevor du beginnst. Ich habe das einmal vermasselt ... nie wieder.

Diese Technik eignet sich perfekt als Ergänzung zur *Pencil Preparation* *(S. 260)*. Du zeichnest einige Teile »live« (indem du deine Bleistiftstriche nachziehst) und verwendest die transparenten Haftnotizen für andere Teile. Das wird eine super Präsentation für deine Zuhörenden sein.

Wichtige Fragen, die du dir stellen solltest:

Wie kannst du die Aufmerksamkeit deines Publikums erregen?
Was ist deine Kernbotschaft?
Was ist der Storyflow?
Was kannst du live zeichnen und schreiben und was solltest du vorbereiten?
Wie lange wird deine Präsentation dauern?

1.

BEREITE DEINE TRANSPARENT STICKY NOTES VOR UND PLATZIERE SIE SCHONMAL ALS STAPEL AN DER WAND.

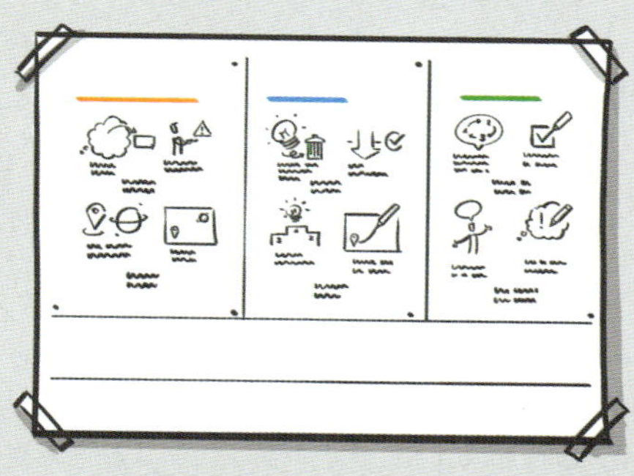

2. PLATZIERE SIE AM RICHTIGEN ORT, WÄHREND DU PRÄSENTIERST.

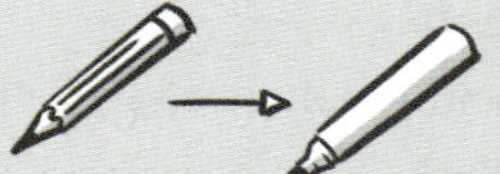

ZEICHNE DEN REST, WENN DU MAGST.

Wann man es benutzt:

Teilen

Meine liebsten Sequenzen:

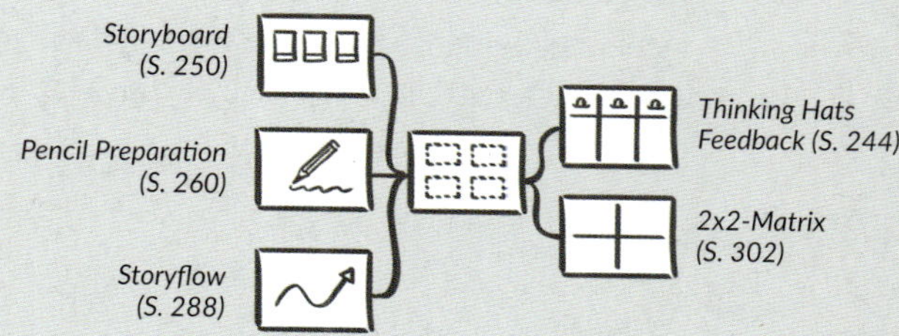

Eraser Technique

Mit Leichtigkeit und Magie präsentieren

Wie wir inzwischen wissen, ist unser Gehirn mit dem gleichzeitigen Zeichnen und Sprechen oft überfordert. Wenn du also zeichnest, während du sprichst, verlangsamst du deinen Vortrag sehr oder stolperst über deine eigenen Worte. Das ist kein besonders guter Präsentationsstil. Du musst also Techniken und Möglichkeiten finden, um diese Hürde zu überwinden. Die Präsentation hundertmal zu üben, könnte eine Lösung sein. Die Anwendung der Eraser Technique könnte eine andere sein.

Praktische Ratschläge

Du erstellst das Bildmaterial, das du anderen Menschen präsentieren möchtest, auf dem Medium, das du verwenden möchtest. Danach bringst du es mit einem Foto auf dein iPad oder du scannst es ein und schickst es auf dein iPad. Danach platzierst du das Bild auf einer Ebene in deinem iPad Zeichenprogramm. Zum Zeitpunkt dieses Buches verwende ich Procreate auf dem iPad dafür. Über dieser Ebene erstellst du eine weitere Ebene, die du mit weißer Farbe füllst. Niemand sieht das Bild hinter dieser Ebene, aber du weißt, dass es da ist.

Du kannst die Deckkraft dieser weißen Ebene auf 99 % oder sogar 97 % reduzieren, damit du ein wenig durch die Ebene hindurchsehen und die Linien deiner Zeichnung erkennen kannst. Während du präsentierst, benutzt du den Radiergummi auf der weißen Ebene. Stück für Stück enthüllst du, worüber du sprichst und vermeidest so Cognitive Murder und präsentierst wie ein Profi. Das Schöne daran ist, dass du das Bild nicht einmal selbst zeichnen musst, sondern jemanden beauftragen kannst, das Bild für dich zu zeichnen und es dann auf dein iPad zu übertragen und dieselbe Technik anzuwenden. Es ist sehr fesselnd für die Leute, das zu sehen.
Nebenbei bemerkt, hat diese Technik dazu geführt, dass mein Kunde bei Apple mich seitdem einen »schwarzen Magier« nennt ... ich betrachte das als Lob.

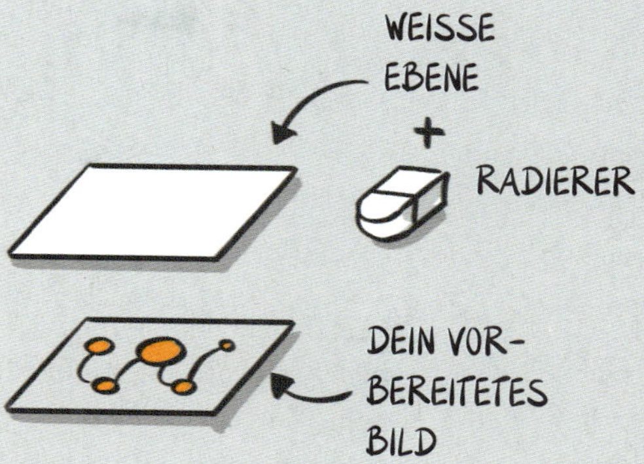

WEISSE EBENE + RADIERER

DEIN VORBEREITETES BILD

WENN DU ES MIT EINER EBENE PROBIERT HAST ... VERSUCH BEIM NÄCHSTEN MAL, MIT MEHREREN VORBEREITETEN EBENEN ZU ARBEITEN, DIE DU EINBLENDEN, SICHTBAR ODER UNSICHTBAR MACHEN KANNST UND SO WEITER.
DAS IST DER WAHRE SPASS!

TIPP: BENENNE DIE EBENEN NACH DER REIHENFOLGE UND DER AKTION.
ZUM BEISPIEL:
3-LÖSCHEN ODER 4-SICHTBARMACHEN

Wann man es benutzt:

Teilen

Meine liebsten Sequenzen:

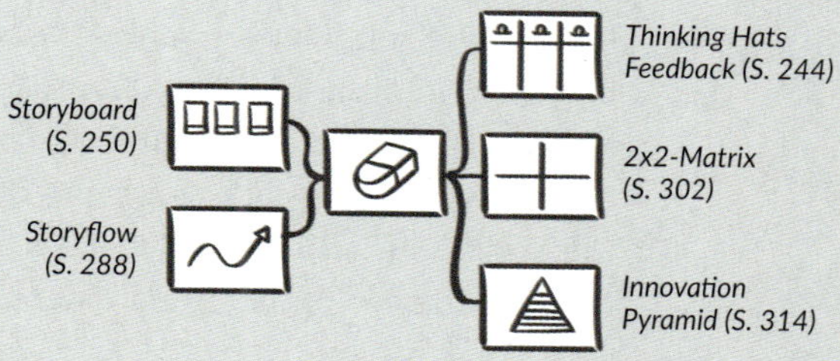

Storyboard (S. 250)

Storyflow (S. 288)

Thinking Hats Feedback (S. 244)

2x2-Matrix (S. 302)

Innovation Pyramid (S. 314)

Pencil Preparation

Auch während des Zeichnens flüssig präsentieren

Wenn du eine intimere und direktere Beziehung zu deinen Stakeholdern haben möchtest, solltest du die klassischen Folien weglassen und nur mit einem Flipchart präsentieren. Und um das professionell und flüssig zu machen, empfehle ich dir die Technik der Pencil Preparation. Dabei skizzierst du alles, was du präsentieren willst, mit einem Bleistift und übst dabei nur leichten Druck auf dein Flipchartpapier aus. Wenn die Zeit für die Präsentation gekommen ist, zeichnest du deine Bleistiftlinien einfach mit einem Marker nach. Du wirst dich wie ein Profi fühlen!

Kunden von mir stellen ihre Präsentationen sogar vor dem Vorstand genau auf diese Weise vor. Und weißt du was? Alle lieben es. Was die Leute am meisten schätzen, ist die Tiefe der Gespräche, die sie bei dieser Art von Präsentation führen können, im Vergleich zu einer digitalen Präsentation mit Folien.

Praktische Ratschläge

Niemand wird deine Bleistiftskizzen sehen. Und selbst wenn jemand sie sieht, wen interessiert das? Sie werden höchstwahrscheinlich denken, dass du ein Profi bist, weil du Zeit in die Vorbereitung der Präsentation gesteckt hast.

Das Tolle an dieser Technik ist auch, dass du nie ein Gesprächsthema vergisst, weil alles auf dem Papier steht. Außerdem brauchst du dir keine Gedanken über Platz oder Proportionen zu machen, da du sowieso schon alles mit deiner Skizze vorbereitet hast. Über den Prozess gibt es hier nicht viel zu sagen. Du skizzierst alles, was du darstellen willst, mit deinem Bleistift, hellst vielleicht hier und da die Striche mit einem Radiergummi auf, und das war's. Diese Technik lässt sich sehr gut mit *Transparent Sticky Notes (S. 256)* kombinieren. Ich skizziere das Bild oft mit dem Bleistift und bereite meine Schrift auf den transparenten Stattys vor. Ein letzter Zusatz: Du kannst das auch digital machen. Wenn du deine Zeichnung mit einer weißen Ebene abdeckst, stellst du diese weiße Ebene auf 97-99 % Deckkraft und kannst dann auf dieser abdeckenden Ebene zeichnen und die Linien deiner Zeichnung darunter nachzeichnen.

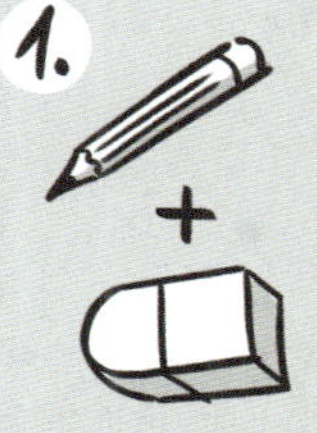

SKIZZIER DEIN KONZEPT UND RADIER DIE BLEISTIFTSTRICHE ANSCHLIESSEND LEICHT, DAMIT SIE HELLER WERDEN.

PAUSE DEINE SKIZZE MIT DEM MARKER AB, WÄHREND DU PRÄSENTIERST.

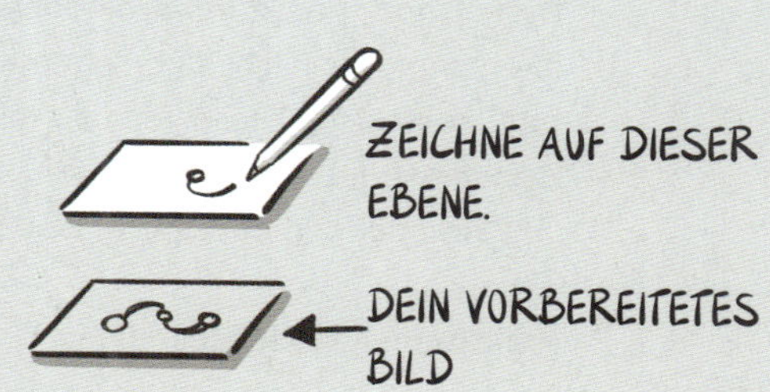

Wann man es benutzt:

Teilen

Meine liebsten Sequenzen:

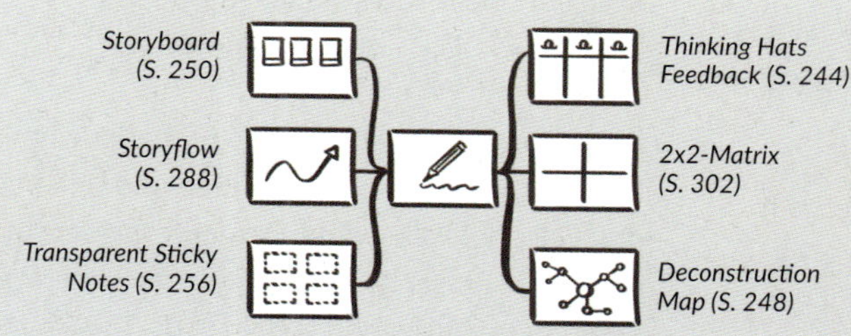

Gallery Walk

Bring die Erkenntnisse zurück in die Gruppe

Ein Gallery Walk ist besonders wirkungsvoll, um ein gemeinsames Verständnis und eine Ausrichtung innerhalb einer Gruppe zu schaffen. Ich verwende ihn oft nach Breakout-Gruppen in Meetings oder Workshops. Aber er eignet sich für viele andere Situationen. Dabei werden die Ergebnisse von Einzelpersonen oder kleineren Gruppen an einen Ort gebracht und nebeneinander ausgestellt. Dann lässt man die gesamte Gruppe von einem zum anderen gehen, während jeder von einem der Urheber kurz vorgestellt wird.

Die Stärke dieser Methode liegt nicht nur darin, dass sie die Erkenntnisse der kleineren Gruppen in die größere Gruppe einbringt, sondern vor allem darin, dass sie alle Ergebnisse in einer Übersicht hervorhebt. Der Blick auf das große Ganze hilft dabei, fundiertere Entscheidungen zu treffen und mögliche Verbindungen zwischen Elementen zu erkennen, die man sonst leicht übersehen könnte. Wie das Wort »Galerie« schon sagt, solltest du diese Technik mit einem visuellen Ergebnis verbinden. Du kannst entweder *Visual Poster (S. 254)*, *Book Cover (S. 236)*, *Social Ad (S. 280)* oder den *Business Model Canvas (S. 306)* verwenden.

Praktische Ratschläge

Damit dies am besten funktioniert, gib den Teilnehmern einen sehr kurzen Zeitrahmen, um ihr Thema oder ihre Idee zu präsentieren. Hier ist mein persönlicher Richtwert:

Ideen - max. 1 Minute
Ergebnisse einer Diskussion - max. 2 Minuten
Geschäftsmodelle - max. 3 Minuten
Konzeptionelle Ideen - max. 3 Minuten
Projektrückblick - max. 5 Minuten

Ich würde sehr streng auf die Einhaltung der Zeit achten. Sonst langweilen sich die Leute, werden müde und unkonzentriert. Wenn du während des Gallery Walks viele Elemente präsentieren musst, solltest du nach etwa drei Präsentationen entweder eine Pause einlegen oder den Teilnehmenden Aufgaben stellen (z. B. *Thinking Hats Feedback (S. 244)*).

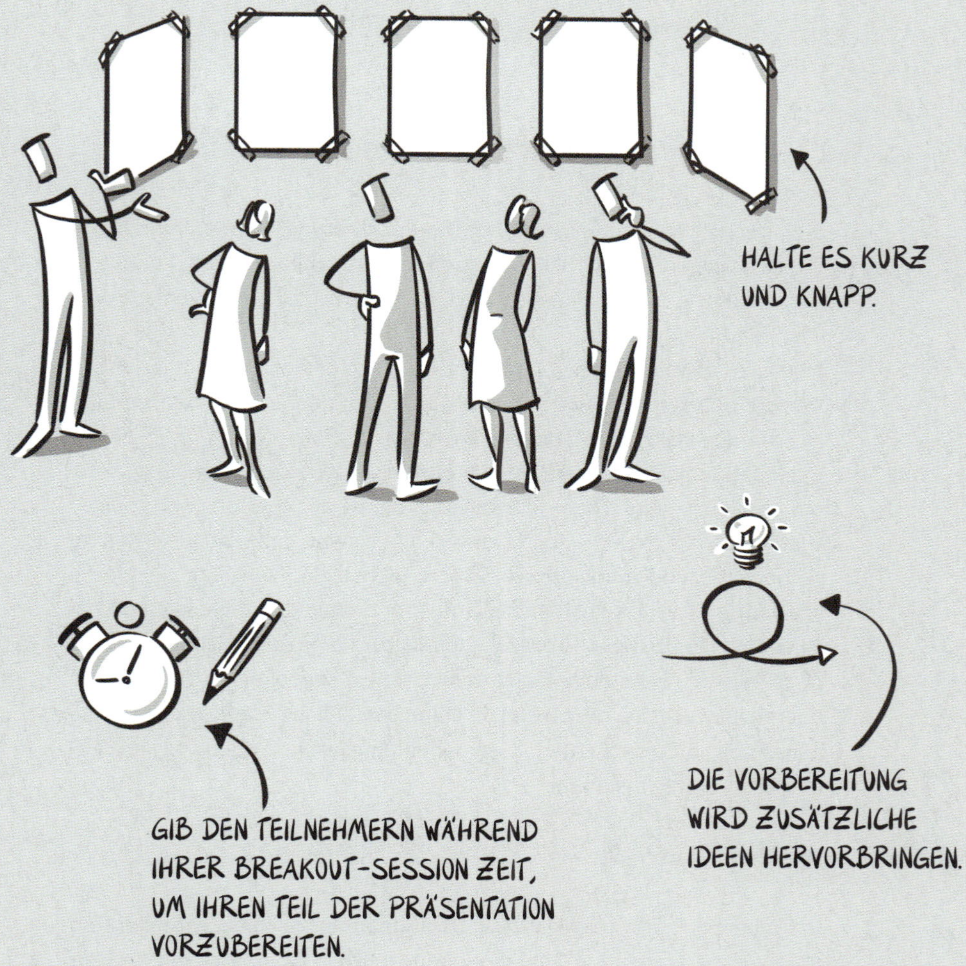

HALTE ES KURZ UND KNAPP.
GIB DEN TEILNEHMERN WÄHREND IHRER BREAKOUT-SESSION ZEIT, UM IHREN TEIL DER PRÄSENTATION VORZUBEREITEN.
DIE VORBEREITUNG WIRD ZUSÄTZLICHE IDEEN HERVORBRINGEN.

Wann man es benutzt:

Teilen

Meine liebsten Sequenzen:

Book Cover (S. 236)
Social Ad (S. 280)
Visual Poster (S. 254)
Dotmocracy (S. 242)
2x2-Matrix (S. 302)
Thinking Hats Feedback (S. 244)

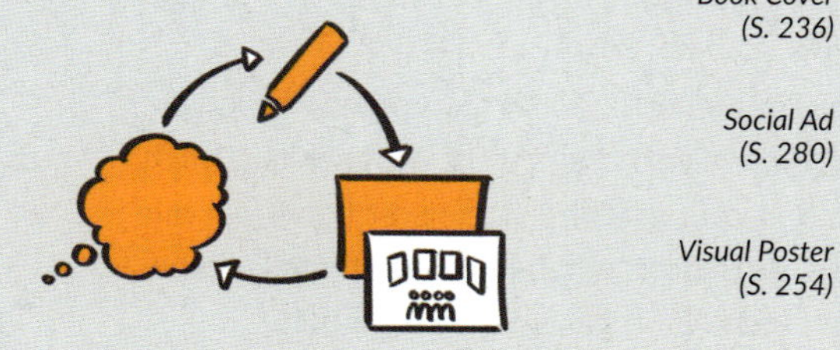

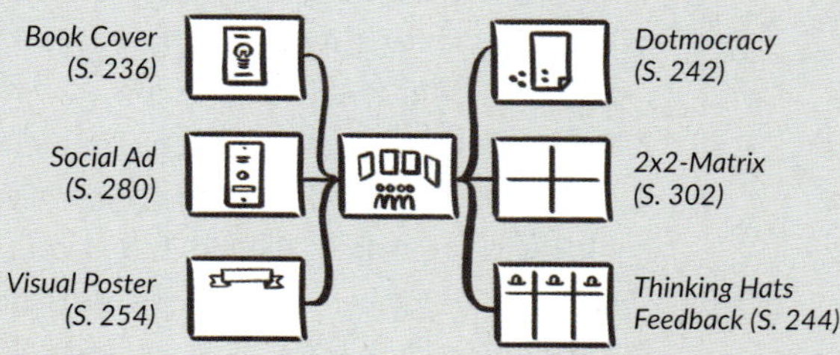

Achievement Wall

Behalte den Überblick und bleibe motiviert

Stell dir den täglichen Kampf um die Priorisierung deiner langfristigen Projekte gegen den Druck der kurzfristigen Aufgaben von Projekten, Kunden und – noch schlimmer – von dir selbst vor. Die Achievement Wall kann dir dabei helfen.

Für mich als vielseitig begabten und leidenschaftlichen Aspie ist dieses Werkzeug besonders wichtig, aber auch für andere ist es von großem Nutzen. Deshalb hat es die Achievement Wall als Werkzeug in dieses Buch geschafft (ich musste sie hier aufführen, denn ich liebe sie zu sehr, um ehrlich zu sein). Die Achievement Wall ist ein eher unstrukturiertes Werkzeug, das dir hilft, den Überblick über deine langfristigen Projekte zu behalten und motiviert zu bleiben. Sie ist ein Werkzeug der Wertschätzung für dich selbst, etwas Gutes für deinen Geist. Sie kann dir bei all deinen langfristigen Projekten helfen, die keine unmittelbaren Ergebnisse zeigen, sei es dein nächstes Buch, dein Videokurs, dein Gemälde oder deine Website, oder wenn du deine persönliche Marke kreierst, eine neue Fähigkeit erlernst, neue Gewohnheiten einführst oder was auch immer dir in den Sinn kommt.

Praktische Ratschläge

Ich liebe es, Felder oder ganze Illustrationen auszumalen. Mosaike sind toll für das Tracking von Gewohnheiten, denn sie bauen sich mit der Zeit auf und sind chaotisch, aber am Ende wunderschön. Einfache Checklisten leisten auch gute Arbeit. Ich fülle jedes Mal ein Kästchen, wenn ich eine Seite des letzten Entwurfs dieses Buches fertigstelle. Aber für mein jährliches Gewinnziel habe ich eine Illustration eines Drachen, der auf seinem Goldschatz schläft. Im Laufe des Jahres färbe ich das Gold mit jeder Rechnung ein, die ich schreiben kann. Und wenn der Schatz ganz mit Farbe gefüllt ist, weiß ich, dass ich mein Ziel erreicht habe und der Rest des Jahres ein »nice to have« ist – so kann ich bei weiteren Projektanfragen öfter »Nein« sagen.

Zu guter Letzt habe ich Cover von Büchern oder Programmen, die ich erstellt und in die Welt gesetzt habe – sie sind eine tolle Möglichkeit, mich für die harte Arbeit, die ich in der Vergangenheit geleistet habe, bei mir selbst zu bedanken. Autorinnen und Autoren haben dafür oft ein Bücherregal. Aber ich mag es, alles an einer Wand gesammelt zu haben.

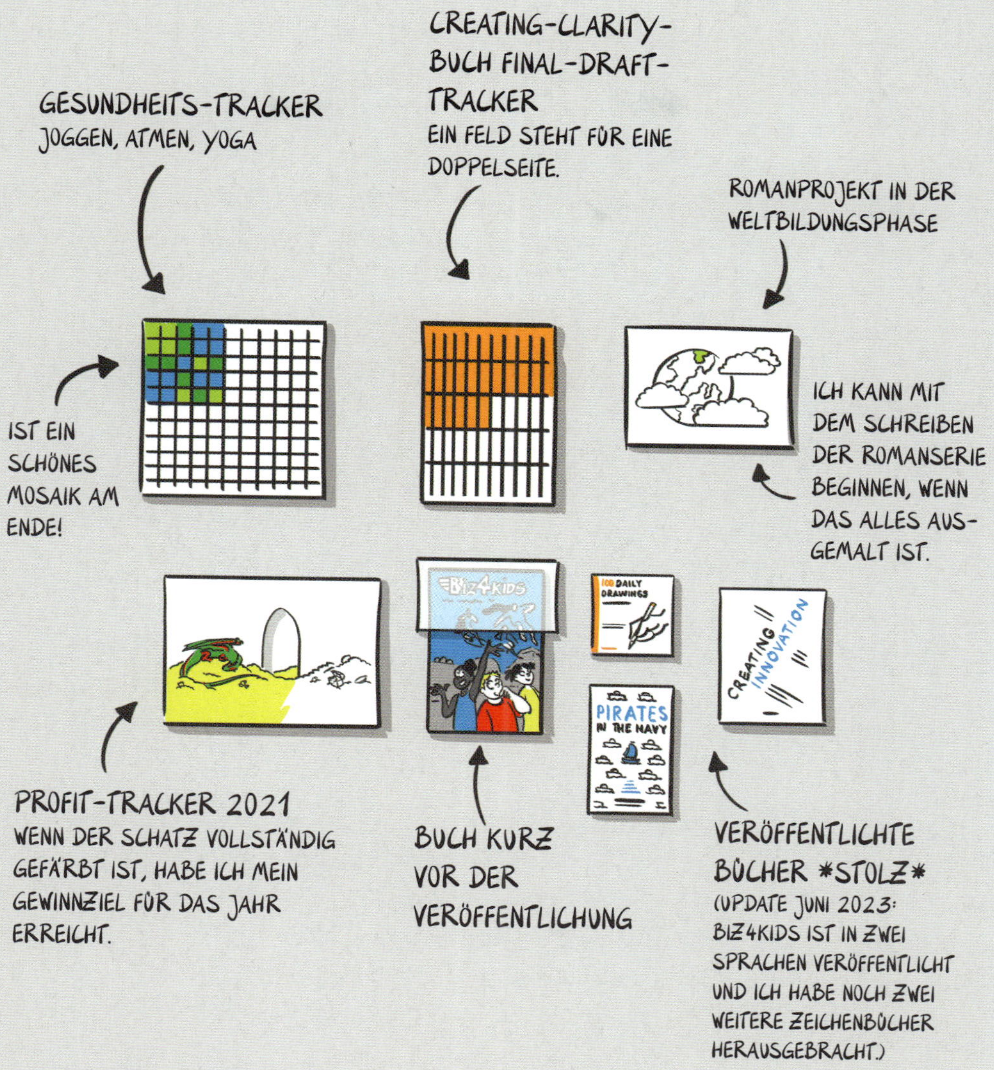

GESUNDHEITS-TRACKER
JOGGEN, ATMEN, YOGA
IST EIN SCHÖNES MOSAIK AM ENDE!
CREATING-CLARITY-BUCH FINAL-DRAFT-TRACKER
EIN FELD STEHT FÜR EINE DOPPELSEITE.
ROMANPROJEKT IN DER WELTBILDUNGSPHASE
ICH KANN MIT DEM SCHREIBEN DER ROMANSERIE BEGINNEN, WENN DAS ALLES AUSGEMALT IST.
BIZ4KIDS
100 DAILY DRAWINGS
PIRATES IN THE NAVY
CREATING INNOVATION
PROFIT-TRACKER 2021
WENN DER SCHATZ VOLLSTÄNDIG GEFÄRBT IST, HABE ICH MEIN GEWINNZIEL FÜR DAS JAHR ERREICHT.
BUCH KURZ VOR DER VERÖFFENTLICHUNG
VERÖFFENTLICHTE BÜCHER *STOLZ*
(UPDATE JUNI 2023: BIZ4KIDS IST IN ZWEI SPRACHEN VERÖFFENTLICHT UND ICH HABE NOCH ZWEI WEITERE ZEICHENBÜCHER HERAUSGEBRACHT.)

Wann man es benutzt:

Teilen

Meine liebsten Sequenzen:

90 Day Planning
(S. 276)
Kanban Board
(S. 272)
World Map
(S. 270)

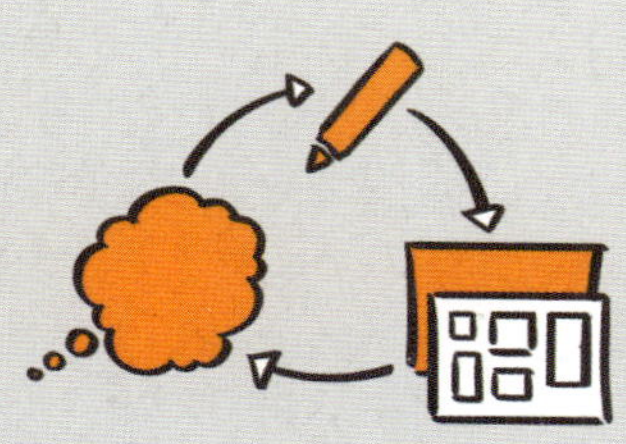

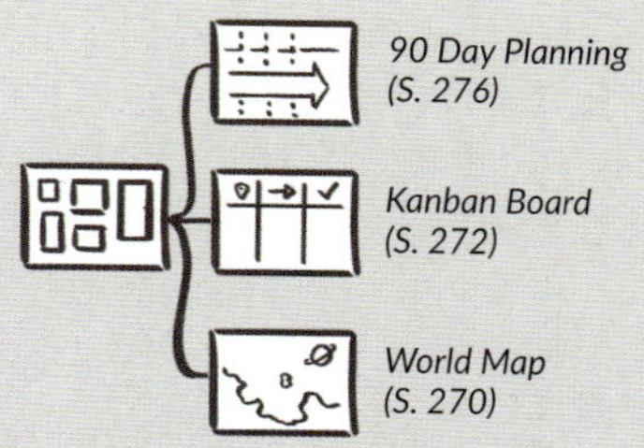

Kapitel 17 VISUELLE VORLAGEN

Parallel Reality

Kannst du jetzt etwas ändern?

Wenn du dein Leben verändern oder dein Unternehmen umkrempeln willst, musst du akzeptieren, dass du es auf lange Sicht tun musst. Veränderung geschieht für die meisten von uns nicht über Nacht. Aber manchmal kommt die Veränderung sofort und es gibt Schlüsselmomente, die das möglich machen.
Ich habe einen systematischen Weg gefunden, diese Schlüsselmomente für meine Kunden und mich zu schaffen, indem ich das Konzept der parallelen Realität verwende. Wie wir alle wissen, gibt es in diesem Moment eine unendliche Anzahl von parallelen Realitäten (ich meine ... du weißt schon?). Wenn du mir eine Sekunde lang bei diesem etwas verrückten Gedanken folgst, könntest du dir deinen gewünschten zukünftigen Zustand als eine mögliche parallele Realität vorstellen. Das heißt, wenn du jetzt in diese Realität springst, würde sich sofort etwas ändern. Dieses Werkzeug soll dir helfen, diesen Gedankenprozess bewusster zu gestalten, um die Wahrscheinlichkeit für echte Veränderungen zu erhöhen.

Praktische Ratschläge

Beginne entweder mit deiner aktuellen Realität – deinem Leben oder deinem Unternehmen, wie es jetzt ist – oder mit deinem gewünschten zukünftigen Zustand. Dann füllst du den anderen Teil aus, je nachdem, womit du begonnen hast. Dein aktueller Zustand sollte sich vor allem auf die Dinge konzentrieren, die du gerne ändern würdest. Ich ordne die Elemente gerne in Reihen zueinander an. Wenn etwas, das du im aktuellen Zustand ändern möchtest, auch im zukünftigen Zustand vorkommt, stelle es in dieselbe Zeile. Frage dich nun in der Mitte der Vorlage: »Was könntest du jetzt tun, um dem zukünftigen Zustand sehr nahe zu kommen oder ihn zu erreichen?« Vielleicht bringt dich das auf eine Idee, die für dich einen Schlüsselmoment darstellt.

Wichtige Fragen, die du stellen solltest:

Könntest du mit jemandem sprechen, an den du nie gedacht hättest?
Kennst du jemanden, den du um einen Gefallen bitten kannst?
Kannst du etwas nutzen, das du bereits hast?

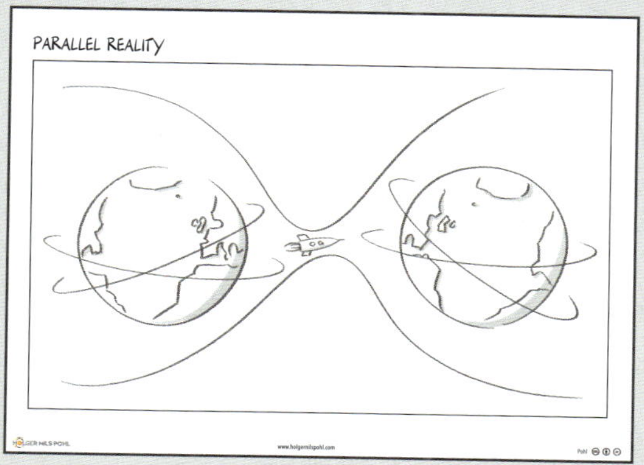

Designed von Holger Nils Pohl

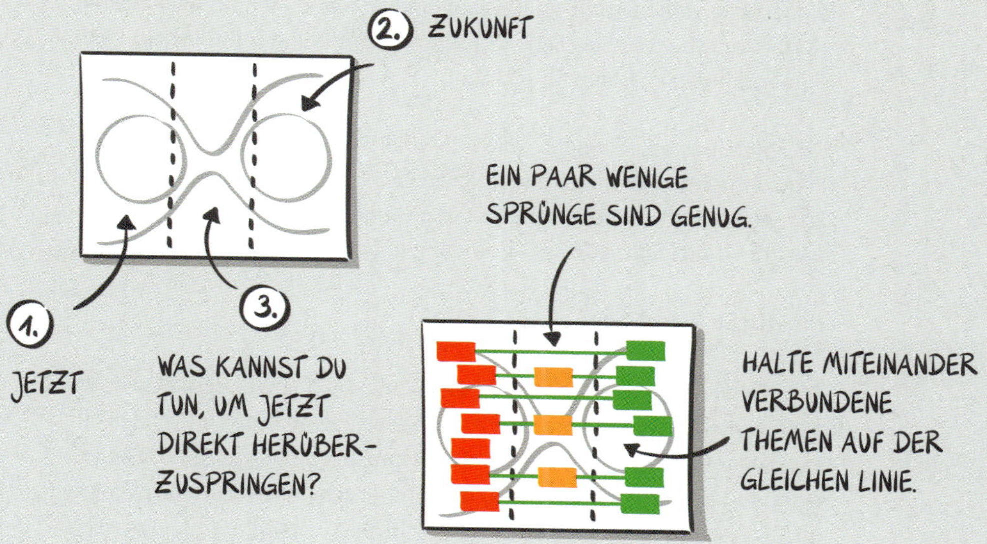

Wann man es benutzt:

Verstehen, Erschaffen und Teilen

Meine liebsten Sequenzen:

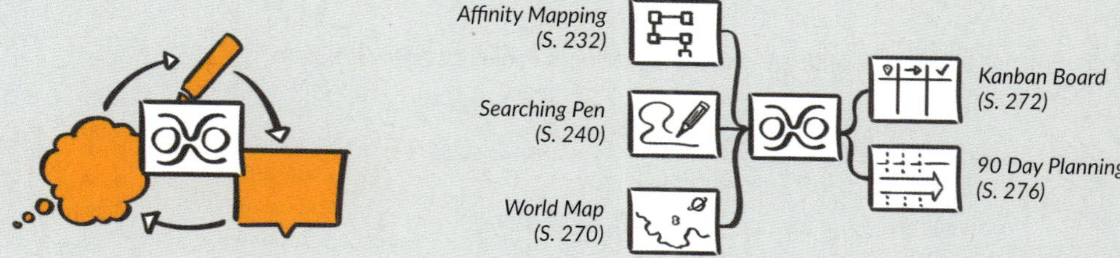

World Map

Das große Bild deiner Strategie

Die World Map ist eine universelle visuelle Vorlage, die ich ständig verwende: für meine persönliche Jahresplanung, meine 10-Jahres-Ziele, Briefings mit Kunden, Coaching-Sitzungen mit Einzelpersonen über ihre Pläne oder die Entwicklung einer Vision mit meinen Kunden. Eine leere Karte ist so flexibel und offen, dass sie auf so viele verschiedene Arten eingesetzt werden kann. Außerdem sind wir es ohnehin gewohnt, mit Karten zu arbeiten. Sie dienen uns zur Orientierung und deshalb kann die World Map dasselbe für dich tun.

Sie liefert uns alle Elemente, die wir wirklich wissen müssen: Die Karte kann uns sagen, wo wir gerade sind, wo wir hinwollen und wie wir dorthin kommen. Wenn wir uns über diese drei Dinge im Klaren sind, können wir uns kurz- und langfristig auf die wichtigen Dinge konzentrieren.

Praktische Ratschläge

Abgesehen von der Möglichkeit, die World Map sowohl auf Papier als auch digital zu verwenden, skizziere ich eine solche Karte oft schnell auf ein Papier und verwende sie für ein Gespräch. Die Vorlage selbst ist gar nicht so wichtig – es ist das Konzept der Karte, das für Konzentration und Fortschritt sorgt. Unterschätze nicht, wie wichtig es ist, den Weg vom »Jetzt« in die »Zukunft« auf der Landkarte zu skizzieren. Das kann dir in mehrfacher Hinsicht helfen. Erstens: Erstelle eine Checkliste darüber, was getan werden muss, um dein Ziel zu erreichen. Zweitens: Stelle dir mögliche Gefahren und Hindernisse auf dem Weg vor. Und drittens: Überlege dir, welche Möglichkeiten es gibt, diese Hindernisse zu überwinden.

Wichtige Fragen, die du dir stellen solltest:

Wo stehst du im Moment mit deinem Projekt/Leben/Problem?
Wie fühlt es sich an?
Wo willst du hin? Bis wann?
Wie wird deine Zukunft aussehen?
Wie erreichst du den gewünschten Zustand?
Was könnte sich dir in den Weg stellen?
Was könnte dir helfen, dein Ziel zu erreichen?

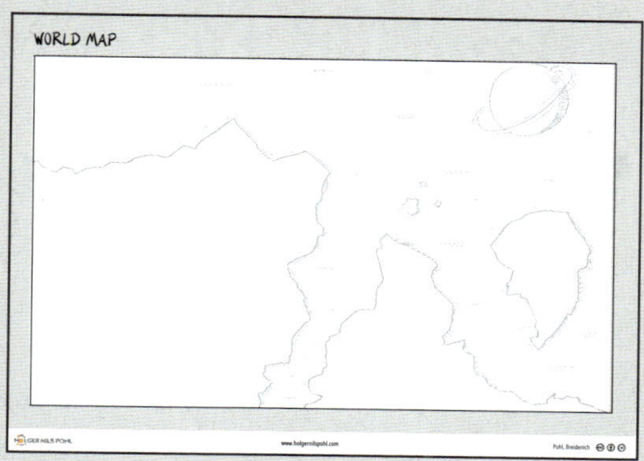

Designed von Holger Nils Pohl

ZEICHNUNGEN ODER KLEBEZETTEL TUN ES AUCH.

FANG MIT DEM JETZT AN.

WIE STELLST DU DIR DIE ZUKUNFT AM ENDE DES PROJEKTS VOR? (ES GEHT HIER NICHT UM DIE LÖSUNG ALS SOLCHE, SONDERN EHER UM DAS GEFÜHL.)

SCHLIESSLICH SOLLTEST DU DIR ÜBERLEGEN, WIE DU DAS ZIEL ERREICHEN WILLST. MIT WELCHEN HERAUSFORDERUNGEN RECHNEST DU UND WAS WÜRDE DIR HELFEN, SIE ZU ÜBERWINDEN?

Wann man es benutzt:

Verstehen, Erschaffen und Teilen

Meine liebsten Sequenzen:

Affinity Mapping (S. 232)

Searching Pen (S. 240)

Parallel Reality (S. 268)

90 Day Planning (S. 276)

Kanban Board

Visuelle To-do-Liste

Wir brauchen nicht nur Klarheit für unsere Herausforderungen, Ideen, Konzepte und Lösungen, sondern vor allem auch für unsere To-Dos und nächsten Schritte. Es liegt eine magische Kraft darin, unsere Aufgaben zu visualisieren.

Taiichi Ohno hat Mitte des 20. Jahrhunderts bei Toyota das Kanban Board erfunden, um die »Lean Production« zu unterstützen. Es ist in drei Spalten gegliedert: To-do, Doing und Done. Mir hilft das Kanban Board dabei, Klarheit in die oft chaotische und komplexe Natur der Aufgaben zu bringen. Es ist auch besonders wichtig, wenn du im Team arbeitest, denn so ist absolut klar, wer woran arbeitet und was noch zu tun ist. Und es ist super motivierend, nach einem Tag oder einer Woche Arbeit alle Klebezettel aus der Erledigt-Spalte zu entfernen.

Praktische Ratschläge

Es ist hilfreich, wenn du dein Kanban Board immer auf dem neuesten Stand hältst (an dieser Fähigkeit arbeite ich selbst noch). Es ist auch toll, wenn du es bei einem täglichen Stand-up verwendest!

Und ich glaube, dass dein Kanban Board noch effektiver wird, wenn du deine Haftnotizen mit Symbolen je nach Art der Aufgabe versiehst. Dein Gehirn erkennt die Aufgaben oft besser, wenn sie visuell dargestellt werden. Und die Symbole helfen dir zu sehen, ob du die richtige Balance zwischen den Aufgaben hast. Aber überfrachte das Board nicht mit unwichtigen Aufgaben. Stelle dir vor, du würdest für jede unbeantwortete E-Mail in deinem Posteingang eine Haftnotiz anbringen ... das würde zu hektisch aussehen und dich von der ergebnisorientierten Arbeit ablenken. Stattdessen solltest du einen einzigen Zettel mit einem E-Mail-Symbol für deinen gesamten Posteingang verwenden. Entrümple deinen Posteingang – jetzt ist die Zeit, dich auf die Projektplanung zu konzentrieren.

Die wichtigsten Fragen, die du dir stellen solltest:

Was muss als Nächstes getan werden?
Was machst du jetzt gerade?
Was hast du heute oder diese Woche erreicht?

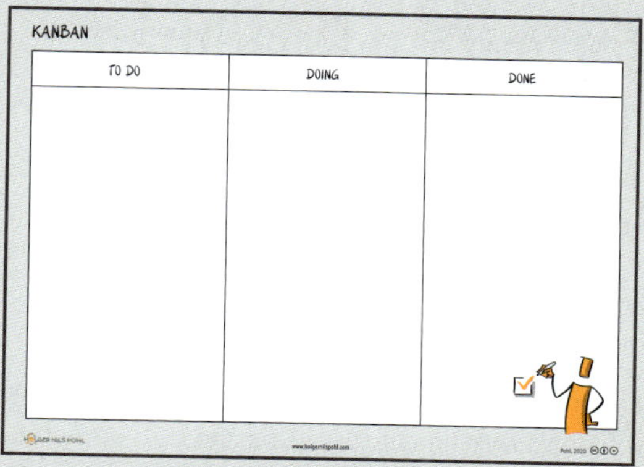

Inspiriert von Taiichi Ohno, Toyota

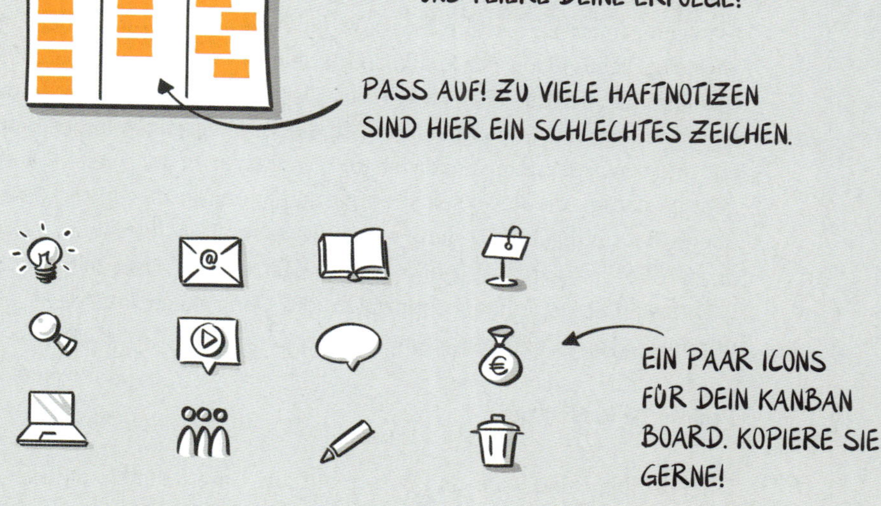

Wann man es benutzt:

Verstehen, Erschaffen und Teilen

Meine liebsten Sequenzen:

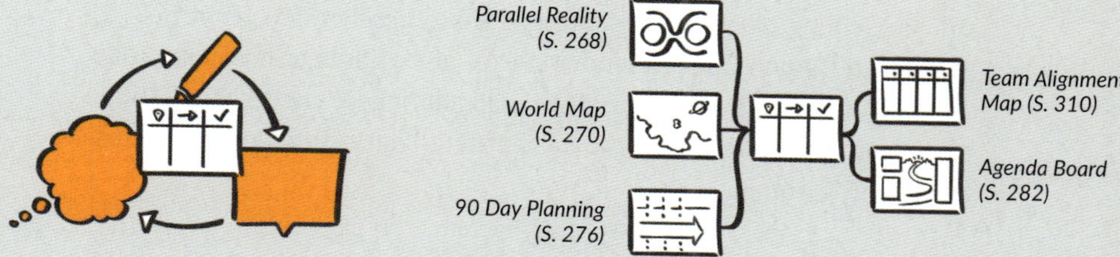

Transformation Roadmap

Check-in über den Fortschritt deiner Transformation

Ein Unternehmen umzugestalten ist wohl eines der schwierigsten Dinge, die man tun kann. Es ist leicht, den Überblick zu verlieren und in der Komplexität unterzugehen.

Die Transformation Roadmap ist ein Werkzeug, das Christian Rangen entwickelt hat, um uns auf dem Weg der Transformation zu helfen. Und es hat zwei Arten der Anwendung:
Die erste ist eine Checkliste, ein Plan, den du für deine Transformation befolgen kannst. Der zweite Zweck ist ein Artefakt, das dir bei der Entwicklung dieses Plans, der Roadmap für deine Transformation, hilft. Das Grundprinzip der Roadmap ist wie das Clarity Framework selbst. In der ersten Phase musst du die Landschaft, die Veränderungen in der Branche und die Ökosysteme um dich herum verstehen. In der zweiten Phase geht es darum, die Reise selbst zu gestalten, und in der dritten Phase überprüfst du regelmäßig den Fortschritt deiner Transformation, indem du den Betrieb aufbaust. Auf *S. 295* findest du eine Liste mit den 10 wichtigsten Transformationsprinzipien, die Chris durch Interviews mit unzähligen Leadern herausgefunden hat.

Praktische Ratschläge

Die Prinzipien sind wahr und passen auf alle Unternehmen, die sich in einem Transformationsprozess befinden. Ich gehe die Liste gerne durch und überprüfe mit den Teams, ob wir etwas auf der Checkliste vermissen oder ob wir einiges davon anpassen sollten, indem wir neue Haftnotizen an den bestehenden Punkten anbringen.

Zweitens nutze ich den unteren Teil der Roadmap, um sie mit Klebezetteln zu füllen, die unsere konkreten Projekte, Ergebnisse oder Aktionen zur Erreichung der oben genannten Punkte beschreiben. Zum Beispiel würde ich für den Checklistenpunkt »We are wizards of business model innovation« eine To-do auf der Roadmap anbringen, die besagt: »Aufbau von Geschäftsmodell-Innovationskapazitäten mit einem unternehmensweiten Programm«.

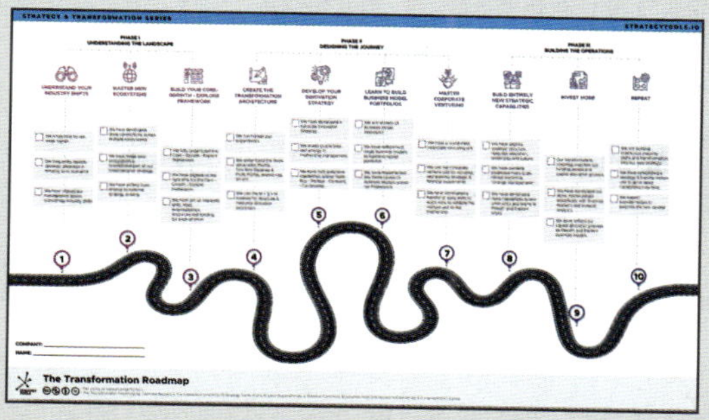

Designed von Christian Rangen, strategytools.io

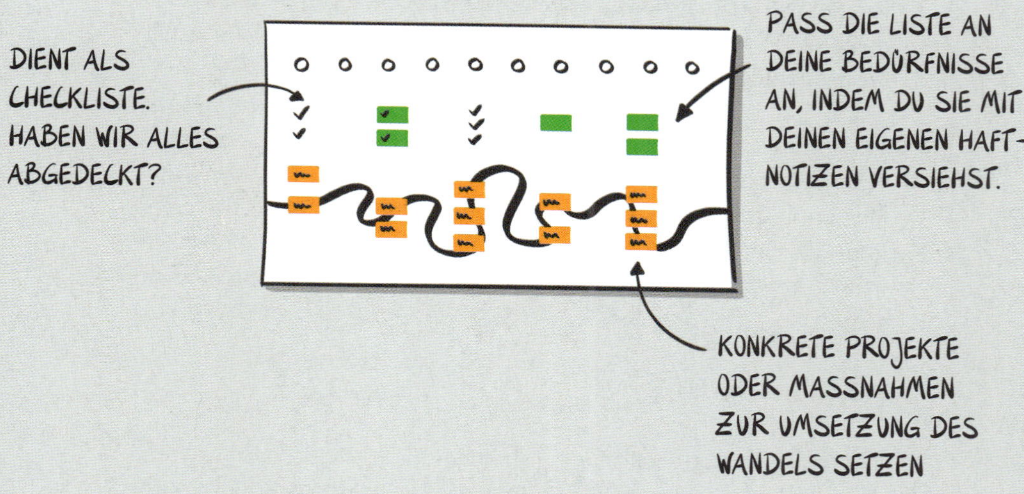

Wann man es benutzt:

Erschaffen, Teilen und dazwischen

Meine liebsten Sequenzen:

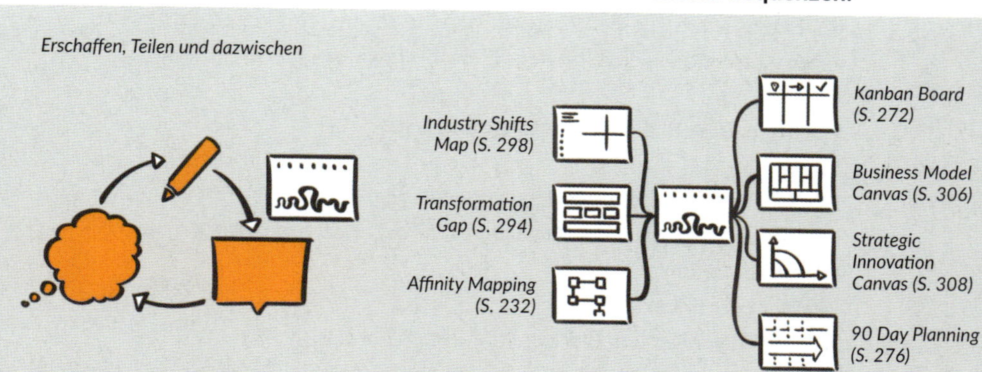

90 Day Planning

Konzentrier dich auf den Prozess und das Ergebnis

Oft genug arbeiten wir an unseren kurzfristigen Aufgaben und To-dos für bestimmte Produkte oder Dienstleistungen. Auch wenn du auf ein bestimmtes Ergebnis hinarbeitest, wird dein Prozess (also »wie« du etwas tust) über Erfolg oder Misserfolg entscheiden. Und dein Prozess wird dich persönlich für zukünftige Projekte und neue Ergebnisse wachsen lassen.

Wenn du ein bestimmtes Ziel hast, entscheidest du, welchen Prozess du durchlaufen willst, um es zu erreichen. Für diesen Prozess legst du fest, welche Maßnahmen du ergreifen möchtest, wann und wie oft du sie durchführen willst und wie du den Erfolg misst. Schließlich wäre es hilfreich, über Blocker und Hilfen für deinen Prozess nachzudenken.

Wenn du zum Beispiel ein guter Klavierspieler werden willst, willst du vielleicht jeden Tag vier Stunden üben (Time) und kannst deinen Erfolg messen, indem du dein flüssiges Spiel eines komplexen Stücks bewertest (Measurement). Ein Hindernis (Blocker) dafür könnte dein Zeitmanagement sein, während du dich täglich an das gewünschte Ergebnis erinnern solltest.

Praktische Ratschläge

Nutz diese Vorlage als Planungsinstrument für 90-Tage-Zyklen während des Jahres oder pass sie an den Zeitpunkt an, an dem du dein Ziel erreicht haben willst.

Nutz sie als Indikator und Orientierungshilfe und verlier dein gewünschtes Ergebnis nie aus den Augen. Das wird dir helfen, deinen Prozess zu verbessern und gleichzeitig dein Ziel zu erreichen.

Wichtige Fragen, die du dir stellen solltest:

Was ist in den nächsten 90 Tagen notwendig?
Was musst du ändern oder annehmen, um Fortschritte zu machen?
Wie oft und wann tust du es?
Wie sieht der Erfolg aus?
Was sind Befähiger und Blockierer für deinen Prozess?

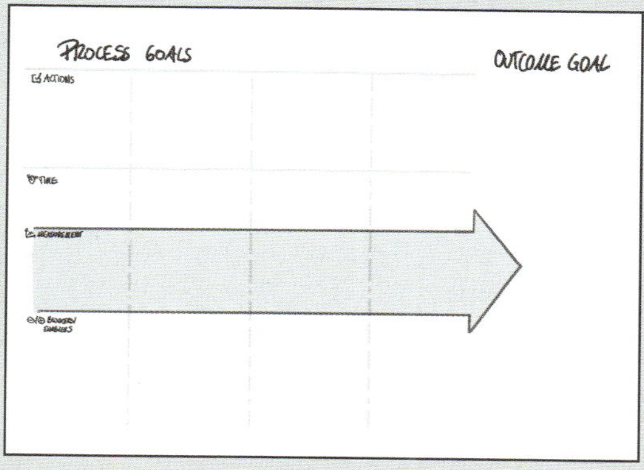

Designed von Holger Nils Pohl

Wann man es benutzt:

Verstehen, Erschaffen und dazwischen

Meine liebsten Sequenzen:

Shower of Ideas

Setze zuerst Gehirnkapazitäten frei

Wenn Menschen an einem Workshop teilnehmen, kennen sie das Thema oft schon im Voraus und kommen mit einer vorgebildeten Meinung über die Veranstaltung und deren Thema. Aber noch schlimmer ist es, dass sie vielleicht schon Lösungen und Ideen im Kopf haben. Und wenn du ihnen nicht erlaubst, diese Ideen frühzeitig loszuwerden, werden sie nur halbherzig teilnehmen, weil ihre kognitiven Fähigkeiten eingeschränkt sind, während sie versuchen, ihre Ideen nicht zu vergessen.

Hier kommt die Shower of Ideas ins Spiel. Es ist eine einfache und schnelle Technik, mit der die Teilnehmenden ihre Ideen auf eine Vorlage herunterladen können – so können sie sich ganz auf den Moment konzentrieren und müssen ihre Ideen nicht mehr festhalten.

Praktische Ratschläge

Führ diese Übung gleich zu Beginn deiner Session nach dem Check-in (oder sogar noch davor) durch. Je früher, desto besser. Warte nicht zu lange. Gib ihnen auch nicht zu viel Zeit. Es sollte ein fokussierter und schneller Prozess von maximal 5-10 Minuten sein.

Ich habe das vor Ort und digital gemacht, und beides funktioniert gut. Ich spiele auch gerne mit diesem Konzept und passe es entsprechend an. Zum Beispiel hänge ich die Vorlage an die Eingangstür und bitte die Teilnehmenden, sich von ihren Ideen und Gedanken »sauber zu duschen«, bevor sie den Raum betreten, indem sie diese auf die Vorlage schreiben. Einmal habe ich die Vorlage sogar als Tischdecke für die Kaffeebar verwendet, damit die Teilnehmenden die Shower of Ideas ausfüllen können, während sie auf ihren morgendlichen Espresso warten. Später in der Sitzung habe ich sie gebeten, zur Ideensammlung zurückzukehren und einige ihrer Lieblingsideen von dort zu nehmen.

Die wichtigsten Fragen sind:

Was geht dir gerade durch den Kopf?
Hast du bereits Ideen für die Herausforderung von morgen?
Bist du mit einer tollen Idee aufgewacht? Mit welchen?

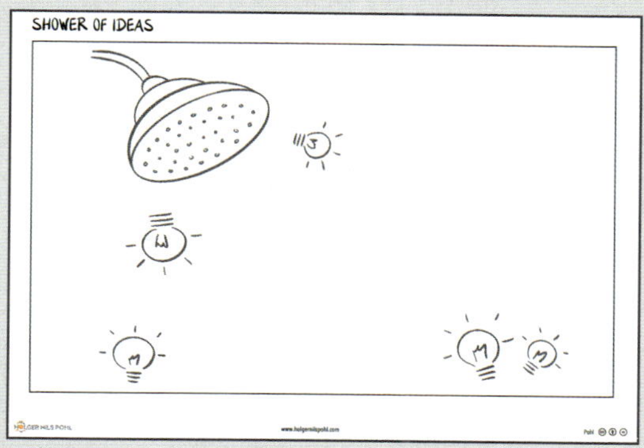

Designed von Holger Nils Pohl

GEHT HAND IN HAND MIT BRAINSTORMING, AFFINITY MAPPING, INNOVATION PYRAMID UND VISUAL RAPID PROTOTYPING

ICH NUTZE DIE SHOWER OF IDEAS GERNE ALS PAPIER-TISCHDECKE UND LASSE DIE TEILNEHMENDEN IHRE IDEEN DORT DRAUFZEICHNEN.

Wann man es benutzt:

Verstehen, Erschaffen und dazwischen

Meine liebsten Sequenzen:

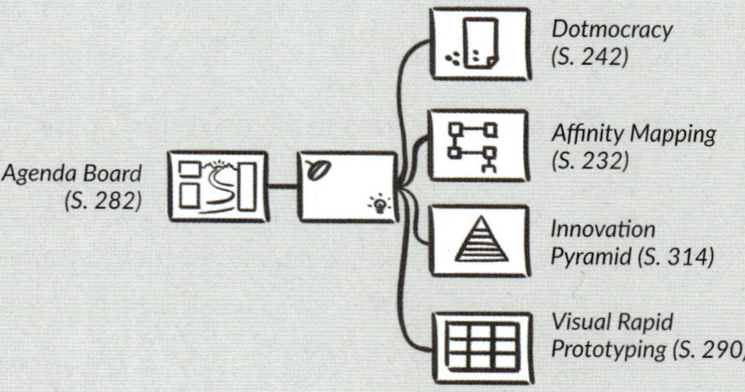

Social Ad and Tweet Pitch

Bekannte Strukturen nutzen, um Ideen zu testen

Die meisten von uns sind heutzutage online aktiv und an verschiedene Präsentationsarten von Inhalten gewohnt. Das kannst du zu deinem Vorteil nutzen und eine Idee in Form eines Social-Media-Werbeposts oder eines Tweets präsentieren. Beide Techniken funktionieren wie das *Book Cover (S. 236)* und dienen demselben Zweck. Aber sie bieten dir Variationen, die deine Kreativität beflügeln können.

Beide Varianten – Social Ad und Tweet Pitch – funktionieren auf ähnliche Weise. Du hast nur wenig Platz für Text und Bild, um zu viele Details in diesem Stadium zu vermeiden. Diese Techniken sind perfekt, um erste grobe Ideen zu testen, bevor du zu viel Zeit darauf verwendest.

Praktische Ratschläge

Ich liebe es, jeden Teilnehmer zu bitten, eine Social Ad oder einen Tweet Pitch für eine Lieblingsidee zu erstellen. Das fördert den Ideenreichtum, weil du am Ende so viele Social Ads und Tweet Pitches hast, wie es Teilnehmende gibt.
Sowohl du selbst als auch deine Teilnehmenden sollten immer eine Skizze hinzuzufügen. Lass die Skizze nicht aus. Wenn du das Gefühl hast, dass du nicht zeichnen kannst, findest du im Kapitel *Visualisieren (S. 316)* Möglichkeiten, es machbar zu machen. Eine sehr grobe Skizze ist mehr als genug! Nimm dir nicht zu viel Zeit, um sie zu erstellen (5-8 Minuten sind mehr als genug).

Wenn du diese Übung während eines Workshops vor Ort durchführst, versuch, sie in Flipchart-Größe auszudrucken (oder zu zeichnen). Es ist immer wieder cool zu sehen, was es mit unseren Köpfen macht, in einem solchen Format zu arbeiten.

Wichtige Fragen, die du stellen solltest:

Was ist der Kern deiner Idee?
Wie kannst du deine Idee in einem Satz beschreiben?
Kannst du über den Wert deiner Idee schreiben, ohne zu beschreiben, wie genau sie funktioniert?

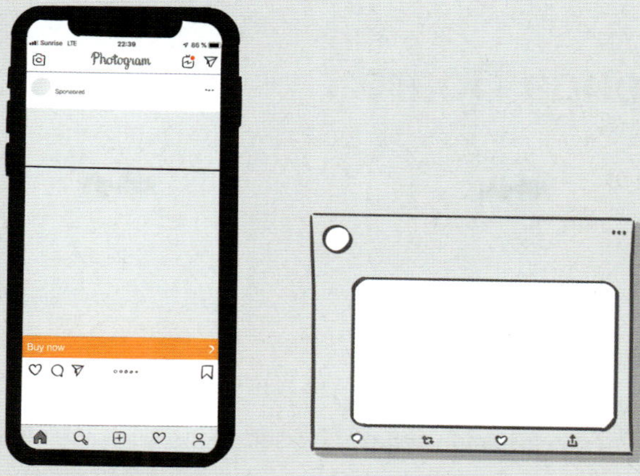

Designed von Holger Nils Pohl

Wann man es benutzt:

Erschaffen, Teilen und dazwischen

Meine liebsten Sequenzen:

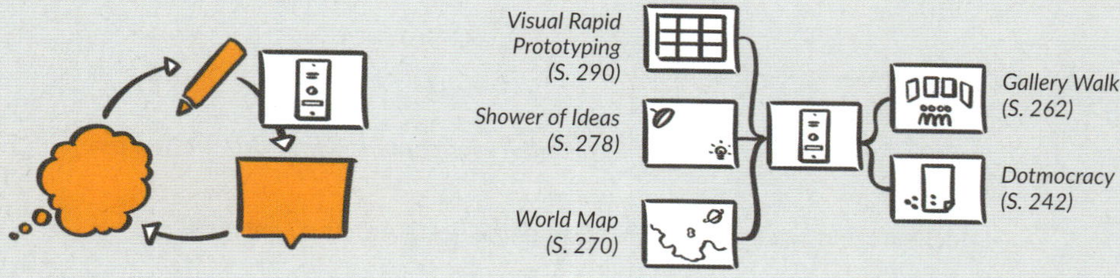

Agenda Board

Den richtigen Ton angeben und Erwartungen managen

Alignment ist ein entscheidender Erfolgsfaktor für jedes Treffen. Und je früher du damit beginnst, desto besser. Wenn du deinen Plan direkt am Anfang mitteilst, kann das sehr hilfreich sein, um Vertrauen aufzubauen. Aber für mich ist das nicht genug. Ich finde, dass mehr Leitplanken und Richtlinien hilfreich sind, damit jeder in der Sitzung sein Bestes geben kann. Deshalb verwende ich eine Vorlage für die Tagesordnung, die von meinen Freunden bei The Grove Consultants International inspiriert wurde. Ihre Originalvorlage heißt Meeting Startup Guide und du findest sie auf thegrove.com.

Sie hilft dabei, das Ziel des Meetings zu klären. Wenn sich alle über das Ziel im Klaren sind, wird das Treffen viel fokussierter ablaufen. Außerdem spreche ich gerne über die Rollen, die wir einnehmen und die Regeln, die wir befolgen sollten. Das klingt vielleicht steif, aber für eine neurodivergente Person wie mich ist es wichtig, diese Regeln zu haben. Und ich denke, dass alle neurotypischen Menschen, mit denen ich arbeite, diese Dinge ebenfalls zu schätzen wissen.

Praktische Ratschläge

Nimm den Plan, was du in dem Termin machen willst, und das Gesamtziel als gegeben hin. Was die Rollen und Regeln angeht, würde ich die Teilnehmenden allerdings selbst mitgestalten lassen. Vielleicht hast du ein paar Rollen und Regeln vorbereitet, die du hinzuziehen kannst, wenn niemand etwas sagt. Aber ich würde die Teilnehmenden sich selbst welche ausdenken lassen. Das schafft Eigenverantwortung innerhalb der Gruppe und ein höheres Maß an Alignment.

Wichtige Fragen, die du stellen solltest:

Was ist das Ziel dieses Treffens?
Was wollt ihr tun?
Welche Rollen sollten die Teilnehmenden einnehmen, damit das Treffen ein Erfolg wird?
Welche Regeln brauchst du, um heute deine beste Arbeit zu machen?

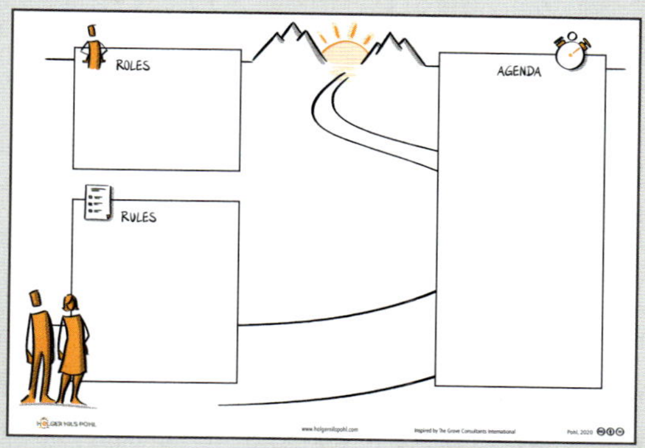

Inspiriert durch The Grove Consultants International, thegrove.com

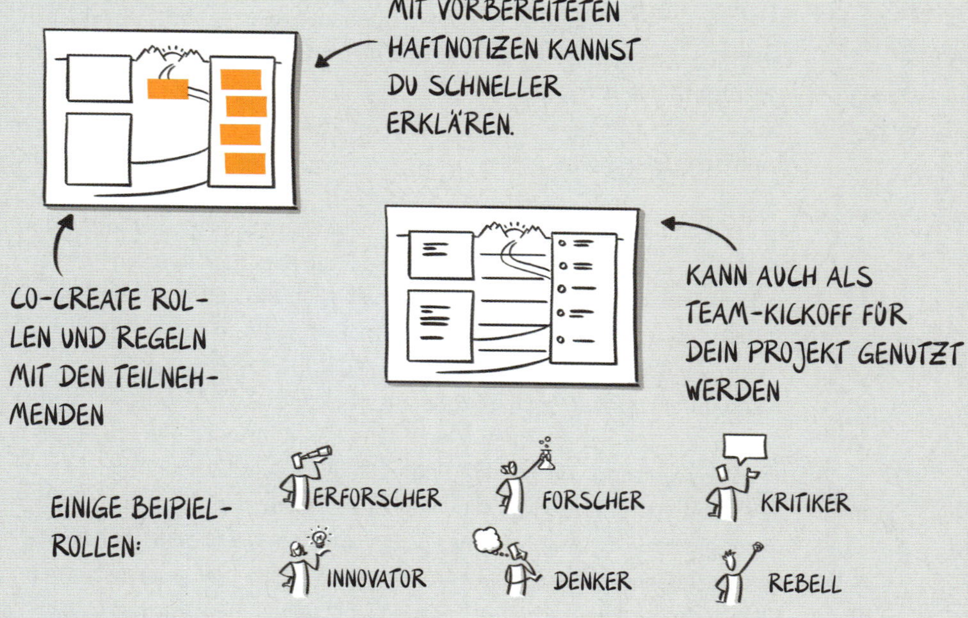

Wann man es benutzt:

Verstehen, Erschaffen und Teilen

Meine liebsten Sequenzen:

Speedboat Template

Erfahre mehr über die »Pains« deiner Kunden

Wenn du mehr über das Problem herausfinden willst, das du lösen willst und das dich im Moment zurückhält, musst du das Speedboat Template ausprobieren. Es ist einfach und hilft super. Das Originaldesign stammt von Luke Hohmann.
Stell dir vor, du sitzt in einem Speedboat und willst so schnell wie möglich zu deinem Ziel kommen. Du kannst es kaum erwarten, dort anzukommen. Aber etwas hält dich zurück. Und dieses Etwas ist ein Anker, der im Meeresgrund feststeckt.

Praktische Ratschläge

Egal, ob du das alleine oder mit anderen Leuten machst, druck diese Vorlage aus und benutz Klebezettel, um alle Fragen zu beantworten, die du zu dem Problem hast, das dich zurückhält. Kleb die Zettel auf die Anker und Ketten.

Wenn du die Vorlage in Übergröße ausdruckst, z. B. in A1 oder A0, wird es sich noch besser anfühlen. Denn dann könnt ihr euch alle um dieses visuelle Werkzeug versammeln und euch aktiv damit beschäftigen. Das macht einen großen Unterschied im Prozess, glaub mir. Dasselbe gilt übrigens auch für virtuelle Meetings (vielleicht sogar noch mehr), bei denen du die Vorlage auf ein virtuelles Whiteboard stellst und gemeinsam mit allen anderen daran arbeitest. Fordere die Teilnehmenden auf, spezifische und präzise Beiträge zu leisten. Lass sie nicht mit allgemeinen Aussagen wie »Zu viel zu tun« durchkommen. Frag sie dann, warum sie zu viel zu tun haben, wie viel zu viel ist und so weiter.

Wichtige Fragen, die du stellen solltest:

Was sind die Anker in deinem Projekt?
Was hält dich zurück?
Was verhindert im Moment eine gute Lösung?
Wovon musst du dich befreien?
Welches Verhalten steht dir im Weg?
Welche Annahmen musst du loslassen?
Was könnte der Auslöser sein, um all diese Verankerungen zu lösen?

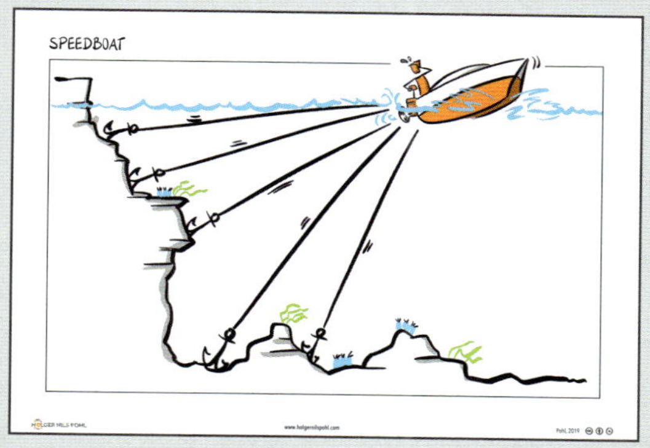

Inspiriert von Innovation Games, Luke Hohmann

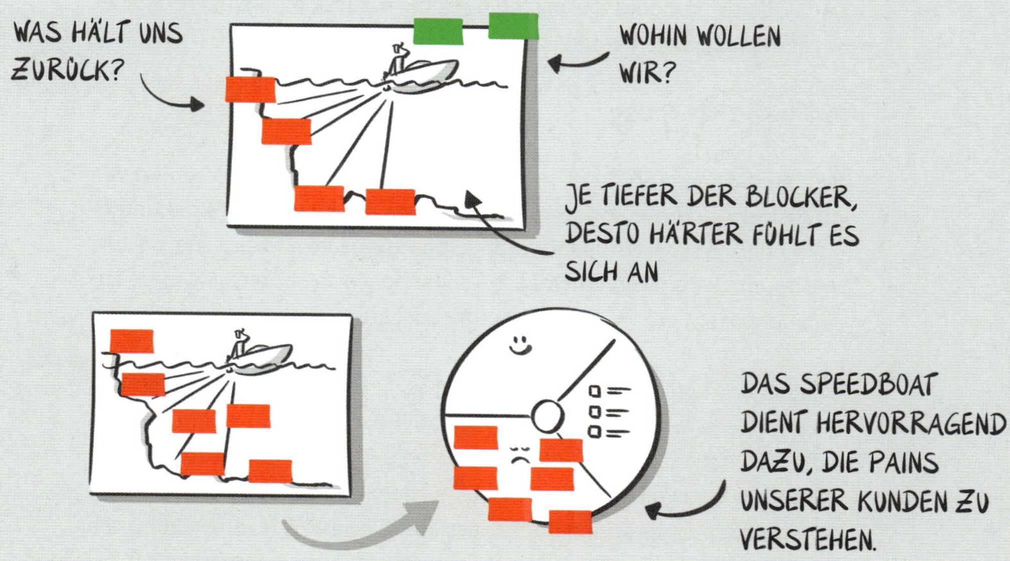

Wann man es benutzt:

Verstehen, Erschaffen und dazwischen

Meine liebsten Sequenzen:

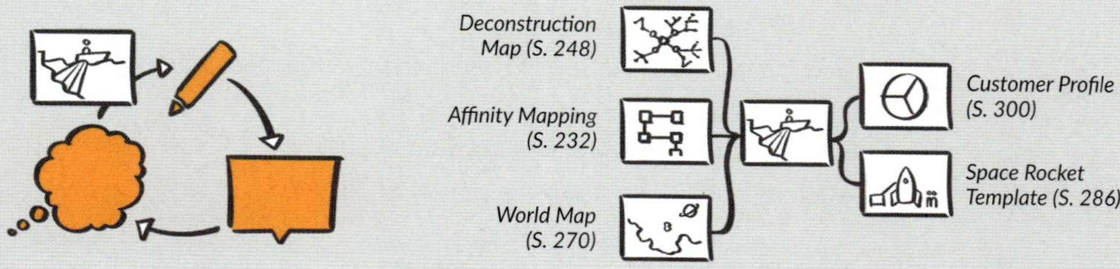

Space Rocket Template

Erkenne mehr Gains

Wie das *Speedboat Template (S. 284)* zuvor hilft dir diese Vorlage, dich auf ein bestimmtes Detail deines Problems zu konzentrieren. Hier geht es um die Gains deiner Kunden. Zur Erinnerung: Ein Kunde kann ein zahlender Kunde sein, ein Beteiligter an deinem Projekt, die Person mit dem Problem oder sogar du. Diese Menschen (und auch du) haben Pains, Gains und Jobs-to-be-done, die mit dem Problem zusammenhängen oder es sogar manchmal definieren.

Praktische Ratschläge

Wie auch immer, ob du es nur für dich selbst oder mit anderen Leuten machst, druck diese Vorlage aus und benutz Klebezettel, um die untenstehenden Fragen zu beantworten. Kleb die Haftnotizen rund um die Weltraumrakete. Wenn du magst, kannst du sie so sortieren, wie sie zusammenpassen oder einfach frei ohne Sortierung aufhängen.

Wie bei der Vorlage für das Speedboat kann es sehr cool sein, wenn du diese Vorlage in einem größeren Format wie A1 oder A0 ausdruckst. So kann sich, falls du mit einer Gruppe arbeitest, jeder um dieses visuelle Werkzeug versammeln und sich besser damit beschäftigen. Das macht einen großen Unterschied im Prozess aus. Dieses Werkzeug eignet sich auch für virtuelle Treffen, wenn du die Vorlage auf ein virtuelles Whiteboard stellst und die Teilnehmenden dann daran mitarbeiten lässt.

Wichtige Fragen, die du stellen solltest:

Wer gehört zum Team der Astronauten?
Wo wird die Rakete starten?
Was würde uns helfen, vom Boden abzuheben?
Was wäre unser Treibstoff?
Wie können wir dafür sorgen, dass alle Sicherheitsfragen vor dem Start untersucht und geklärt werden?
Wen brauchen wir für die Organisation des Starts?
Was brauchen wir, um uns bei dieser Reise wohl zu fühlen?

Designed von Holger Nils Pohl

Wann man es benutzt:

Verstehen, Erschaffen und dazwischen

Meine liebsten Sequenzen:

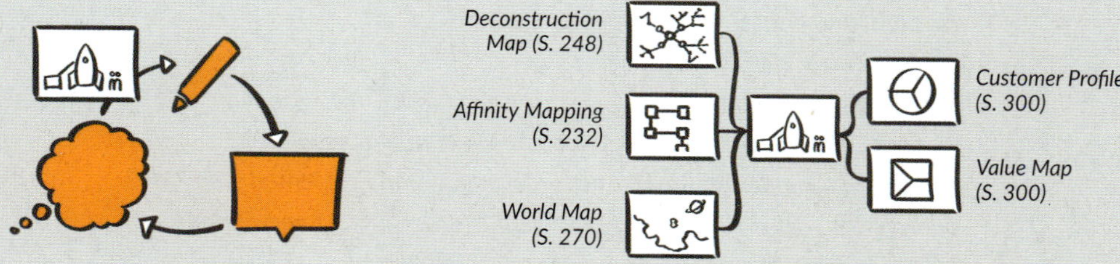

Storyflow

Eine Storytelling-Struktur

Wie ich in *Entwirf eine Geschichte (S. 184)* beschrieben habe, verwende ich für mein Storytelling gerne eine der vielen Shapes of Stories von Kurt Vonnegut. Sie sind einfach, geradlinig und lassen sich auf die meisten unserer Geschäfts- und Lebensgeschichten anwenden.

Du kannst die Geschichte an einem beliebigen Punkt auf der y-Achse (die den Zustand des Glückes oder der Zufriedenheit ausdrückt) beginnen, so wie es dir am besten passt (es muss nicht in der Mitte sein).

Auf diese Weise kann die Form jedes Mal, wenn du eine neue Geschichte erzählst, ganz anders aussehen. Stell dir vor, du beginnst ganz unten auf der Glücksachse, weil die aktuelle Situation vielleicht sehr schwierig ist (also ist es dann eher die Pechachse), und du zeigst deinen Zuhörern, wie sie diese Schwierigkeiten überwinden. Oder du fängst ganz oben an und überraschst mit einer Geschichte, die von einem möglichen drohenden Untergang erzählt und wie dieser deiner Meinung nach verhindert werden könnte. Mach den Storyflow zu deinem eigenen und forme ihn so, wie es für dich am besten passt.

Praktische Ratschläge

Nutz die Vorlage, um alle Punkte aufzuschreiben, die du während deiner Präsentation erzählen willst. Die Vorlage ermöglicht es dir, schnell zu arbeiten. Oft genug ist der Storyflow innerhalb von 10-15 Minuten ausgefüllt, selbst wenn du in einer Gruppe arbeitest. Aber ich habe auch schon mal zwei Stunden damit verbracht. Ich benutze diese Vorlage sogar, um meine Fantasy-Bücher zu skizzieren. Du siehst, es ist ein ziemlich flexibles Werkzeug.

Die wichtigsten Fragen, die du stellen solltest:

Wo stehst du heute?
Wo willst du in der Zukunft sein?
Wie sieht diese Zukunft aus?
Wann ist die Zukunft? Morgen? Nächste Woche? Nächstes Jahr?
Vor welchen Hindernissen, Herausforderungen und Problemen stehst du?
Wie wirst du diese Hindernisse und Herausforderungen überwinden?
Was sind deine Ideen, Lösungen oder nächsten Schritte?

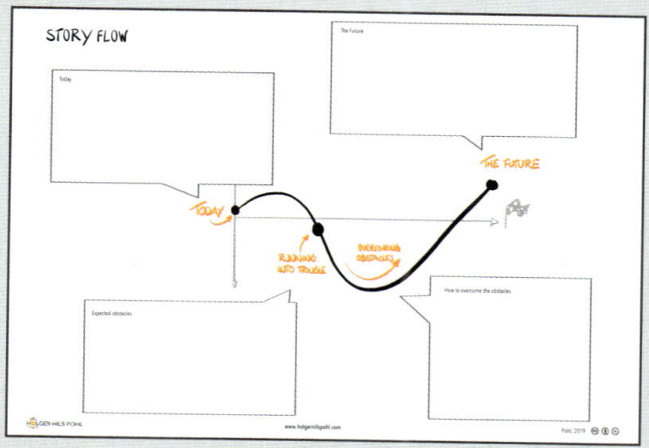

Inspiriert von Kurt Vonnegut

Wann man es benutzt:

Erschaffen, Teilen und dazwischen

Meine liebsten Sequenzen:

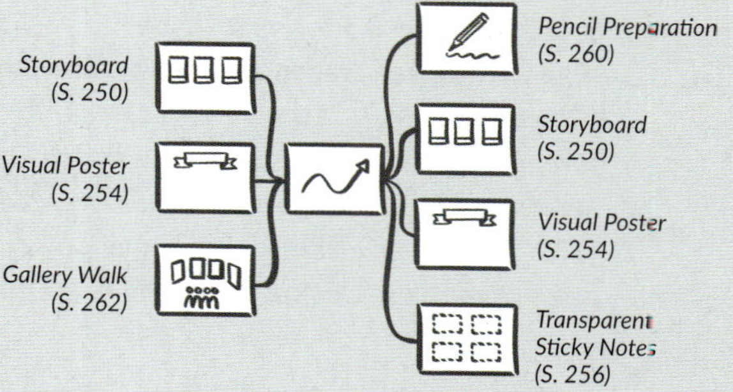

Visual Rapid Prototyping

Vertief deine Ideen

Das Problem bei vielen Ideation Sessions ist, dass sie auf einem sehr hohen und allgemeinen Niveau bleiben. Du willst aber Ideen, die spezifisch und klar sind und genau zu dem Problem passen, das du lösen willst. Marketingphrasen sind in dieser Phase nicht hilfreich. Ich hab solche flachen Ideen immer wieder kommen und gehen sehen, wie z. B. »eine Plattform schaffen«, »die beste App der Welt bauen«, »einen herausragenden Kundenservice entwickeln« oder »digitale Daten nutzen«. Kommt dir das bekannt vor? Formulier deine Ideen konkreter und klarer.

Deshalb haben Christof Breidenich und ich Visual Rapid Prototyping entwickelt, um die Menschen tief in ihre Ideen hineinzuführen, statt an der Oberfläche zu bleiben.

Praktische Ratschläge

Das Ausfüllen kann 5-15 Minuten dauern. Du beginnst mit dem ersten Block oben links und schreibst (oder besser noch skizzierst) den aktuellen Zustand der Idee hinein. In der nächsten Runde schreibst du zwei weitere Ideen oder Spezifikationen für die Idee in das folgende Feld.

Und jetzt wird es interessant. Du hast drei Stellen, um noch mehr Details oder kreative Ergänzungen hinzuzufügen. In der linken unteren Ecke und in der rechten oberen Ecke fügst du noch mehr Details zu der Idee des zweiten Schritts hinzu. Aber im mittleren Feld musst du die beiden »Nummer Zwei«-Ideen zu einer Hybrid-Idee zusammenführen. Und diesen Prozess setzt du bis zum Feld in der rechten unteren Ecke mit der »Nummer fünf« fort. Das ermöglicht es dir, mit deinen Ideen in die Tiefe statt in die Breite zu gehen. Und es macht auch einen riesen Spaß!

Die wichtigsten Fragen, die du dir stellen solltest:

Wenn du diese Idee siehst, welche weiteren Ideen inspiriert sie?
Wenn du diese beiden Ideen kombinierst, was kommt dabei heraus?
Was würde diese Idee noch besser machen?
Was würde diese Idee gut ergänzen?

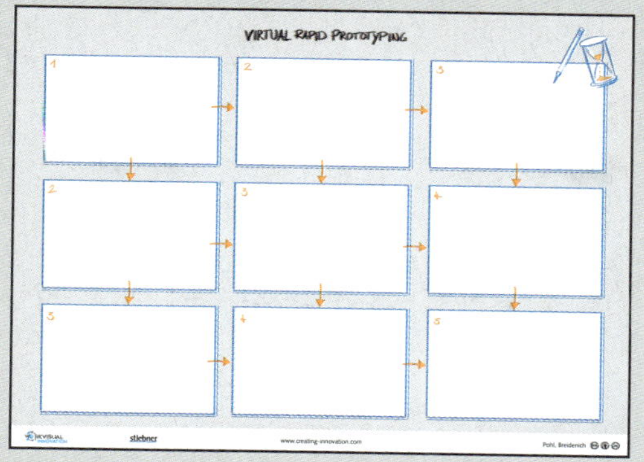

Designed von Holger Nils Pohl, Breidenich, Pohl, Creating Innovation, 2015

FOLG DEN SCHRITTEN SO SCHNELL ODER LANGSAM, WIE DU MÖCHTEST.

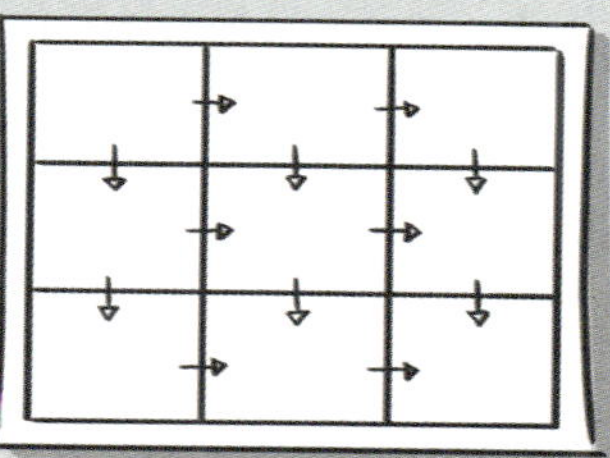

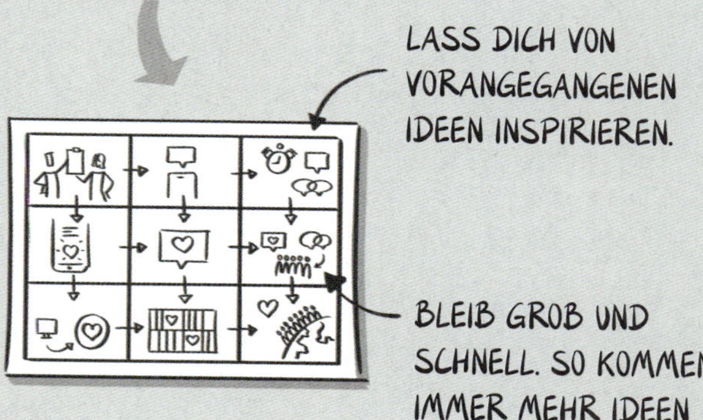

Wann man es benutzt:

Erschaffen, Teilen und dazwischen

Meine liebsten Sequenzen:

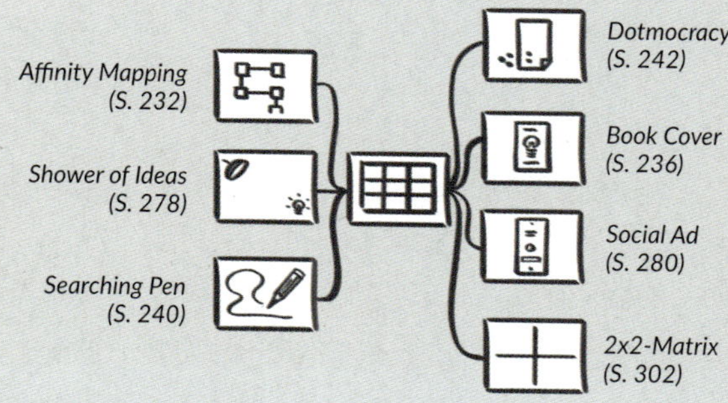

Kapitel 18
VISUELLE ANALYSE-WERKZEUGE

Transformation Gap

Wie bereit bist du für die Transformation?

Die Transformation Gap ist ein weiteres Werkzeug von Christian Rangen, und dieses Mal dient es als Gesprächsleitfaden und Ausrichtungsinstrument. Wenn du das Bedürfnis hast, dein Unternehmen zu verändern, nimmst du dieses Tool zur Hand und führst erstmal ein Gespräch mit deinem Team über eure strategischen Ziele. Danach machst du mit drei Einschätzungen weiter, bei denen alle mit abstimmen. Müssen wir uns verändern, um das zu erreichen? Sind wir bereit für die Transformation? Und wie groß ist unsere Transformationslücke? Oft ergeben sich aus diesen Einschätzungen gute und offene Gespräche. Zu guter Letzt schreibst du die Bereiche auf, in denen ihr euch verbessern und die Transformation Gap schließen könntet.

Praktische Ratschläge

Da es sich um ein Ausrichtungsinstrument handelt, bevorzuge ich einen strikten Prozess bei der Arbeit mit diesem Instrument.
1. Lass die Mitarbeitenden ihre Haftnotizen individuell in den Block einfügen, an dem ihr gerade arbeitet (beginnend mit den strategischen Zielen).
2. Lass sie erzählen, warum sie sie dort angebracht haben.
3. Führ ein Gespräch oder eine Diskussion über jeden Punkt.
4. Geh zum nächsten Block über (z. B. »Transform!?«) und beginne diesen Vorgang von vorne.

Wenn du diesen Prozess befolgst, wirst du viele unausgesprochene Wahrheiten und Meinungen sowie ehrliche Aussagen aufdecken, die sonst verborgen geblieben wären.

Wichtige Fragen, die du stellen solltest:

Wie wird unser Unternehmen in zehn Jahren aussehen?
Wie stark müssen wir uns verändern, um unsere
unsere Ziele zu erreichen?
Wie bereit und fähig ist unsere Organisation für diesen Wandel?
Wie groß ist die Transformationslücke?
Wie können wir die Lücke schließen?

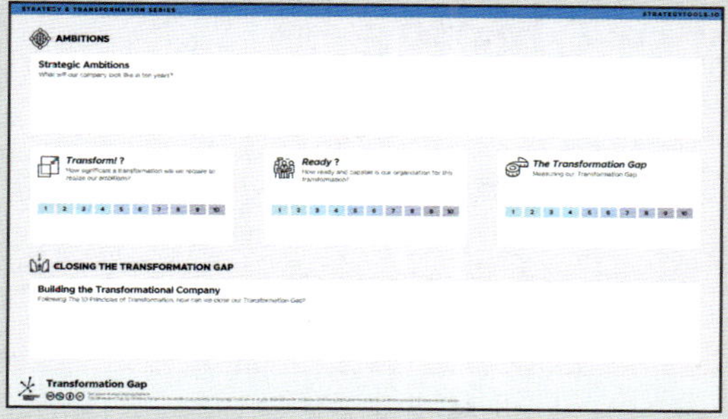

Designed von Christian Rangen, strategytools.io

Wann man es benutzt:

Meine liebsten Sequenzen:

Verstehen

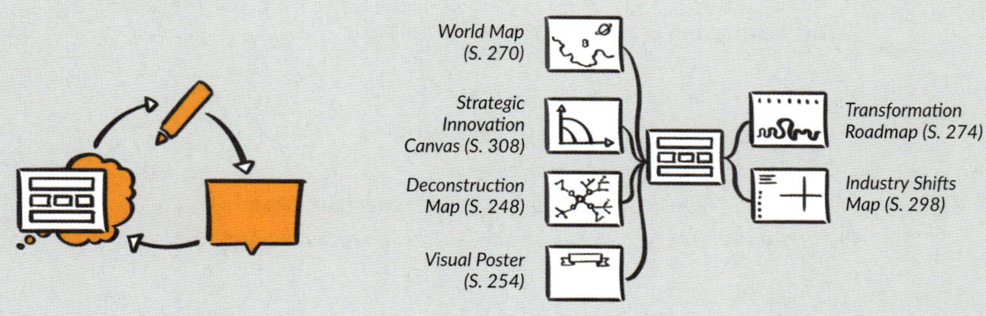

Wheel of Change

Ändere dein Leben

Als ich das erste Mal von Marshall Goldsmiths Wheel of Change erfuhr, war ich überwältigt von seinem Potenzial und seiner Kraft, das eigene Leben zu verändern. Es ist einfach und komplex zugleich und vor allem schafft es viel Klarheit.

Kurz gesagt: Du denkst darüber nach, was in deinem Leben im Moment positiv und negativ ist. Anschließend überlegst du, was du beibehalten möchtest (oder musst) und was du ändern solltest. Für mich persönlich waren speziell die Kategorien »Akzeptieren und Eliminieren« augenöffnend. Mit den negativen Dingen in meinem Leben Frieden zu schließen, weil ich sie behalten musst, und sie deshalb zu akzeptieren, war für mich eine enorme Erleichterung.

Praktische Ratschläge

Ich verwende für diese Übung auch wieder gerne Haftnotizen. Oft mache ich das, nachdem ich eine *Deconstruction Map (S. 248)* erstellt habe, und schreibe die Elemente der Karte auf Klebezettel.

Um besser zu sehen, ob ein Punkt positiv oder negativ ist, markiere ich meine Haftnotizen gerne mit Emojis. So kann ich sie nicht nur auf dieser Achse sortieren, sondern sie können mir auch bei der Entscheidung helfen, ob ich etwas ändern oder behalten möchte.

Ein Zettel nach dem anderen kommt dann auf das Wheel of Change. Jeder Punkt löst ein kurzes mentales Gespräch mit mir selbst aus, bei dem ich die Fragen hier unten benutze, um Klarheit zu gewinnen.

Die wichtigsten Fragen, die du stellen solltest:

Warum ist es positiv oder negativ?
Warum willst du es ändern oder beibehalten?
Was kannst du erfinden oder streichen?
Kannst du Dinge, die gut laufen, verbessern oder hinzufügen?
Auch wenn du es nicht magst, womit solltest du dich abfinden?

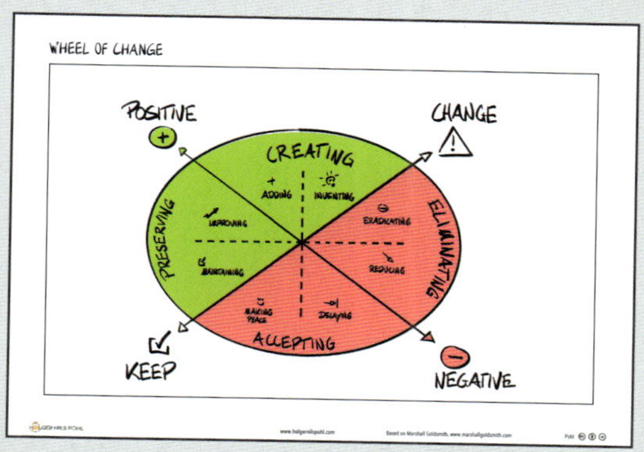

Inspiriert von Marshall Goldsmith, marshallgoldsmith.com

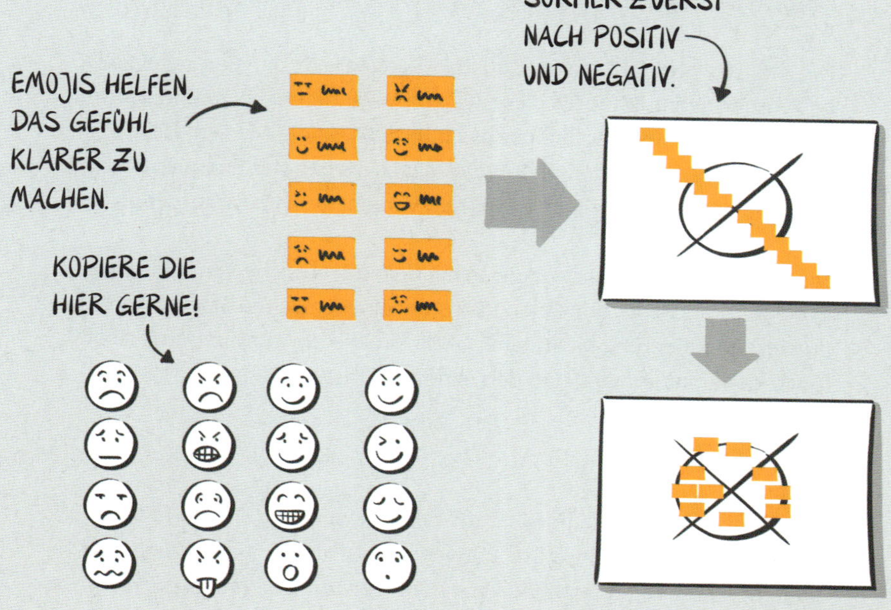

Wann man es benutzt:

Verstehen, Erschaffen und dazwischen

Meine liebsten Sequenzen:

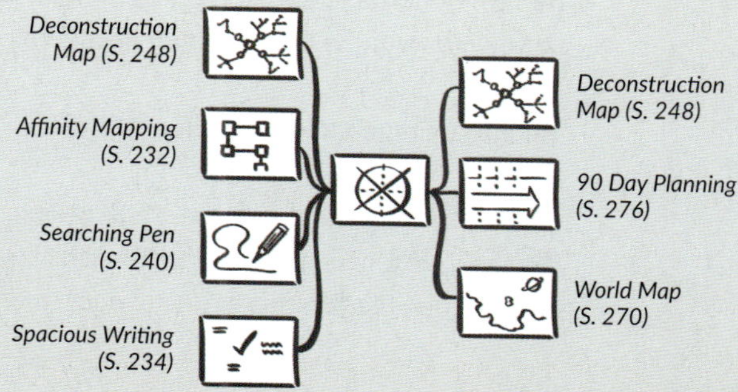

Industry Shifts Map

Sieh den Wandel kommen und bereite dich vor

Wir können klar sehen, was kurz vor uns liegt, aber alles, was weit weg ist, ist wie in Nebel gehüllt. Das gilt vor allem für Branchenveränderungen, die in der Regel über einen Zeitraum von mehr als 10 Jahren stattfinden und eine ganze Branche, deren Normen oder die Art und Weise, wie Dinge in der Branche erledigt werden, durcheinanderbringen.

Die Industry Shifts Map von Christian Rangen hilft dir, eine regelmäßige »Vorhersageroutine« für diese Art von Veränderungen zu entwickeln. Beispiele dafür sind der Einfluss des Internets auf die Medien, Billigfluglinien, die das Reisen verändern, die Macht dezentraler Energieparadigmen und wie selbstfahrende Autos den Verkehr verändern werden.

Dies ist ein Bewusstseinswerkzeug, mit dem du mögliche Veränderungen in deiner Branche identifizieren kannst. In einem zweiten Schritt ordnest du diese Veränderungen auf einer Skala ein, die die interne Bereitschaft für diese Veränderungen und den externen Druck abbildet.

Praktische Ratschläge

Dieses Instrument funktioniert am besten, wenn du im Vorfeld einige Nachforschungen anstellst. Entweder holst du dir einen Trendscout oder Futuristen für ein Interview mit dem Team oder du recherchierst am Schreibtisch über kommende Trends. Oft haben die Teammitglieder aber auch schon ein gutes Gespür für Trends und Verschiebungen. Ein Mix aus allem ist immer am besten.
Nimm die Industry Shifts Map als Instrument, um ein tiefgreifendes Gespräch über den Zustand deines Unternehmens und die Gefahren zu führen, denen es ausgesetzt sein könnte. Das ist deine Chance, jetzt zu handeln und die Veränderungen anzugehen, bevor sie dich hart treffen.

Wichtige Fragen, die du stellen solltest:

Welche schwachen Signale kannst du in deiner Branche erkennen?
Welche Überzeugungen in deiner Branche könnten unter Druck stehen?
Was machen die Vorreiter in deiner oder einer Schwesterbranche?

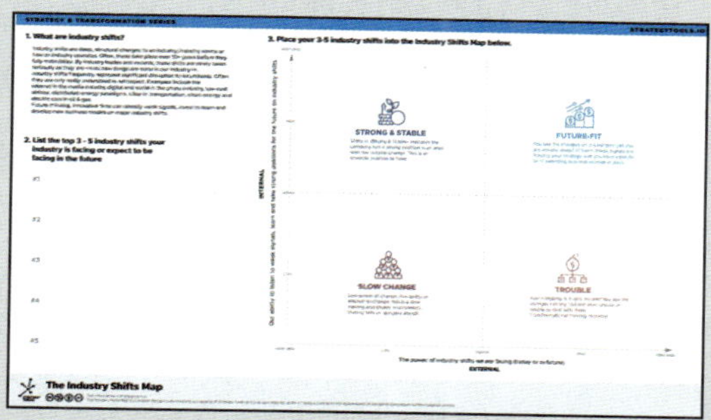

Designed von Christian Rangen, strategytools.io

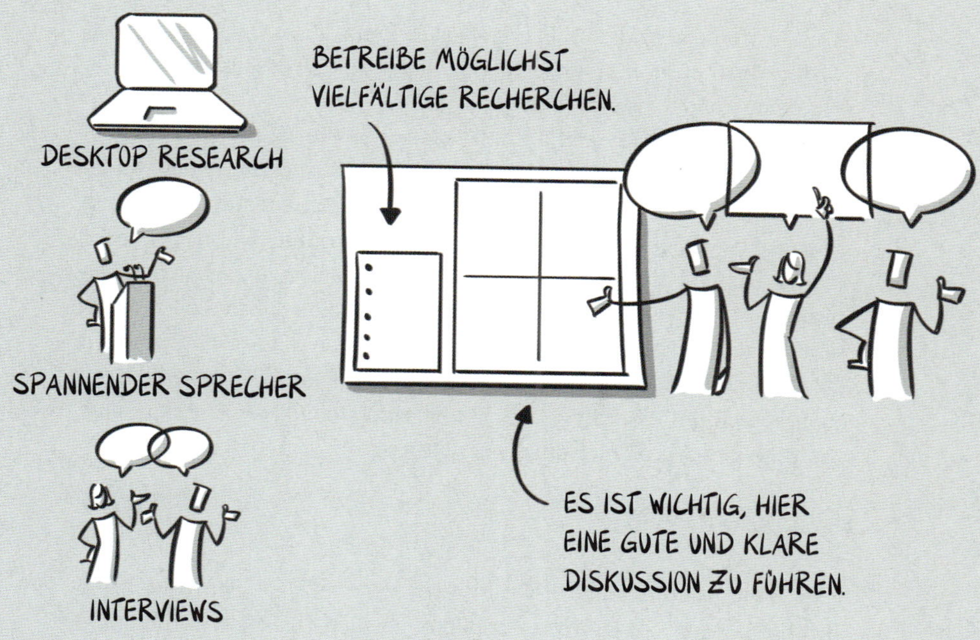

Wann man es benutzt:

Verstehen

Meine liebsten Sequenzen:

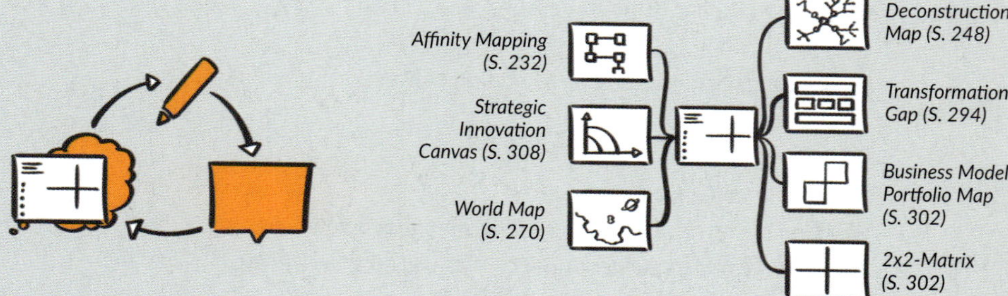

Customer Profile

Und der Value Proposition Canvas

Das Customer Profile ist eines meiner meistzitierten visuellen Werkzeuge. Das liegt daran, dass wir alle – du, ich, Start-ups, Unternehmen, NGOs, alle – unsere Kunden besser verstehen müssen.

Das Customer Profile ist Teil des Value Proposition Canvas von Alex Osterwalder und Yves Pigneur, der dir helfen soll, zu beschreiben, wie du für deine Kunden einen Mehrwert schaffst.
Das Customer Profile enthält drei Felder: Jobs-to-be-done, Gains und Pains. Ich mag es wegen seiner Einfachheit. Kurz gesagt, denkst du an die Aufgaben, die deine Kunden jeden Tag erfüllen müssen (du solltest dich auf die Dinge konzentrieren, die mit deinem Geschäft oder Angebot zu tun haben) – das sind die Jobs-to-be-done. Und zweitens hast du die Gains – Dinge, die sie erreichen wollen. Dann gibt es noch die Pains, die auf die zu erledigenden Aufgaben folgen könnten – ihre Befürchtungen und unerwünschten Folgen. Das Customer Profile ist ein so mächtiges und komplexes Werkzeug, dass ich dir empfehle, das Buch Value Proposition Design von Alex und Yves zu lesen.

Praktische Ratschläge

Beschreib das Customer Profile so genau wie möglich. Formulier keine hochtrabenden Schlagworte, sondern versuch, die Jobs-to-be-done, Gains und Pains spezifisch zu formulieren und zu quantifizieren. Frag dich z. B., ob es ein Gain ist, 200 km oder 500 km mit einem Elektroauto zu fahren, statt nur »hohe Reichweite« zu schreiben.
Streb an, viele Haftnotizen auf dem Customer Profile anzubringen. Je mehr, desto besser für die Gewinnung von Erkenntnissen. Dafür ist es auch eine gute Übung, fünfmal nach dem »Warum« zu fragen, um die Beweggründe deiner Kunden besser zu verstehen.

Die wichtigsten Fragen, die du stellen solltest:

Was sind die Aufgaben deiner Kunden?
Was müssen oder wollen sie tun?
Was sind die erwarteten oder gewünschten Ergebnisse?
Was sind die Ängste deiner Kunden? Was wollen sie vermeiden?

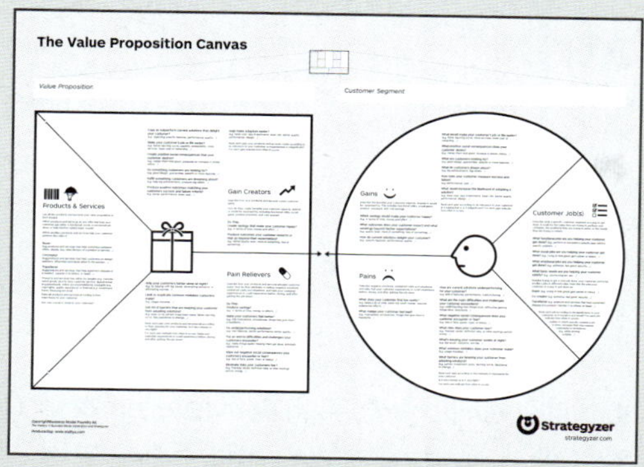

Designed von Alex Osterwalder, Yves Pigneur, strategyzer.com

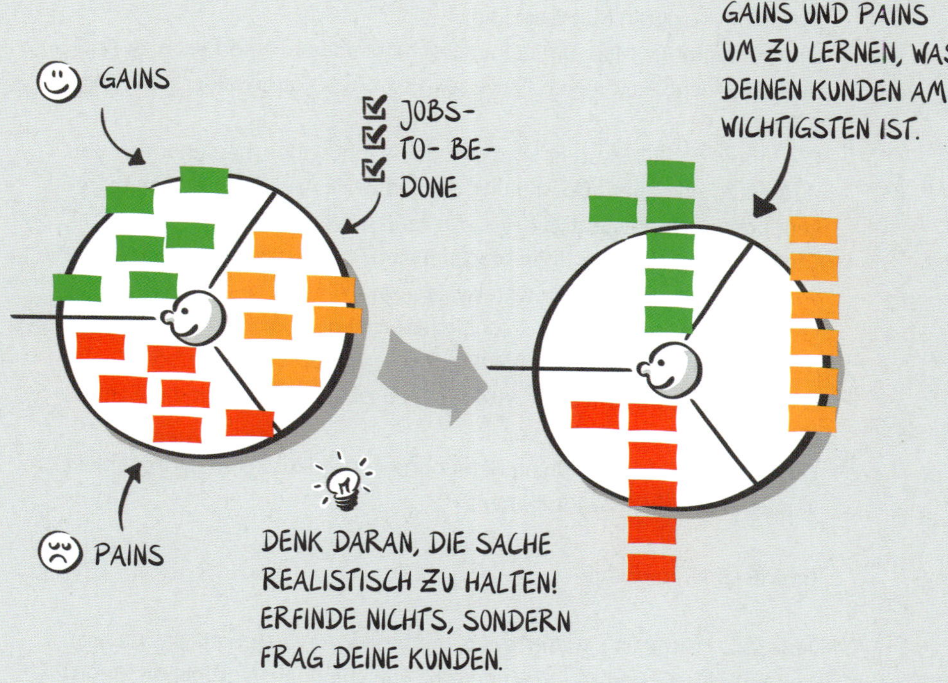

Wann man es benutzt:

Verstehen! Erschaffen und Teilen

Meine liebsten Sequenzen:

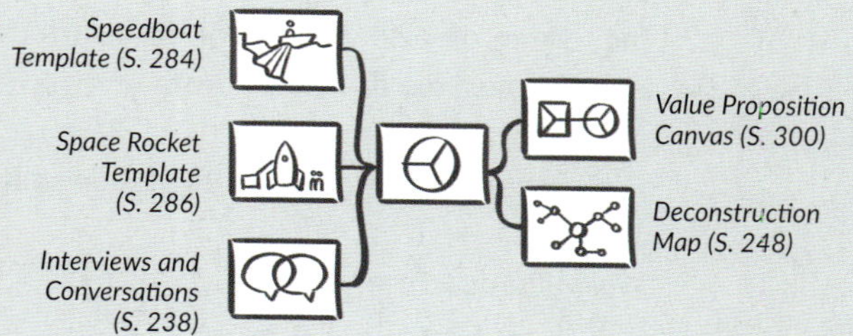

2x2-Matrix

Das Schweizer Taschenmesser der visuellen Werkzeuge

Was soll man über die heimliche Königin der visuellen Werkzeuge sagen? Die 2x2-Matrix ist ein universelles Werkzeug für sich. Es gibt Hunderte, wenn nicht Tausende von möglichen Kombinationen. Aber sie haben eines gemeinsam – sie können ein enormes Maß an Klarheit schaffen.
Meine bevorzugten Matrizen sind:
Die Assumptions Map, um deine Geschäftsmodell-Hypothesen zu priorisieren (Wichtigkeit gegen Beweise) – von Alex Osterwalder und David J. Bland.
Die Innovation Ecosystem Map, um deine Innovationsbemühungen und -lücken zu erkennen (Darstellung des Einflusses auf das Wachstum gegenüber dem Innovationsgrad) – von Tendayi Viki und mir.
Die Business Model Portfolio Map, um dein Portfolio zu bewerten und zu verwalten – von Alexander Osterwalder und Yves Pigneur.
Die BCG-Matrix, um deine Geschäftsbereiche oder Produkte zu analysieren (Marktwachstum versus Marktanteil) – von Bruce Henderson.
Die SWOT-Matrix, um dein Unternehmen zu bewerten (Stärken, Schwächen, Chancen und Gefahren).
Die Priority-Matrix, um deine Bemühungen zu fokussieren (Dringlichkeit versus Wichtigkeit der Aufgaben).

Praktische Ratschläge

Jede 2x2-Matrix ist ein Werkzeug, um besser zu verstehen, was du hast, und um eine Grundlage für fundierte Entscheidungen zu haben. Sie ist ein hervorragender Anlass für ein Gespräch und ein guter Fokuspunkt für Diskussionen und Sitzungen. Ich stelle oft mehrere Matrizen hintereinander auf, um den Entscheidungsprozess oder die Klarheit zu verbessern. Sei dir nur bewusst, dass die falschen Dimensionen zu falschen Ergebnissen führen können, was wiederum schwache Entscheidungen zur Folge hat. Nimm dir also Zeit, bevor du dich für die Dimensionen der Matrix entscheidest, die du verwendest.

Die wichtigste Frage, die du dir stellen solltest:

Was willst du lernen?

ASSUMPTIONS MAP

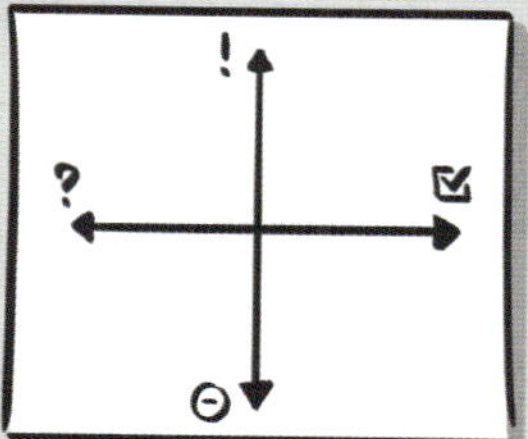

Alex Osterwalder, David J. Bland, precoil.com

INNOVATION ECOSYSTEM MAP

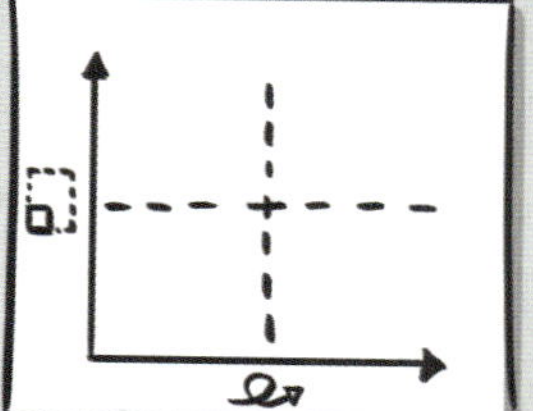

Tendayi Viki, Holger Nils Pohl, Pirates in the Navy

BUSINESS MODEL PORTFOLIO

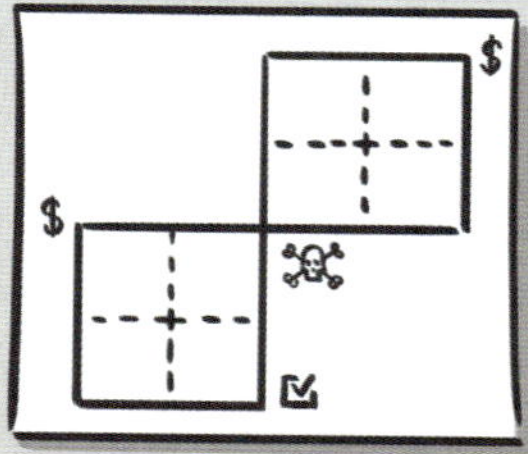

Alex Osterwalder, Yves Pigneur, strategyzer.com

BCG-MATRIX

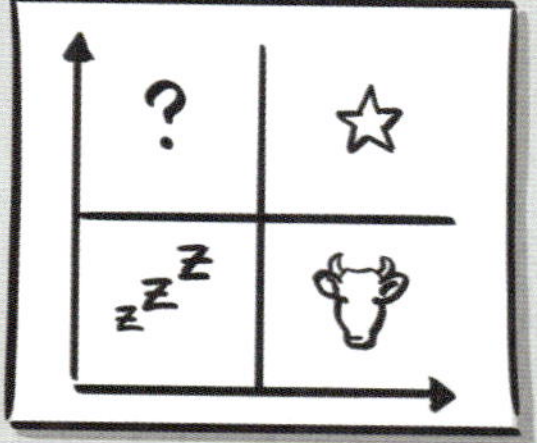

Bruce Henderson, Boston Consulting Group

SWOT-MATRIX

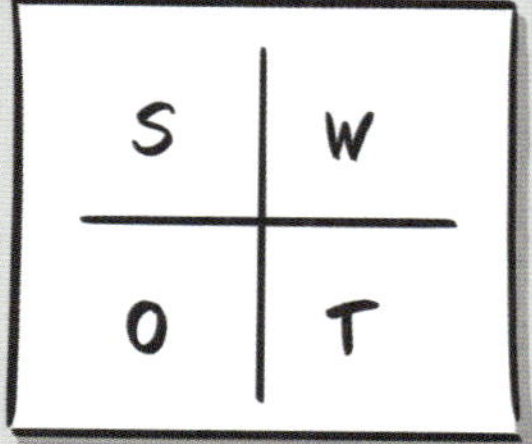

PRIORITY-MATRIX

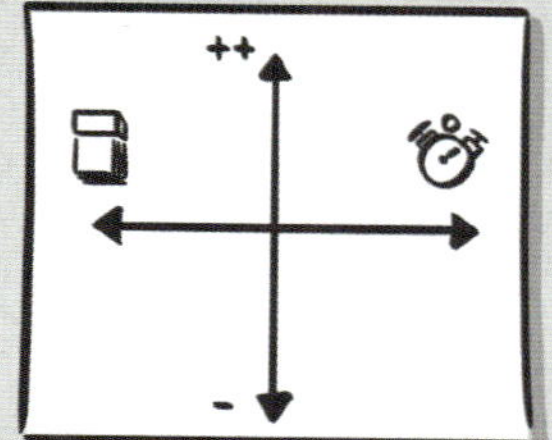

Wann man es benutzt:

Verstehen, Erschaffen und Teilen

Meine liebsten Sequenzen:

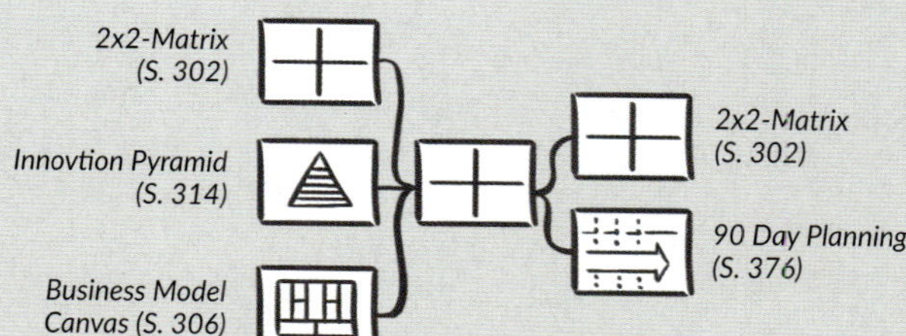

Kapitel 19
VISUELLE ERKUNDUNGS-WERKZEUGE

Business Model Canvas

Wie du Wert für dein Unternehmen schaffst

Wenn du mich nach dem Werkzeug fragst, mit dem mein gesamtes Denken und Bewusstsein für visuelle Werkzeuge begonnen hat (abgesehen vom Zeichnen selbst), dann ist dies das richtige. Der Business Model Canvas von Alexander Osterwalder und Yves Pigneur hilft dir zu beschreiben, wie du Wert für dein Unternehmen schaffen und erfassen kannst. Es ist das ursprüngliche visuelle Erkundungswerkzeug. Es dient dazu, dein bestehendes Geschäftsmodell zu verstehen, neue Geschäftsmodelle zu entwickeln und sie mit deinem Publikum zu teilen. Ich bezeichne die rechte Seite der Leinwand oft als die vordere Bühne deines Geschäftsmodells, also alles, was dem Kunden zugewandt ist. Die linke Seite ist hinter der Bühne (Backstage), d.h. alle Dinge, die passieren müssen, damit alles auf der Bühne funktionieren kann.

Praktische Ratschläge

Konzentrier dich auf das große Ganze und verlier dich nicht in den Details. Wenn du dir immer vor Augen hältst, dass jeder Baustein des Canvas miteinander verbunden ist, kannst du das zu deinem Vorteil nutzen und eine Geschäftsmodell-Geschichte entwerfen. Schreib (oder zeichne) nur eine Idee auf einen Klebezettel (keine Aufzählungen oder Listen). So kannst du Inhalte schnell und einfach entfernen, falls sie stören, und hast die nötige Freiheit, um bei Bedarf zu iterieren und ganz neu zu starten. Außerdem solltest du dir über deine Farbcodierung im Klaren sein. Sorg für Ordnung, damit du professionell arbeiten kannst.

Wichtige Fragen, die du dir stellen solltest:

Was sind die Kundensegmente, die du bedienst?
Welches Leistungsversprechen bietest du ihnen?
Über welche Kanäle erreichst du deine Kunden?
Wie ist deine Beziehung zu deinen Kunden?
Wie generierst du Einnahmen?
Welche Schlüsselaktivitäten müssen vorhanden sein?
Ohne welche wichtigen Ressourcen wäre dies nicht möglich?
Welche wichtigen Partner müssen für dein Modell mit ins Boot geholt werden? Und was kostet das alles?

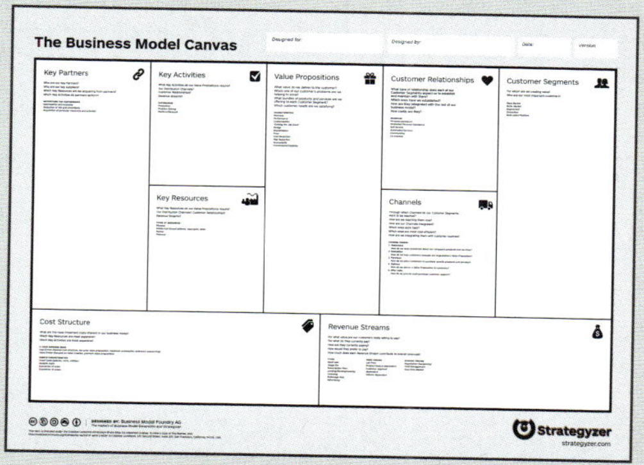

Designed von Alex Osterwalder, Yves Pigneur, strategyzer.com

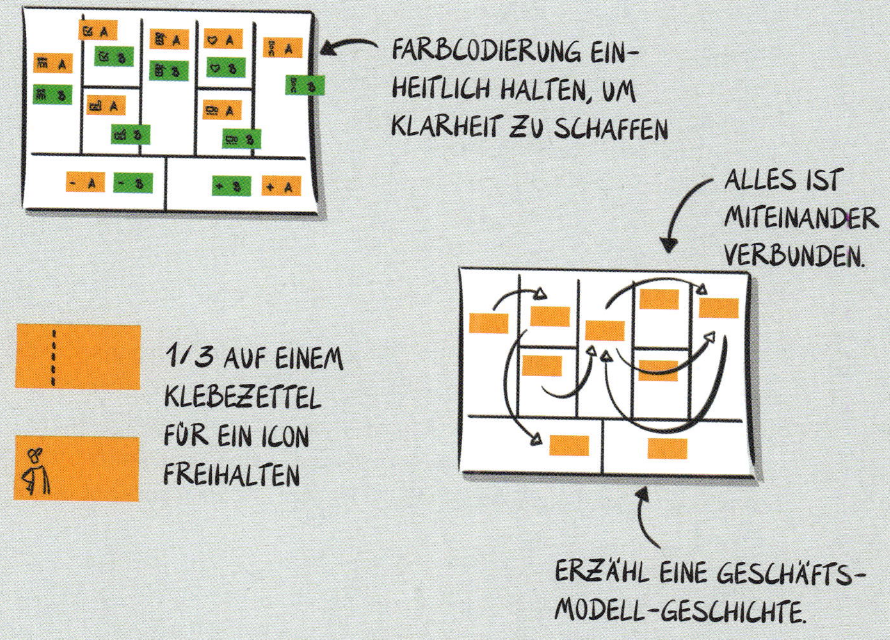

Wann man es benutzt:

Verstehen, Erschaffen und Teilen

Meine liebsten Sequenzen:

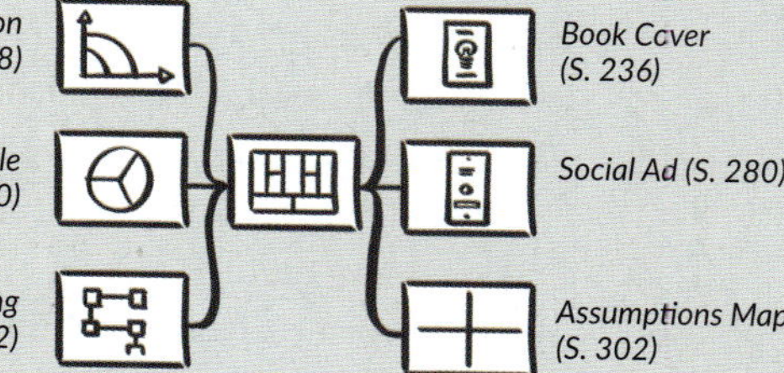

Strategic Innovation Canvas

Langfristig und strategisch planen

Vor Jahren hat mir Christian Rangen dieses Werkzeug gezeigt, und seitdem gehört es in meinem Standard-Werkzeugkasten. Der Strategic Innovation Canvas hilft dir bei deiner strategischen Planung. Damit misst du deine Aktivitäten auf einer Zeitskala im Verhältnis zum Innovationsgrad. In den meisten Fällen verwende ich einen Zeitrahmen von 10 Jahren, um darauf zu planen.
Er eignet sich sowohl für dein Unternehmen als auch für deine persönliche Entwicklung. Wenn du an deinem Geschäft arbeitest, wirst du Geschäftsmodelle darauf platzieren. Wenn du ihn für deine Selbstentwicklung nutzt, wirst du Verhaltensweisen, Denkweisen oder Jobs darauf setzen.

Praktische Ratschläge

Setz zunächst deinen Ist-Zustand unten links und deine Zukunftsvision oben rechts ein. Dann überleg dir, welche Fortschritte du auf dem Weg zu deiner Zukunftsvision machen kannst. Vergiss aber nicht die Chancen, die sich dir dadurch bieten. Gibt es etwas, das du sofort tun könntest, das sich aber jetzt noch undenkbar anfühlt? Platzier das oben links auf dem Canvas.
Du wirst sehen, wie sich deine zukünftige Strategie herauskristallisiert, die es dir ermöglicht, täglich bewusster bei strategischen Entscheidungen zu handeln. Der Strategic Innovation Canvas funktioniert wie dein Dashboard. Wenn du an deinem Unternehmen arbeitest, kannst du auch in jeden Punkt, den du auf diesem Tool platzierst, hereinzoomen und ein *Business Model Canvas (S. 306)* dafür ausfüllen.

Wichtige Fragen, die du dir stellen solltest:

Wo stehst du im Moment?
Wo willst du in 10 Jahren stehen?
Was ist deine Vision?
Was sind logische, schrittweise oder radikale Verbesserungen auf dem Weg dorthin?
Was könntest du jetzt schon tun, das unglaublich wäre, dich aber trotzdem deiner Vision sehr nahe bringt?

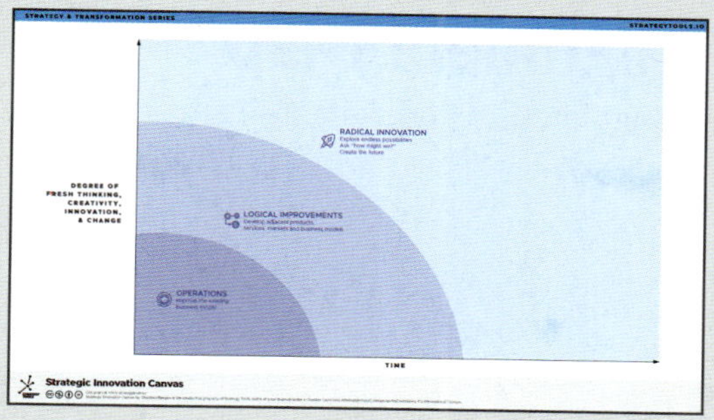

Designed von Christian Rangen, strategytools.io

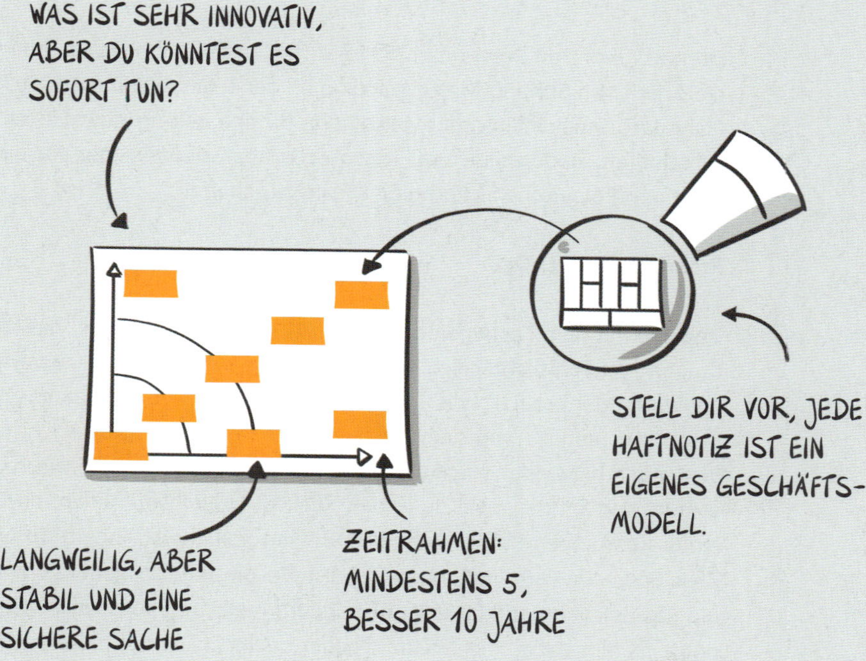

Wann man es benutzt:

Verstehen, Erschaffen und Teilen

Meine liebsten Sequenzen:

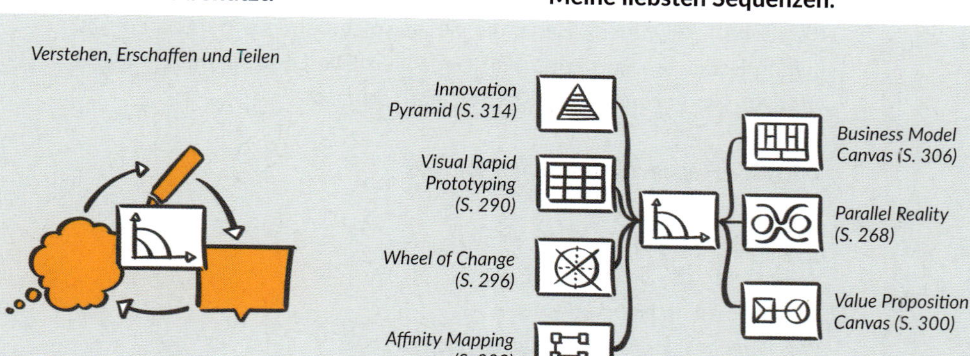

Team Alignment Map

Dein Erfolg hängt letztlich von deinem Team ab

Am Ende kommt es auf die Menschen an. Wenn du und deine Mitarbeitenden oder dein Team nicht gut arbeiten, werden die Ergebnisse bestenfalls mittelmäßig sein.

Du musst von Anfang an den richtigen Ton angeben. Deshalb liebe ich die Arbeit von Stefano Mastrogiacomo an der Team Alignment Map. Sie dient dazu, ein gemeinsames Verständnis für den Beitrag jedes Einzelnen zu schaffen, Bedürfnisse und Ressourcen abzustimmen und vor allem mehr psychologische Sicherheit im Team zu schaffen.

Praktische Ratschläge

Beginne mit dem Festlegen der Ziele und leg dann rechts die Verpflichtungen (wer verpflichtet sich, was zu tun?) und Ressourcen (wer kann was anbieten oder braucht was?) fest. Und beende den Vorwärtspass – wie Stefano es nennt – mit dem Aufzeigen der Risiken (z. B. dass ich nicht genug Zeit habe oder durch andere Projekte abgelenkt werde). Nach diesem letzten Schritt gehst du in den Rückwärtsdurchlauf, indem du fehlende Ressourcen umwandelst und Risiken abmilderst, indem du neue Ziele und neue Verpflichtungen erstellst. Bei diesem Tool geht es weniger um das Zeichnen und Illustrieren, sondern mehr um die visuelle Mitplanung. Es hilft dabei, die Teammitglieder buchstäblich auf dieselbe Seite zu bringen, indem es deutlich macht, wer was in Bezug auf die anderen tun sollte. Halte dich mit deinen Gedanken nicht zurück und schreibe sie auf die Klebezettel. Verwende keine Floskeln, sondern formuliere deine Gedanken konkret und passend zu deiner Realität. Die Team Alignment Map schafft Alignment. Behandle sie als solche und sei transparent mit deinen Bedenken und kritischen Gedanken. Die Leistung deines Teams wird von der gegenseitigen Klarheit stark profitieren.

Wichtige Fragen, die du stellen solltest:

Was wollen wir gemeinsam erreichen?
Wer macht was und mit wem?
Welche Ressourcen brauchen wir?
Was kann uns daran hindern, erfolgreich zu sein?

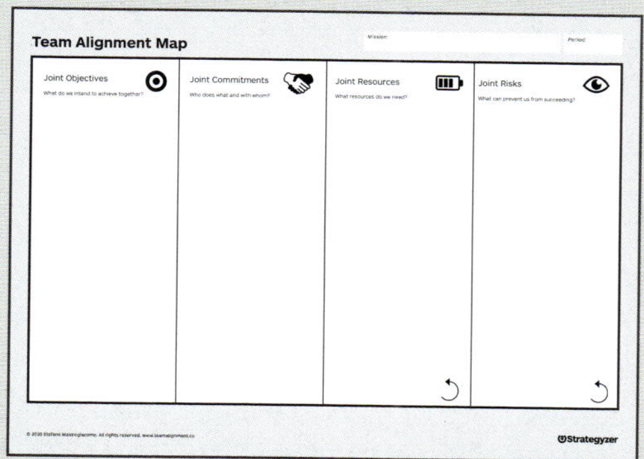

Designed von Stefano Mastrogiacomo, strategyzer.com

Wann man es benutzt:

Meine liebsten Sequenzen:

Verstehen, Erschaffen und Teilen

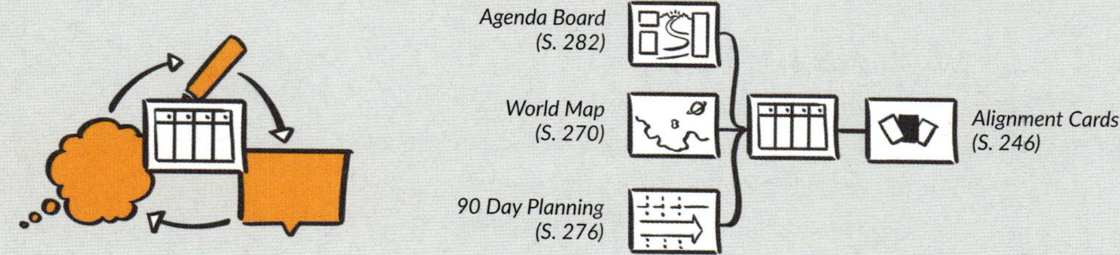

Culture Map

Gestalte die Art und Weise, wie du arbeiten willst

»Kultur isst Strategie zum Frühstück« ist ein Ausspruch von Peter Drucker und ich glaube fest daran. Die beste Strategie wird scheitern, wenn dein Unternehmen eine Arbeitskultur hat, die großartige Arbeit verhindert. Aus dieser Erkenntnis heraus hat Dave Gray die Culture Map entwickelt.

Das Bild eines Gartens hilft, dieses Werkzeug zu verstehen. Ganz unten hast du den Boden mit all den Nährstoffen und dem Wasser, die den Wurzeln alles geben, was sie brauchen, um die Pflanzen zu ernähren (wir nennen sie Enabler) oder schädliche Stoffe (wir nennen sie Blocker). In der Mitte siehst du die Stämme der Pflanzen, die deine Kultur in Form von Verhaltensweisen tragen. Und an der Spitze siehst du die blühenden Ergebnisse deiner Kultur.

Praktische Ratschläge

Die Culture Map funktioniert am besten, wenn du damit beginnst, deine bestehende Kultur zu analysieren. Trage alles ein, was dir in den Sinn kommt, vor allem Enabler und Blocker; diese sind besonders interessant, weil sie die Ursachen für alles sind, was du in deiner Kultur siehst – gut und schlecht.

Als zweites füllst du eine zusätzliche Culture Map mit deinem gewünschten Endzustand aus (die Kultur, die du in deinem Unternehmen sehen möchtest). Oft ist es einfacher, zuerst die Ergebnisse einzutragen und dann zu den Verhaltensweisen und schließlich zu den Enablern und Blockern überzugehen. Enabler und Blocker sind dein größter Hebel, um deine Kultur langfristig zu verändern.

Die wichtigsten Fragen, die du dir stellen solltest:

Was ist die Auswirkung?
Wie gehen wir die Dinge hier an?
Wie sieht ein guter oder ein schlechter Tag bei uns aus?
Warum verhalten wir uns so, wie wir es tun?
Was sind ungeschriebene Regeln, Gewohnheiten und Routinen?

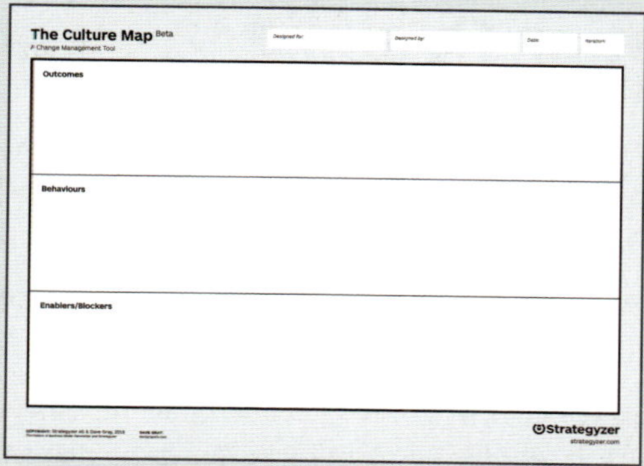

Designed von Dave Gray, strategyzer.com

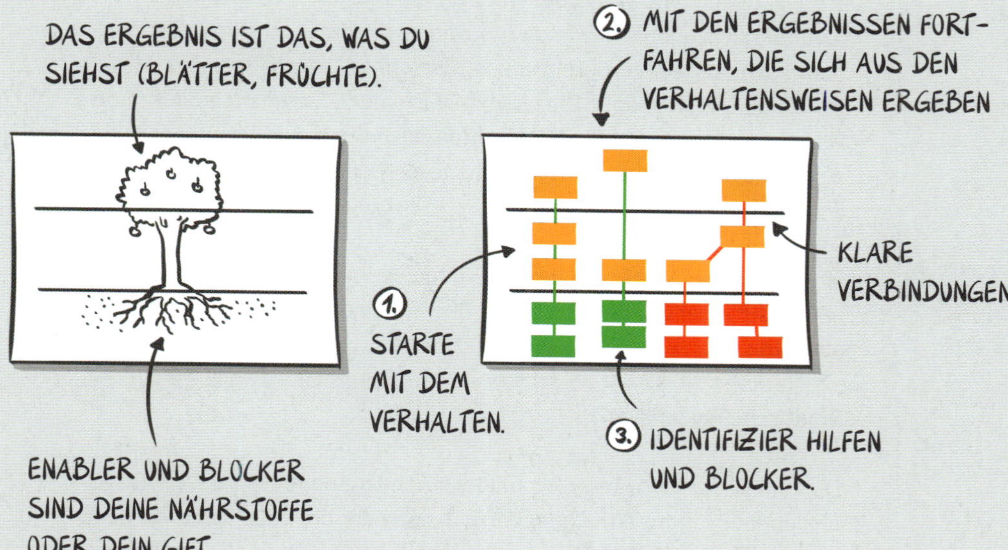

Wann man es benutzt:

Verstehen, Erschaffen und Teilen

Meine liebsten Sequenzen:

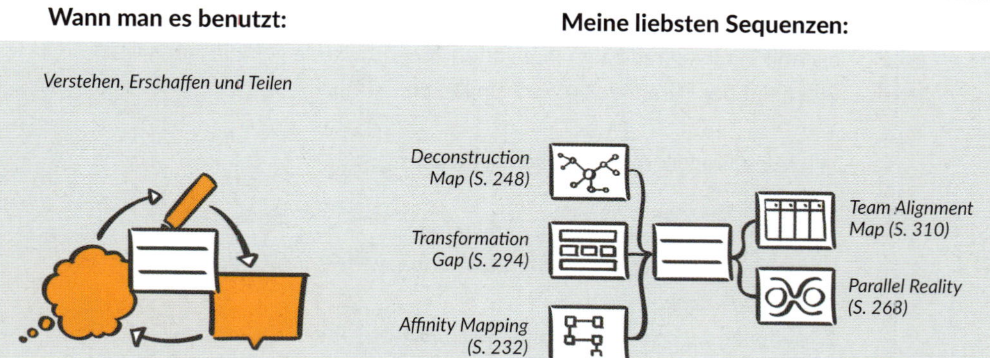

Innovation Pyramid

Über reine Produktinnovation hinaus denken

Die Innovation Pyramid ist ein weiteres Instrument, das von Christian Rangen entwickelt wurde. Sie dient nicht nur dazu, den Menschen die verschiedenen Ebenen der Innovation zu verdeutlichen, sondern auch dazu, aktiv auf all diesen Ebenen zu arbeiten. Dieses Werkzeug hilft dir, darüber nachzudenken, wie du Innovation nicht nur auf Produkte, sondern auch auf andere Bereiche wie Marketing, Dienstleistungen, Märkte, Kunden, Technologie, Prozesse, Management, Geschäftsmodelle und Branchen anwenden kannst. Wenn du das verstanden hast, kannst du dein Innovationsdenken in inkrementelle (kleine) und radikale (große) Schritte unterteilen.

Ich stelle dieses Werkzeug meinen Kunden gerne als Ice-Breaker vor, damit sie auf einer viel tieferen Ebene über Innovation nachdenken können als zuvor.

Praktische Ratschläge

Du kannst die Innovation Pyramid verwenden, um entweder deine aktuellen Innovationsaktivitäten darzustellen oder um neue Ideen für dein Unternehmen auf allen Ebenen zu entwickeln. Im Grunde ist es eine geführte Brainstorming-Aktivität, die einer Gruppe einen Fokuspunkt gibt, um Ideen zu entwickeln. Wenn du weitere Brainstorming-Phasen einbauen möchtest, kannst du auch ohne dieses Tool mit einem individuellen Brainstorming auf Haftnotizen beginnen. Danach kannst du die Teilnehmenden ihre Ideen auf der Pyramide sortieren lassen, um zu sehen, wo es ihnen an Ideen mangelt (oft haben sie zu viele inkrementelle Ideen und es fehlt ihnen an radikalen Innovationsideen), und sie gemeinsam weitere Ideen auf der Pyramide entwickeln lassen.

Wichtige Fragen, die du stellen solltest:

Wo fehlt es uns an innovativen Aktivitäten?
Wie weit könnten wir unsere Muskeln für innovatives Denken dehnen?
Was fällt dir noch ein?
Wie können wir schrittweise besser werden?
Was wäre ein großer Sprung?

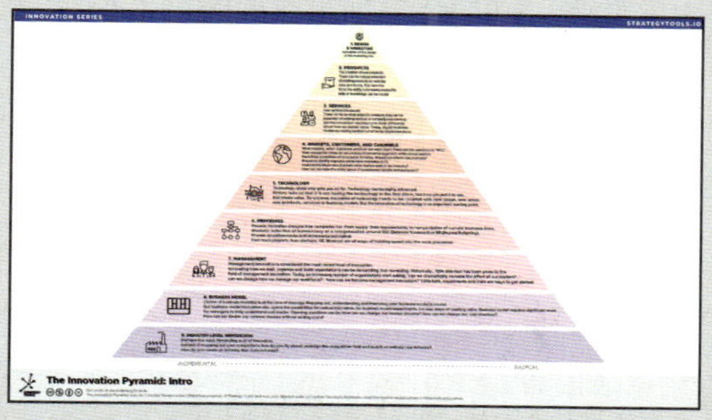

Designed von Christian Rangen, strategytools.io

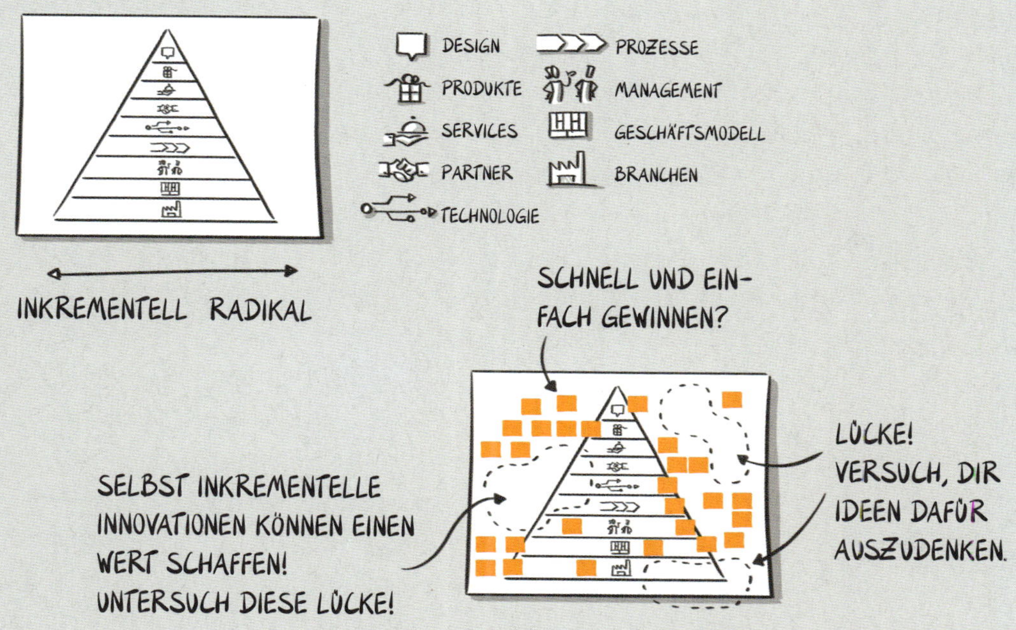

Wann man es benutzt:

Verstehen, Erschaffen und Teilen

Meine liebsten Sequenzen:

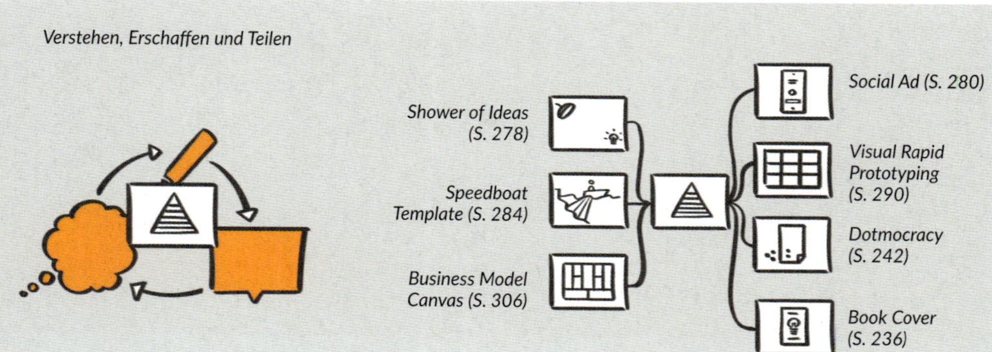

Teil IV
VISUALISIEREN

Zeichne alles

Wenn du es zeichnen kannst, wird es klarer

Ich weiß ... ICH WEISS. Du denkst gerade, »... aber ich kann nicht zeichnen«. Und weißt du was? Das glaube ich dir nicht. Du bist vielleicht kein Künstler oder Illustrator, aber du kannst gut genug zeichnen, um Dinge für dich und andere klarer zu machen. Ich habe Tausenden von Menschen beigebracht, einfach zu zeichnen. Du kannst das lernen!

Auf den nächsten vier Seiten gebe ich dir eine Einführung, die dich lehrt und dir zeigt, wie du in 90 % der Fälle ein ausreichend gutes Bild zeichnen kannst. Los geht's!

Das Wichtigste zuerst: Ich bin davon überzeigt, dass du mit Text und ein paar kleinen zeichnerischen Zusätzen sehr visuell sein kannst. Wenn du also die folgenden Textschnipsel schreibst ...

SCHREIBEN KANN DER ERSTE SCHRITT SEIN.

GEDANKEN, IDEEN UND ANDERES

VIELLEICHT AUCH FAKTEN UND ZAHLEN

... könntest du diese visuell verstärken, indem du sehr einfache visuelle Container zeichnest.

VIELLEICHT AUCH FAKTEN UND ZAHLEN

Wenn du kreativer sein willst, füg Pfeile hinzu! Lass sie uns jetzt skizzieren.

Im Ernst. Du kannst mit diesen wenigen Elementen sehr anschauliche Seiten erstellen. Du brauchst keine ausgeklügelten Zeichnungen, um Klarheit zu schaffen. Trotzdem ist es oft schön, ein etwas umfangreicheres visuelles Vokabular zu haben. Also lass uns mal weiter gucken.

Das, was den größten Unterschied ausmacht, ist Farbe – vor allem Farbcodierung.

Zeichne alles und mehr

Sag nicht, dass du nicht zeichnen kannst

Jetzt, wo wir das hinter uns gebracht haben, bist du vielleicht neugierig auf ein paar einfache Zeichnungen, die dir helfen, die meisten Dinge, an denen du arbeitest, zu visualisieren? GUT! Dann lass es uns ausprobieren!

Aber bevor wir anfangen, habe ich noch eine Grundregel für dich. Versuch, deine Zeichnungen mit der einen Sache zu beginnen, an der du dich am besten orientieren kannst. Zum Beispiel mit dem Kopf einer Person, dem Kreis für die Uhr oder dem Glas der Glühbirne. So mache ich es zumindest. Ich versuche, mit etwas zu beginnen, das den Rest der Zeichnung klar definiert.

Nimm dir einen Stift und kopier diese Zeichnungen, wenn du magst (und setz ein Lesezeichen für diese Seite, damit du sie nachschlagen kannst. Ein Eselsohr tut es auch!).

Menschen sind allerdings etwas komplizierter zu zeichnen. Ich zeige dir hier zwei Versionen. Die erste ist die Kegelfigur, eine international gebräuchliche Form, die leicht zu zeichnen ist. Die andere Variante ist meine persönliche Figur, die du auch gerne verwenden kannst!

Der Wert von ungeschliffenen Entwürfen

Halt es locker und ungeschliffen, solange du kannst

Hast du schon einmal vor einer epischen Wandmalerei gestanden, die so perfekt und detailreich gestaltet war, dass du kaum noch Luft holen konntest, als du sie gesehen hast? Wenn ja, kann ich mir vorstellen, dass es dir wie mir geht und dir nichts einfällt, was du ändern könntest. Schließlich scheint es so vollständig, so komplex und perfekt zu sein. Was könnte ich hier wohl noch hinzufügen?

Genauso verhält es sich, wenn du mit deinen Kolleginnen und Kollegen Co-Creation machen willst und du ihnen aber eine meisterhafte Zeichnung deines Konzepts vorlegst. Sie können es weder vernünftig kritisieren noch etwas hinzufügen. Du hast eine Hürde für sie geschaffen, die schwer zu überwinden ist.

Wenn du eine gute Co-Creation-Session haben oder konzeptionelles Feedback zu deinen Ideen und Gedanken bekommen willst, solltest du etwas Ungeschliffenes mit ihnen teilen. Es könnte sogar hässlich sein, in dem Sinne, dass deine Zeichnung ein totales Durcheinander ist.

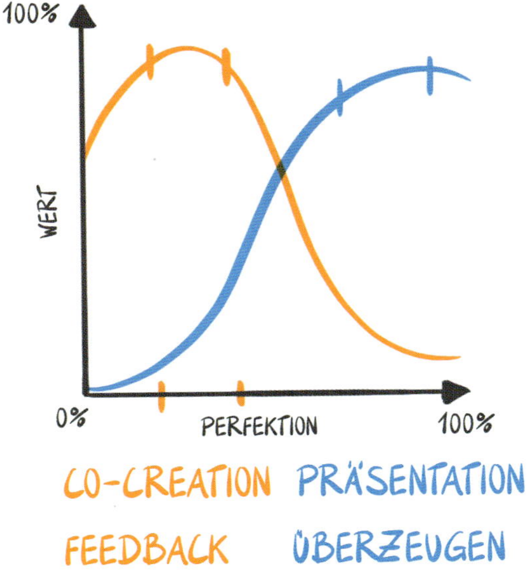

UNGESCHLIFFEN VS PERFEKTIONIERT

Nur um klarzustellen, was ich mit »ungeschliffen« und »perfektioniert« meine, hier ein Beispiel: Halt deine Skizzen locker und grob, bis du das Konzept oder die Idee gefunden hast. Bleib so lange in diesem Zustand, wie du mit dir selbst oder mit anderen arbeitest. Ich sage immer: »Eine ungeschliffene Zeichnung lässt dich den Kern der Idee erkennen.«

Wenn es an der Zeit ist, dein Konzept offiziell zu präsentieren, verfeinere die Zeichnung noch ein bisschen und entferne das ursprüngliche Durcheinander. Aber auch hier gilt: Nicht zu sehr verfeinern. Ein zu perfektes Bild schreckt die Leute selbst in einem Pitch ab. Wir sind Menschen und wir mögen Unvollkommenheit. Das ist etwas, mit dem wir uns alle identifizieren können.

Beispiel: Ein Konzept entwickeln

Alex, Vordenker

Hey, ich bin Alex. Ich bin ein führender Strategieexperte und Keynote-Speaker. Meine besondere Superkraft ist es, visuelle Werkzeuge zu entwickeln und mit ihnen zu arbeiten. Ich bezeichne mich oft als Werkzeugschmied.
Ich kann nicht anders, als bei all meinen Meetings, Workshops und Keynotes visuelle Hilfsmittel einzusetzen. Sie machen die Dinge so viel klarer, schaffen ein gemeinsames Verständnis und etablieren eine gemeinsame Sprache.
Wenn mir eine Frage gestellt wird oder ich mit Gleichgesinnten in einer konzeptionellen Sitzung zusammensitze, kann ich mich nicht davon abhalten, meine Gedanken zu skizzieren, während ich sie erzähle.

SEARCHING PEN

STORYBOARD

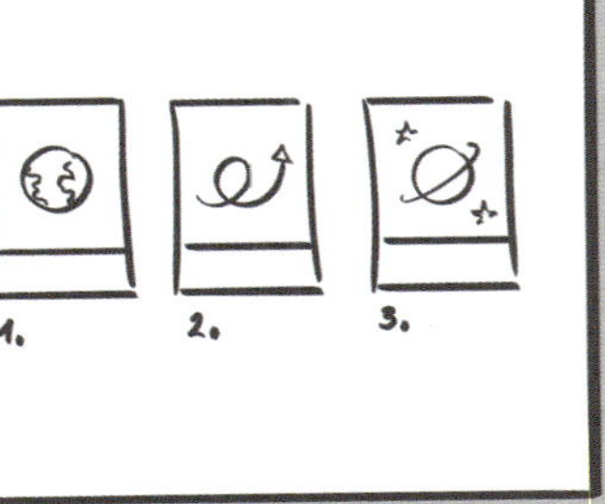

1. Alternativen erforschen

Wenn Alex den *Searching Pen (S. 240)* benutzt, kann er sich auf die konzeptionelle Idee konzentrieren und nicht nur auf die Details. Er erkundet Alternativen zu einem Konzept und wie die Dinge miteinander zusammenhängen. Meistens kann er seine Gedanken auf diese Weise anderen deutlich erklären und in einer Diskussion, die hauptsächlich auf dem Papier stattfindet, neue Erkenntnisse gewinnen.

2. Kläre das Konzept, indem du einen sogenannten Flow entwirfst

Nach einigen Skizzierrunden macht Alex mit einem *Storyboard (S. 250)* weiter. Ein Konzept in ein Storyboard zu packen, hilft immer, es weiter zu verdeutlichen. Es hilft zu verstehen, wie die Gedanken miteinander verbunden sind und wie man das Konzept einem anderen erklären würde. Lücken tauchen in einem Storyboard oft direkt auf.

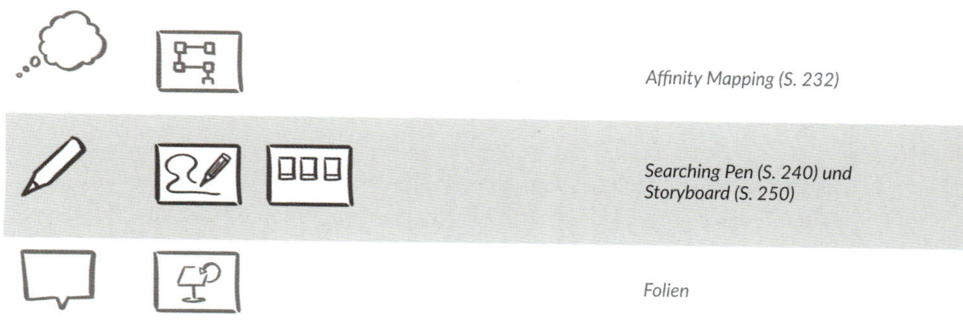

Das hier ist eine von Alex' Zeichnungen. Du könntest behaupten, dass er nicht zeichnen kann. Dem würde ich zustimmen, wenn wir über bildende Kunst und Illustration sprechen. Aber was Alex in Perfektion macht, ist, dass er unfertige Zeichnungen nutzt, um laut zu denken, seine Gedanken auf das Papier zu bringen und so ein Gespräch mit sich selbst oder seinen Mitarbeitenden zu ermöglichen.

Der große Vorteil dieser ungeschliffenen Zeichnungen ist zweierlei:

1. Sie sind leicht wegzuwerfen. Man verliebt sich nur selten in diese Zeichnungen.
2. Sie sind superschnell zu zeichnen und eignen sich daher auch gut, um deine mündliche Präsentation zu begleiten.

Wie man eine gute Struktur schafft

Keine leichte Aufgabe

Es gibt keinen einfachen Weg oder gar eine Abkürzung, um zu einem Bild mit einer guten, klaren Struktur zu gelangen. Wenn es das gäbe, würden es schon viel mehr Menschen tun. Aber als Asperger konnte ich nicht eher ruhen, bis ich einen Prozess gefunden hatte. Das hilft zumindest dabei, zu einem guten Ergebnis zu kommen. Und so mache ich es: Ich beginne mit einer *Affinity Map (S. 232)*, um die Themen und übergeordneten Konzepte zu verstehen und die Cluster zu bilden.

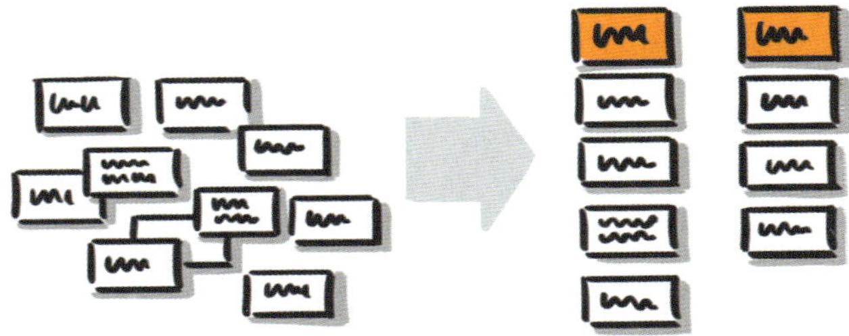

Der knifflige Teil besteht darin, die Verbindungen zwischen den Haftnotizen zu finden. Aber genau da fängt der Spaß an! Du beginnst damit, Linien zwischen den Klebezetteln zu ziehen und sortierst sie entsprechend der Verbindungen, die sie untereinander haben. Danach schiebst du sie so lange hin und her, bis du das Muster gefunden hast, das die Punkte tatsächlich verbindet und das komplette Bild zeigt.

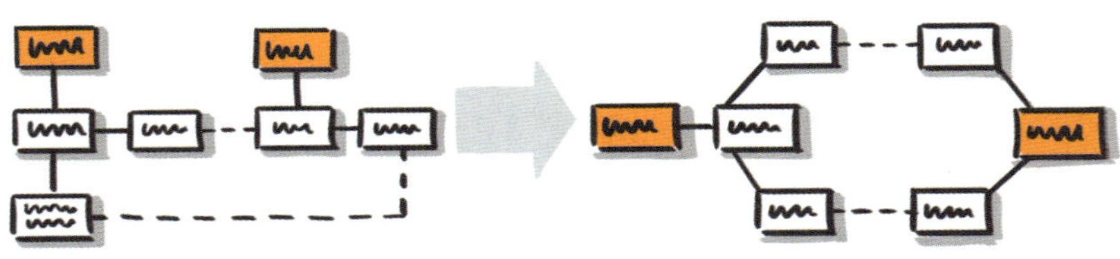

Dann nimmst du jeden Zettel und verwandelst ihn in ein Symbol, das einfach den darauf geschriebenen Inhalt darstellt. Verschieb die Struktur nicht mehr, sondern konzentrier dich darauf, diese Bilder zu erstellen.

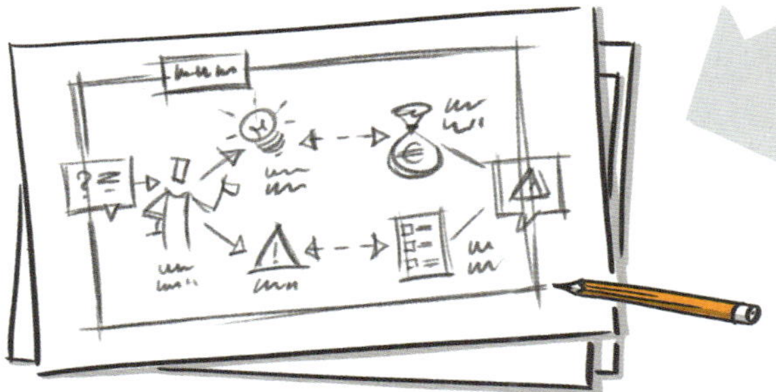

Meine ersten Skizzen mache ich immer noch gerne mit einem Bleistift auf Papier. Das gibt mir irgendwie mehr Freiheit beim Denken. Und oft erstelle ich mehrere Skizzen, bevor ich die endgültige Zeichnung habe. Wenn ich mit einer Skizze zufrieden bin, verwende ich sie, um sie entweder mit Markern oder auf dem iPad nachzuzeichnen.

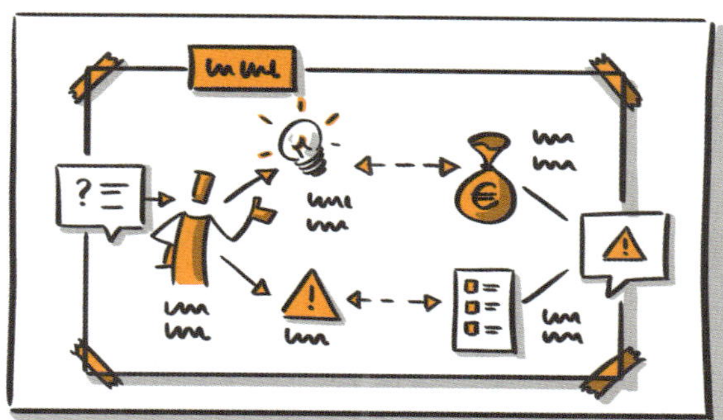

Die Strukturen deiner Wahl

Es geht um einige grundlegende Strukturen

Du wirst immer wieder die gleichen drei Arten von Strukturen finden. Wenn du diese drei gelernt hast, wird es dir in Zukunft leichter fallen, eine gute Struktur für dich zu finden. Ich nenne sie den Unterschied, die Zeit und die Beziehung.

Geht es in erster Linie darum, den Unterschied zwischen den Elementen zu zeigen? Oder geht es eher darum, eine Abfolge über die Zeit zu zeigen? Oder willst du die Beziehung, die die Teile zueinander haben, darlegen?

Ich finde, dass Fragen immer am hilfreichsten sind, um herauszufinden, was du visualisieren willst.

Wie unterscheiden wir uns von anderen?
Was ist jetzt anders als in der Vergangenheit?
Was sind die verschiedenen Optionen?
Was für Meinungen liegen auf dem Tisch?
Was wäre anders, wenn wir es auf diese Weise machen würden?
Wofür sollten wir uns entscheiden?

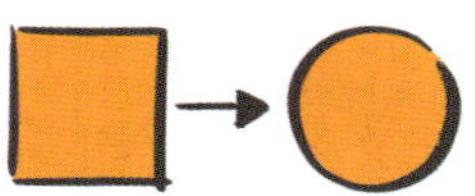

ZEIT

Wie würde der Prozess aussehen?
Wie lange dauert er?
Was muss getan werden, um das Ziel zu erreichen?
Wer muss was bis wann tun?
Wie sieht unsere Reise aus?

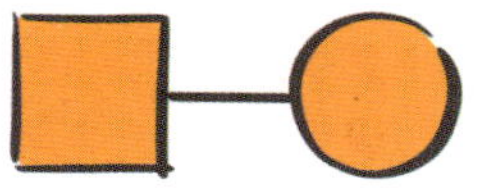

BEZIEHUNG

Wie organisieren wir uns?
Wie sieht das Ökosystem aus?
Wie sind die Dinge hier miteinander verbunden?
Wer ist der Chef (oder wie ist das Organigramm aufgebaut)?

Grafiken oder Metaphern

Wähle abhängig von deinem Ziel und Kontext

Nachdem du dich für eine der drei Grundstrukturen entschieden hast, triffst du eine weitere Entscheidung. Nämlich, ob du dein Thema grafisch oder metaphorisch visualisieren willst.

Beide Darstellungsarten haben ihre Vorteile (und Nachteile).

Eine Metapher schränkt das Denken manchmal auf das spezifische Bild ein, das sie darstellt, und eine Grafik hält uns im rationalen Denken und öffnet sich nicht genug für manche Prozesse. Wir werden uns das auf den nächsten Seiten etwas genauer ansehen.

Auf dieser Doppelseite siehst du einige Beispiele für Metaphern und Grafiken zu den Grundstrukturen Zeit, Unterschied und Beziehung.

ZEIT
METAPHER
GRAFIK
A
B
BEZIEHUNG
METAPHER
GRAFIK

Die Macht der Miniaturbilder nutzen

Techniken von Designern für die beste Komposition anwenden

Wenn du davon ausgehst, dass das Bildmaterial, das du erstellst, für dein Projekt oder deinen Prozess wichtig ist, musst du die beste Komposition dafür finden. Die richtige Struktur und Komposition sind die stärksten Elemente, um dein Konzept oder deine Idee anderen zu vermitteln. Als ausgebildeter Designer helfe ich mir in dieser Phase des Erstellungsprozesses gerne mit Miniaturbildern. Und das kannst du auch nutzen.

Anstatt gleich zum großen Papier oder Flipchart zu gehen, zeichnest du vereinfachte Versionen der Struktur, die du verwenden willst, in kleinem Maßstab. Wenn ich sage, ein kleiner Maßstab, dann meine ich das auch so. Du könntest diese Zeichnungen auf eine Briefmarke (oder zwei) kleben.

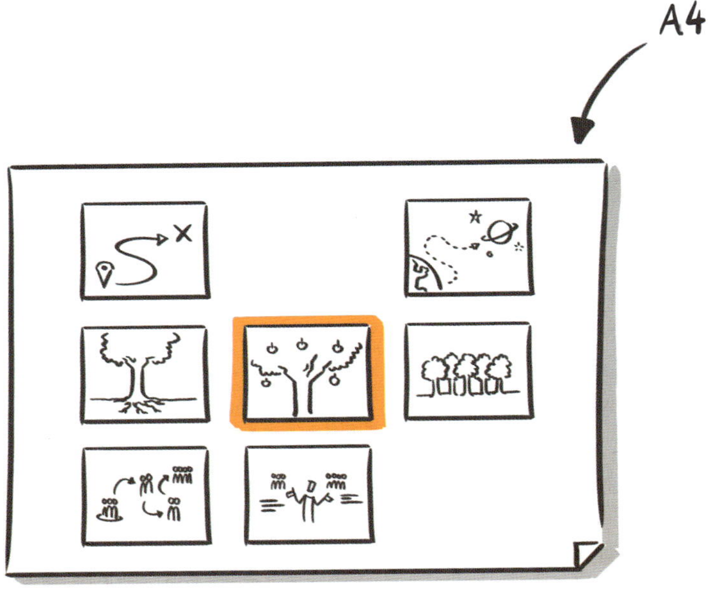

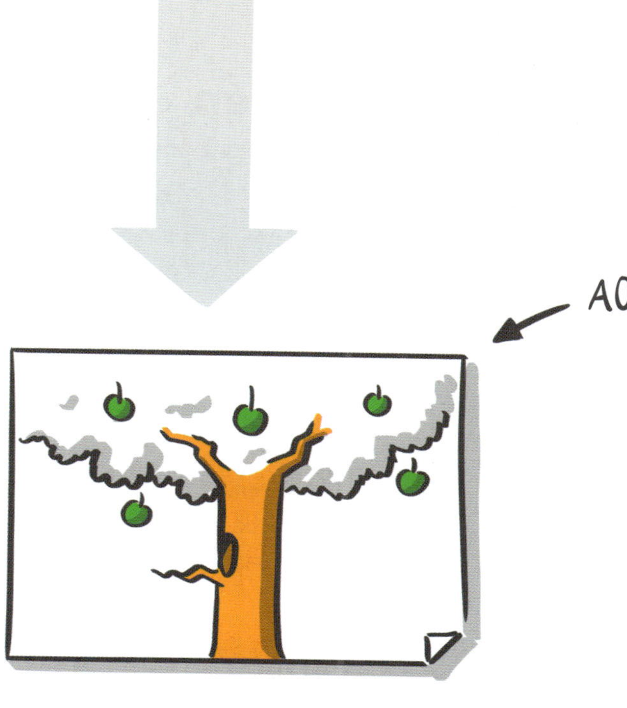

Indem du den Platz zum Zeichnen reduzierst, konzentrierst du dich auf das große Ganze. Details haben hier nicht genug Platz. Mit dieser Technik kannst du verschiedene Kompositionen ziemlich schnell ausprobieren. Und es hilft dir auch, die verschiedenen Versionen im Vergleich zueinander zu sehen. Das macht es dir leichter, die beste Komposition zu finden.

Erst wenn du dich für deine Lieblingskomposition entschieden hast, erstellst du die große Version deines Bildes.

Mehr über Farben

Unseren Drang zur Musterfindung ansprechen

Stellen wir uns vor, du arbeitest nicht mit Haftnotizen, sondern in freier Form. Das gilt, wenn du etwas zeichnest oder Informationsposter, Folien und Ähnliches erstellst. Es gibt so viele Möglichkeiten, mit Farbe umzugehen, wie es Menschen gibt, die Stifte benutzen. Ich erzähle dir hier nur, wie *ich* Farbe verwende. Es liegt an dir, wie du vorgehst. Ich kann nicht die ganze Wahrheit zeigen, nur meine persönliche Wahrheit.

Wähl eine primäre Farbe, die du durchgängig in allen deinen Zeichnungen verwendest. Nimm eine sekundäre Farbe, die einen schönen Kontrast bildet. Außerdem verwende ich viel Grau, weil es hell ist und mir hilft, Tiefe und Ordnung zu schaffen. Schwarz ist vor allem für Umrisse und Schrift und daher sehr wichtig.

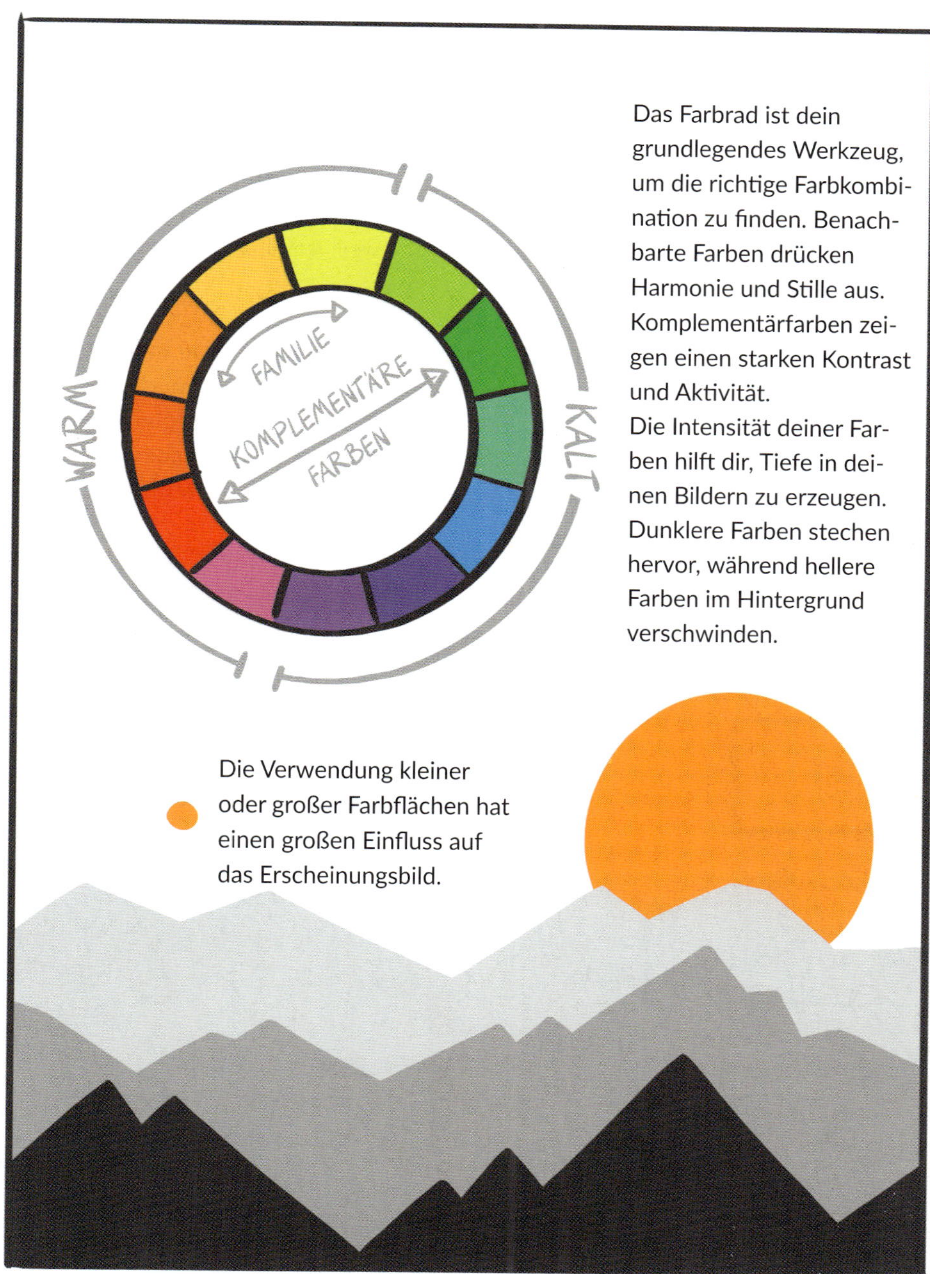

Das Farbrad ist dein grundlegendes Werkzeug, um die richtige Farbkombination zu finden. Benachbarte Farben drücken Harmonie und Stille aus. Komplementärfarben zeigen einen starken Kontrast und Aktivität.
Die Intensität deiner Farben hilft dir, Tiefe in deinen Bildern zu erzeugen. Dunklere Farben stechen hervor, während hellere Farben im Hintergrund verschwinden.

Die Verwendung kleiner oder großer Farbflächen hat einen großen Einfluss auf das Erscheinungsbild.

Wow-Faktor mit digitalen Tools

Nutz alle Werkzeuge, die du hast

Ich glaube an den gemischten Ansatz, um Klarheit zu schaffen und visuelle Werkzeuge einzusetzen. Gemischt bedeutet in diesem Fall, dass du alle Werkzeuge verwendest, die dir zur Verfügung stehen, aber trotzdem nur die, die dir in der jeweiligen Situation am besten helfen.

Lass uns hier kurz über das iPad sprechen. Du kannst statt des iPads auch ein anderes Tablet benutzen wenn du willst. Du brauchst nur eine Zeichenanwendung, in der es Ebenen gibt. Zum Zeitpunkt des Schreibens dieses Buches benutze ich Procreate auf meinem iPad Pro. Tatsächlich habe ich den gesamten ersten und zweiten Entwurf dieses Buches in Procreate auf meinem iPad geschrieben!

Im folgenden Bild siehst du meine Grundeinstellung für alles, was ich in Procreate mache.

Denk immer daran, die Technologie zu deinem Vorteil zu nutzen. Überleg dir, was du auf Papier nicht so einfach machen kannst, zum Beispiel kopieren und einfügen, ausschneiden und verschieben oder skalieren. Auch das Ändern von Farben ist digital super einfach. Du kannst auch hinein- und herauszoomen. Und du musst auf dem iPad zoomen. Du kannst viel besser schreiben und zeichnen, wenn du auf dem iPad heranzoomst, als wenn du dir die ganze Zeichnung ansiehst. Und natürlich kannst du alles, was du machst, im Handumdrehen teilen – du musst nicht erst ein Foto machen, es optimieren und dann verschicken. Tippe einfach auf »Exportieren« und du bist fertig.

Neben all dem Spaß, den die Arbeit mit dem iPad macht, solltest du aber immer daran denken, dass es nur ein weiteres Werkzeug ist. Du solltest es als solches nutzen und bewusst entscheiden, ob du es verwenden willst oder nicht. Das Gleiche gilt für den gemischten Ansatz, über den ich vorhin gesprochen habe. Warum nimmst du nicht ein Foto von einer Bleistiftskizze, bearbeitest es auf dem iPad und druckst es dann wieder aus, um weiter an dem Bild zu arbeiten? Oder du kannst es als Poster im Workshopraum aufhängen (dafür brauchst du mindestens einen A3-Drucker, auf den ich in meinen Workshops meistens bestehe).

Die Möglichkeiten sind unendlich, sobald du dich von den Werkzeugen selbst löst und dich darauf konzentrierst, was du damit erreichen willst.

OUTRO

Es geht um deine Denkweise

Geh deine Projekte mit einer proaktiven Denkweise an

Hier ist eine entmutigende Nachricht für dich. Wenn du versuchst, deine Arbeitsgewohnheiten so zu ändern, wie ich es in diesem Buch vorschlage, wird eine natürliche Kraft auftauchen. Diese Kraft wird versuchen, dich wieder in deine alten Gewohnheiten zu ziehen. Sie wird dich von deinem besten Selbst fernhalten.

Steven Pressfield hat dafür einen Namen. In seinem Buch *The War of Art* nennt er sie »Resistance«. Das ist eine unsichtbare, mächtige Kraft, die in jedem von uns lebt und deren einziger Daseinsgrund darin besteht, uns zurückzuhalten und kleinzuhalten. Resistance hat viele Gesichter und um mehr darüber zu erfahren, empfehle ich dir, Stevens Buch zu lesen. Es war einer der entscheidenden Momente in meinem Leben, als ich es las. Tu es. Überwinde deine Resistance.

Ich kann hier nur über meine Erfahrungen sprechen. Aber ich kann dir sagen, dass auch ich mich schuldig gemacht habe, der Resistance nachzugeben. Viel zu oft setze ich mich hin, starre auf meinen Laptop und versuche, alles durch die reine Kraft meiner Gedanken zu lösen. Vielleicht nehme ich mir auch ein Blatt Papier und schreibe (nicht zeichne) etwas auf. Das war's dann. Kommt dir das bekannt vor? Einen Stift in die Hand zu nehmen, ein visuelles Hilfsmittel oder Haftnotizen zu nehmen und etwas aufzuschreiben, fühlt sich wie eine enorme Belastung an?

Es ist dieselbe Dynamik, die mich zögern lässt, früh aufzustehen, um mein tägliches Bodyweight-Training zu machen. Und dieselbe Dynamik, die mich in meine E-Mails versinken lässt, anstatt mich hinzusetzen und dieses Buch zu beenden.

Aber ich will dich nicht entmutigt zurücklassen! Resistance wird sich fast jedes Mal zeigen, wenn du visuelle Hilfsmittel einsetzen willst, anstatt nur zu reden, zu denken oder zu schreiben, Ich kann dir sagen, dass Resistance immer da sein wird. Bei mir ist sie noch nicht verschwunden.

Aber wenn du die richtige Einstellung an den Tag legst, wirst du den Widerstand in den meisten Fällen überwinden. Es ist wie beim Training eines Muskels: Du wirst mit der Zeit besser werden, wenn du jeden Tag dran bleibst.

Wenn du dich das nächste Mal an die Arbeit setzt, entweder allein oder mit anderen, und denkst: »Es könnte helfen, das Ganze visueller zu gestalten«, dann tu es bitte. Überwinde die Resistance in dir, nimm einen Stift und mach deine Gedanken greifbar und sichtbar.

Klarheit auf dem Weg

Visuelle Hilfsmittel werden deine stärksten Verbündeten sein

Mit diesem Buch möchte ich dir die richtigen Werkzeuge und einen Rahmen geben, um die Werkzeuge zu nutzen. Mit diesen beiden Elementen solltest du in der Lage sein, der Komplexität der Welt mit all den komplexen Problemen, die du als Unternehmer, Führungskraft, Innovator, Moderator oder Coach versuchst zu bewältigen, die Stirn zu bieten.

Es ist alles bereits da draußen, bereit, genutzt zu werden, um dir zu helfen, deine Arbeit und die Arbeit anderer zu verändern.

Nutz das Clarity Framework, um dir und anderen bewusst zu machen, in welcher Phase des Prozesses du dich befindest, damit du die richtigen Werkzeuge zur richtigen Zeit einsetzen kannst. Und nutz dieses Buch als Leitfaden für deine herausfordernde Reise, um komplexe Probleme zu lösen, wenn sie scheinbar überhaupt keine Lösung haben.

Wenn du deine eigenen Gedanken und mentalen Modelle auf eine Oberfläche externalisierst und ein sichtbares, greifbares Artefakt deiner Gedanken schaffst, wird der Rest automatisch folgen.

Nimm die Ungewissheit an, nicht zu wissen, was als Nächstes passieren wird. Heiße das Chaos willkommen, das von Zeit zu Zeit auftritt, und vertraue auf die Emergenz. Wenn du nur genug von dem Problem verstehst, das du lösen willst, dann wird sich die Lösung ganz natürlich und leicht ergeben.

Und tu mir bitte einen letzten Gefallen. Denke niemals, dass visuelle Werkzeuge gleichbedeutend mit Zeichnen sind. Zeichnen ist nur eines von vielen visuellen Werkzeugen. Es ist ein großartiges Werkzeug, das du in deinem Werkzeugkasten hast, aber es ist nicht zwingend notwendig für deinen Erfolg. Jede Technik wird dich weiterbringen. Nutz sie alle, so oft du kannst.

Danke

Ohne dich gäbe es dieses Buch nicht

Ich habe jahrelang mit vielen Unterbrechungen an diesem Buch gearbeitet. Was mich motiviert hat, war die Anerkennung für meine Arbeit von allen, die ich bis zu diesem Zeitpunkt getroffen und mit denen ich zusammengearbeitet habe.

Ich hoffe aufrichtig, dass dir die Lektüre gefallen hat und dass du die Erkenntnisse, die du daraus ziehst, für dein Geschäft/Leben nutzen wirst.

Zuallererst möchte ich meiner Frau Miriam danken. Sie hat es nie leicht mit mir gehabt, vor allem nicht während der Arbeit an diesem Buch. Danke, dass du immer an mich geglaubt und mich ermutigt hast, es zu beenden.

Ein besonderer Dank geht an Alexander Osterwalder, der mir während der Entstehung von Creating Clarity ein enger Sparringspartner und Mentor war. Wie viele Pivots haben wir durchlaufen? Ich habe bei Nummer acht aufgehört zu zählen.

Und danke an Yves Pigneur, der mich bei den ersten Entwürfen und Ideen unterstützt und mich immer wieder herausgefordert hat. Seine Weisheit spiegelt sich auf so vielen Seiten dieses Buches wider.

Ebenso Tendayi Viki, der einen schrecklichen ersten Entwurf gelesen und trotzdem die Schönheit hinter all den beschissenen Worten und Skizzen gesehen hat. Unsere Gespräche haben viele weitere Konzepte zum Leben erweckt.

Und Chris Rangen, der mich mit Ideen für Beispiele versorgt hat und der erste Mensch war (vor mehr als 10 Jahren), der mich ermutigt hat, ein Buch zu schreiben.

Danke, Mark McGuinness, dass du der beste Coach der Welt bist. Dein Erstleser-Feedback zu mehreren Versionen des Buches hat mich davon überzeugt, dass es sich lohnt, es fertigzustellen. Du warst es auch, der mir geholfen hat, mein Asperger-Sein zu akzeptieren und zu schätzen, als ich den Sinn des Ganzen in Frage gestellt habe. Du hast dieses Projekt zu meinem persönlichen Heilungsprozess gemacht.

Danke Nicole Winkel, dass du meine grobe deutsche Übersetzung geschliffen und all die denglischen Halbsätze eliminiert hast.

Und natürlich Sabine Schulz, dafür dass du dran geblieben bist und mich ermuntert hast, dieses Buch in Deutsch mit dem mitp Verlag herauszubringen. Ohne dich gäbe es dieses Buch jetzt nicht.

Und schließlich würde dieses Buch nicht so aussehen ohne die großartige Arbeit meines langjährigen Teammitglieds und besten Illustrators des Universums Benjamin Dammeier. Du hast alle meine Skizzen und Zeichnungen für dieses Buch in einen wunderschönen, einheitlichen Illustrationsstil verwandelt, der (ähem) von Anfang an Klarheit schafft.

Trotzdem bin ich immer noch nicht der Beste, wenn es darum geht, Danke zu sagen. Und wenn ich dich vergessen habe, denk daran, dass ich nur ein Typ bin, der versucht, sein Bestes zu geben und leider immer noch zu oft Dinge vergisst.

Wenn dir gefallen hat, was du hier gelesen hast, würde ich dich gerne auf meiner E-Mail-Liste begrüßen. Ich betrachte sie als ein Gespräch und versuche, dir eine Vielzahl von Tools, Gedanken, Einsichten und Reflexionsfragen zu präsentieren. Und ich meine hier nicht nur das Geschäftliche. Ich schreibe über das, was in meinem Leben und bei all meinen kreativen Unternehmungen passiert – über visuelle Hilfsmittel für das Geschäft und das Leben, aber auch über meine Belletristik in Form von Fantasy- und Kinderbüchern.
Du bist herzlich eingeladen, unter www.holgernilspohl.com/email mitzumachen.

Und wenn du mich direkt kontaktieren möchtest, schreibe mir an
mail@holgernilspohl.com

ANHANG

Referenzen

Alle visuellen Werkzeuge findest du hier: **www.holgernilspohl.com/claritytools**
Wie eingangs erwähnt, sind hier alle Tools im englischen Original gehalten, um Verwirrungen zu vermeiden und den Originalen treu zu bleiben.

Seite 15 Niels Bohr

Seite 41 Design Thinking, erste Studien in den 1940er und wurde in den 1990er von David M. Kelly und seiner Firma IDEO für die Wirtschaft adaptiert

Seite 41 Lean Startup aus *The Lean Startup* by Eric Ries, Crown Business, 2011

Seite 41 Business Model Innovation, aus *Business Model Generation* von Alex Osterwalder and Yves Pigneur, Wiley, 2010

Seite 41 Scrum, scrumalliance.org

Seite 41 Facilitation: Ein Facilitator ist eine Person, die einer Gruppe von Menschen hilft besser zusammenzuarbeiten und ihre gemeinsamen Ziele zu verstehen und zu planen, wie sie diese Ziele erreichen, wikipedia.org

Seite 41 Agil bedeutet: Menschen und Interaktionen statt Prozesse und Tools, funktionierende Software statt umfassender Dokumentation, Zusammenarbeit mit Kunden statt Vertragsverhandlungen, Reagieren auf Veränderungen statt Befolgen eines Plans, wikipedia.org

Seite 41 Coaching ist eine Form der Entwicklung, bei der eine erfahrene Person, die Coach genannt wird, einen Kunden dabei unterstützt, ein bestimmtes persönliches oder berufliches Ziel zu erreichen, indem sie ihn schult und anleitet, wikipedia.org

Seite 41 Präsentationen wie in Keynotes, Slideshows, Performances, Pitches und Business Präsentationen

Seite 43 Zaha Hadid, Charles Darwin, Sigmund Freud, Leonardo da Vinci

Seite 65 & 303 *Business Model Generation* von Alex Osterwalder und Yves Pigneur, Wiley, 2010

Seite 69 Steve Jobs

Seite 72 & 161 Wikipedia.org

Seite 75 Systemdenken ist das interdisziplinäre Studium von Systemen, d.h. von zusammenhängenden Gruppen von miteinander verbundenen, voneinander abhängigen Teilen, die natürlich oder vom Menschen geschaffen sein können, wikipedia.org

Seite 83 & 251 *Das Sketchnote Handbuch* von Mike Rohde, mitp kreativ, 2014

Seite 84 Stattys, elektrostatische Haftnotizen, stattys.com

Seite 85 *Schnelles Denken, Langsames Denken* von Daniel Kahneman, Siedler Verlag, 2012

Seite 88 Flow, aus 1975. *Flow* by Mihaly Csikszentmihalyi, Rider, 2002

Seite 97	Jeff Bezos, Gründer von amazon
Seite 103 & 120	Miro, das virtuelle whiteboard, miro.com
Seite 105	Albert Einstein
Seite 114 & 337	*The War of Art: Break Through the Blocks and Win Your Inner Creative Battles* von Steven Pressfield, Black Irish Entertainment LLC, 2012
Seite 117	Leonardo Da Vinci
Seite 120	Ein Zettelkasten besteht aus vielen einzelnen Notizen mit Ideen und kurzen Informationen, die notiert werden, sobald sie entstehen. Der bekannteste Benutzer ist Niklas Luhmann.
Seite 129 & 187	Emergenz, der Prozess des Entstehens oder des Bekanntwerdens.
Seite 163	*Testing Business Ideas* von David J. Bland, Alex Osterwalder, Wiley, 2019
Seite 170	*Brain Rules (Updated and Expanded): 12 Principles for Surviving and Thriving at Work, Home, and School* von John Medina, Pear Press, 2014
Seite 181	Kurt Vonnegut, Shapes of Stories
Seite 243	Alignment Cards von Ina Baum und Holger Nils Pohl
Seite 245	*Design the Life You Love* von Ayse Birsel, Ten Speed Press, 2015
Seite 247	Value Scenes von Christian Doll, bicdo.de
Seite 269	Kanban Board von Taiichi Ohno
Seite 279	The Grove Consultants International, thegrove.com
Seite 281	Speedboat: *Innovation Games* von Luke Hohmann, Addison-Wesley Professional, 2006
Seite 287	*Creating Innovation* von Christof Breideninch, Holger Nils Pohl, Stiebner Verlag Gmbh, 2016
Seite 291, 295, 305 & 311	Christian Rangen, strategytools.io
Seite 293	Marshall Goldsmith, marshallgoldsmith.com
Seite 297	*Value Proposition Design* von Alex Osterwalder, Yves Pigneur, Greg Bernarda, Wiley, 2015
Seite 299	*The Invincible Company* von Alex Osterwalder, Yves Pigneur, Fred Etiemble, Wiley, 2019
Seite 299	*Testing Business Ideas* von David J. Bland, Alex Osterwalder, Wiley, 2019
Seite 299	BCG Matrix, Bruce Henderson
Seite 299	*Pirates in the Navy* von Tendayi Viki, Holger Nils Pohl, Unbounce, 2019
Seite 307	*Team Alignment Map: High-Impact Tools for Teams* von Stefano Mastriogiacomo, Wiley, 2021
Seite 307	Peter Drucker
Seite 309	Culture Map von Dave Gray, Alex Osterwalder und Yves Pigneur
Seite 333	Apple iPad, apple.com
Seite 333	Procreate für iPad, procreate.art

Wenn du mehr lesen möchtest

Eine unvollständige Liste meiner Lieblingsbücher zum visuellen Denken

Das ist eine Liste meiner Lieblingsbücher in diesem Bereich zum Zeitpunkt des Schreibens dieses Buches. Ich bin mir sicher, dass es noch mehr Bücher da draußen gibt. Aber diese werden dir auf jeden Fall den Einstieg erleichtern. Dort wo die Titel englisch sind, habe ich keine deutsche Version des Buches gefunden.

Bücher zu Visual Thinking

Visuelle Meetings: Meetings und Teamarbeit durch Zeichnungen, Collagen und Ideen-Mapping produktiver gestalten, David Sibbet, mitp, 2011

Visual Teams: Graphic Tools for Commitment, Innovation, and High Performance, David Sibbet, Wiley, 2011

Visual Collaboration: Ihr Toolkit für erfolgreichere Meetings, Projekte und Prozesse, Ole Qvist-Sorensen, Loa Baastrup, Wiley, 2023

Auf der Serviette erklärt: Mit ein paar Strichen schnell überzeugen statt lange präsentieren, Dan Roam, Redline, 2019

The Idea Shapers: the power of putting your thinking into your own hands, Brandy Agerbeck, CreateSpace Independent Publishing Platform, 2016

Das Sketchnote Handbuch: Der illustrierte Leitfaden zum Erstellen visueller Notizen, Mike Rohde, mitp, 2014

The Sketchnote Workbook: Advanced techniques for taking visual notes you can use anywhere, Mike Rohde, Peachpit Press, 2014

The Doodle Revolution: Unlock the Power to Think Differently, Sunni Brown, Portfolio, 2015

Presto Sketching: The Magic of Simple Drawing for Brilliant Product Thinking and Design, Ben Crothers, O'Reilly, 2017

Andere Bücher im Umfeld von Visual Thinking und Storytelling

Business Model Generation: Ein Handbuch für Visionäre, Spielveränderer und Herausforderer, Alex Osterwalder, Yves Pigneur, Campus, 2011

Creating Innovation, Christof Breidenich, Holger Nils Pohl, stiebner, 2015

The War of Art, Steven Pressfield, Black Irish Books, 2002

Schnelles Denken, langsames Denken, Daniel Kahnemann, Siedler Verlag, 2012

Brain Rules, John Medina, Pear Press, 2008

Show and Tell, Dan Roam, Portfolio, 2016

INDEX